现代职业教育体系建设系列教材

计算机网络技术专业系列

WEB

KAIFA JISHU

Web开发技术

刘国成⊙主编

广东高等教育出版社
Guangdong Higher Education Press
·广州·

图书在版编目（CIP）数据

Web 开发技术/刘国成主编. —广州：广东高等教育出版社，2019.12
（现代职业教育体系建设系列教材·计算机网络技术专业系列）
ISBN 978-7-5361-6454-3

Ⅰ.①W… Ⅱ.①刘… Ⅲ.①网页制作工具—高等学校—教学参考资料 Ⅳ.①TP393.092.2

中国版本图书馆 CIP 数据核字（2019）第 068214 号

出版发行	广东高等教育出版社 社址：广州市天河区林和西横路 邮编：510500　营销电话：（020）85250745 http://www.gdgjs.com.cn
印　　刷	佛山市浩文彩色印刷有限公司
开　　本	787 毫米×1092 毫米　1/16
印　　张	19
字　　数	446 千
版　　次	2019 年 12 月第 1 版
印　　次	2019 年 12 月第 1 次印刷
定　　价	49.00 元

出版说明

自2014年全国职业教育工作会议召开以来，职业教育改革发展进入了新阶段。各地围绕推进职业教育领域综合改革，大力发展现代职业教育。在新一轮的改革创新浪潮中，广东省将科学建立现代职业教育系列标准，推动现代职业教育课程教材改革作为深化职业教育改革的重要内容。《广东省人民政府关于创建现代职业教育综合改革试点省的意见》中明确要求："建立中职—专科高职—应用本科衔接互通的标准框架体系及专业课程教学标准，开发相关的示范课程及教学资源库，研制现代职业教育体系规划教材。"《广东省现代职业教育体系建设规划（2015—2020年）》也明确提出："到2020年，在50个专业试点中高职衔接专业标准和课程标准，开发500门中高职衔接的示范课程及资源库，编写1 000本现代职业教育体系规划教材。"

为贯彻落实省政府加快发展广东现代职业教育的工作部署，2013年以来，广东省教育厅陆续启动了74个专业教学标准和课程标准研制项目，取得了一批重要的研究成果，包括现代职业教育标准体系建设系列丛书，一批专业的教学标准以及1 100多门专业核心课程标准。广东省教育厅十分重视标准研制成果的推广和应用，连续两年下发通知（粤教职函〔2015〕77号、粤教职函〔2016〕58号），明确各地、各中等职业学校要特别围绕已经完成的专业教学标准和课程标准开发教材。广东省教育研究院聚焦标准成果的转化，组织参与标准研制的专家学者和一线教学经验丰富的专业教师，研发出与标准匹配的系列教材。

本系列教材以专业教学标准和课程标准为依据，呈现出三大特点：一是系统性。专业教学标准和课程标准的研制始终坚持"能力核心、系统培养"的指导思想，通过岗位分层实现职业能力分级，基于职业能力分级实现中职、高职、本科的教育分层。教材的研发与标准研制一脉相承，体现教育属性和职业属性的有机结合，既能满足专业教学及升学的需要，也能满足就业的需求。二是创新性。标准研制成果明确地将职业能力点有机地融入课程之中，建立了以职业能力为核心、中高职分级培养的课程体系。教材通过行动导向、项目引领、任务驱动等模块化教学，增强了“做中学、做中教”的教学双向互动，让职业能力培养有效地体现在教学过程当中。三是实用性。教材内容的研发基于工作过程及职业情境，对准由行业企业专家提出的真实用人要求和职业活动，让学生切实掌握就业岗位工作内容，达到职业能力及职业道德要求，实现学有所指、学有所用的目的。

系列教材的研发得到了广东省教育厅职业教育与终身教育处、高等教育处等领导的关心和指导，也得到省内有关职业院校、行业企业的大力支持和积极参与，在出版期间尤其得到了广东高等教育出版社的大力支持，在此特别致以衷心的感谢！

系列教材的出版是我们为了实施和推广专业教学标准和课程标准所做的一项探索性工作，由于水平有限，难免存在不尽如人意之处和谬漏，恳请广大专家、读者和一线教师提出宝贵意见，帮助我们把这项工作做得更好。

现代职业教育体系建设系列教材编委会
2016 年 7 月

前 言

本教材是根据广东省中高职衔接专业教学标准和课程标准的要求，针对高职高专院校项目化教学需要编写的。“教学做一体”是本教材的宗旨。在考虑学生知识发展和技能需求的基础上，本教材打破了以讲授知识为主线的传统教学方式和学习方法，把知识点、技能点、经验点融合在一起，嵌入到项目教学中。在项目中，以项目任务方式在课堂上引导学生完成知识和技能的学习，同时讲解相关的必要知识要点，通过设置技能训练任务让学生积累项目开发经验，最后以总结形式介绍项目编程方法和技巧。每个项目的设计和每个任务的编排都力求由易到难、由小到大、螺旋式逐渐推进。本教程的内容基本涵盖了 Java Web 编程的常用开发技术，为后续课程学习奠定了基础。通过完成教程中的项目和任务，可以达到初级 JSP 程序设计的基本技能和知识要求，满足 Java Web 应用程序开发的初级程序员需求。

本教程的体系结构按照项目式编写，根据实际工作中 Java Web 编程的常见技术要求，组织了 7 个循序渐进的项目。项目内容涉及开发环境搭建、Web 页面设计与编程、Web 网页特效编程、Java 数据库编程、Servlet 编程、JSP 常用标签编程、综合项目实战等部分。依照基于 Web 开发典型工作过程实施“教学做一体”的教学思路，通过任务实施和实战训练，将 Web 开发技术中的“知识点、技能点、经验点”有机结合在一起。通过教，记住知识点；通过学，掌握技能点；通过做，获得经验点。在每个项目学习时，建议读者先对任务有初步了解，然后通过任务实施来掌握相应知识点和技能点，并通过技能实战训练来进一步提升技能和获取经验。在每个项目之后通过实训题和讨论题来巩固和拓展本项目的知识、技能和经验。

本教程参考学时为 72 学时，其中建议教师讲授 36 学时，学生实训 36 学时，理论和实践比例为 1:1，各项目学时分配如下页表：

学时分配表

项目	课程内容	学时	
		讲 授	实 训
项目 1	Java Web 开发环境搭建	2	2
项目 2	Java Web 页面设计与编程	4	4
项目 3	Java Web 页面特效编程	6	6
项目 4	Java Web 数据库编程	4	4
项目 5	Servlet 编程	6	6
项目 6	JSP 常用标签编程	6	6
项目 7	项目实战	8	8
学时小计		36	36
总学时合计		72	

本教材由校企合作共同开发，广州铁路职业技术学院刘国成博士担任主编，开发过程获得广东时汇信息科技有限公司总经理唐海峰、技术总监翁软，以及广州爱浦路网络技术有限公司李新，广州国家数字家庭应用示范产业基地何剑峰的技术支持和资源建设帮助。在此表示感谢。

由于编者水平有限，书中可能存在不妥之处，敬请批评指正。

编　者

2019 年 10 月

目 录

项目 1
Java Web 开发环境搭建

学习目标

○ 认识 Web 系统及其应用
○ 了解 Web 主流开发技术
○ 掌握 JDK 的安装与配置方法
○ 掌握 Tomcat 的安装与配置方法
○ 掌握 MyEclipse 的安装与配置方法

技能目标

○ 安装 JDK、Tomcat、MyEclipse
○ 创建和运行 Java Web 项目
○ 独立搭建 Java Web 项目开发环境

任务 1－1　认识 Web 系统

一、任务目标

了解 Web 系统，能独立分析 Web 系统所采用的开发技术。

二、任务描述

在开始学习 Web 开发技术之前，首先要知道什么是 Web 系统，并且了解 Web 系统的应用及其涉及的主要技术。通过本任务的学习和训练，认识 Web 系统、了解 Web 系统的应用，以及 Web 系统的主流开发技术。

三、任务分析

通过上网搜索和使用相关常用的 Web 系统，近距离体验 Web 系统的功能和应用。结合实际应用，对常见 Web 系统的开发技术进行分析，以了解和识别目前主流的 Web 开发技术。

四、任务实施

第一步：认识 Web 系统及其应用

☞问题：什么是 Web 系统？

Web 系统是一种可以通过 Web 访问的应用程序。Web 系统的一个最大好处是用户只需要有浏览器即可访问应用程序，不需要再安装其他客户端软件。

> 小提示
>
> Web 系统在生活中随处可见，如新闻、邮件、社交、博客、订餐、订票、考试、OA 等系统。

☞问题：Web 系统有什么作用？

Web 系统在我们的生活、学习、工作中的应用十分广泛，有着大量的需求空间和应用前景。对于即将从事 IT 行业程序开发工作的学生而言，这意味着具有广阔的施展空间和就业前景。

图 1－1 至图 1－6 是我们生活中常见的一些 Web 系统案例。

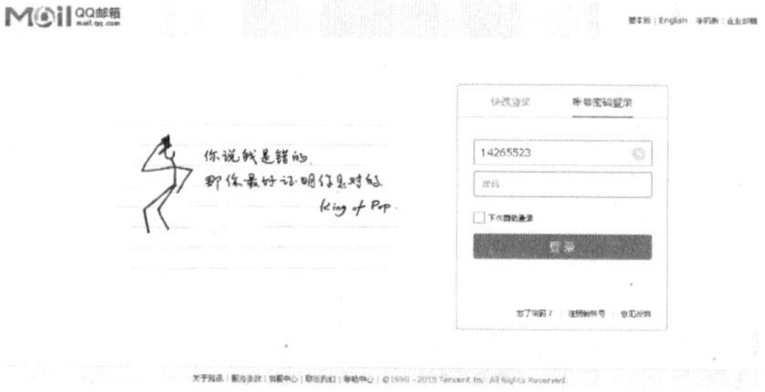

图 1－1　邮件系统

图 1－2　社交系统

图 1－3　博客系统

图 1－4　订餐系统

图1-5 订票系统

图1-6 考试系统

第二步：分析 Web 系统开发技术

☞问题：Web 开发技术有哪些？

Web 开发技术涉及的内容相当广泛，涵盖许多技术，一般根据用户的使用可以划分为前端技术和后台技术。前端技术主要包括 HTML、CSS、JavaScript、jQuery、AJAX 等技术，后台技术主要包括 JSP、ASP、ASP. NET、PHP 等技术。

小提示

目前，Web 应用开发的主流技术是 Java Web、ASP. NET 和 PHP。其中，JSP 由于开源、安全性、跨平台以及优秀的框架技术等因素，得到较为广泛的应用，成为了当前重要的 Web 开发技术。

【必需知识点】

✲ 知识点：JSP 技术

JSP 即 Java Web，是 Java 服务器页面（Java Server Page）的英文缩写。它是一个简化的 Servlet 设计，它是由 Sun 公司倡导、许多公司参与一起建立的一种动态网页技术标准。

小提示

JSP 是在传统的 HTML 网页中插入 Java 程序段（scriptlet）和 JSP 标记（tag），从而形成 JSP 文件，后缀名为 .jsp。它实现了 HTML 语法中的 Java 扩展（以“<%，%>”形式）。

用 JSP 开发的 Web 系统应用程序是跨平台的，既能在 Linux 下运行，也能在 Windows 等其他操作系统上运行。JSP 是在服务器端执行的，通常返回给客户端的就是一个 HTML 文件，因此客户端只要有浏览器就能浏览。

JSP 技术使用 Java 编程语言编写类 XML 的标记和程序段，来封装产生动态网页的处理逻辑。网页还能通过 tags 和 scriptlets 访问存在于服务端的资源的应用逻辑。JSP 将网页逻辑与网页设计的显示分离，支持可重用的基于组件的设计，使基于 Web 的应用程序的开发变得迅速和容易。

JSP 是一种动态页面技术，它的主要目的是将表示逻辑从 Servlet 中分离出来。Java Servlet 是 JSP 的技术基础，而且大型的 Web 系统应用程序的开发需要 Java Servlet 和 JSP 配合才能完成。

JSP 具备了 Java 技术的简单易用，完全面向对象，具有平台无关性且安全可靠，主要面向互联网的特点。

✲ 知识点：ASP 技术

ASP 是动态服务器页面（Active Server Page）的英文缩写，是微软公司开发的代替 CGI 脚本程序的一种应用，它可以与数据库和其他程序进行交互，是一种简单、方便的编程工具。

小提示

ASP 的网页文件的格式是 .asp。现在常用于各种动态小微型网站中。

✲ 知识点：ASP. NET 技术

ASP. NET 是由微软在 .NET Framework 框架中所提供，开发 Web 应用程序的类库，封装在 System. Web. dll 文件中，显露出 System. Web 命名空间，并提供 ASP. NET 网页处理、扩充以及 HTTP 通道的应用程序与通信处理等工作，以及 Web Service 的基础架构。ASP. NET 是 ASP 技术的后继者，但它的发展性要比 ASP 技术要强大许多。

小提示

ASP. NET 的网页文件的后缀格式是 .aspx。

✲ 知识点：PHP 技术

PHP 是一种通用开源脚本语言，利于学习，使用广泛，主要适用于 Web 开发领域。PHP 独特的语法混合了 C 语言、Java、Perl 的特点以及 PHP 自创的语法。它可以比 CGI 或者 Perl 更快速地执行动态网页。PHP 是将程序嵌入到 HTML 文档中去执行，用 PHP 做出的动态页面与其他的编程语言相比，执行效率比完全生成 HTML 标记的 CGI 要高许多。PHP 还可以执行编译后代码，编译可以加密和优化代码运行，使代码运行得更快。

小提示

PHP 的网页文件的后缀格式是 .php。

✲ 知识点：Java Web 系统组成

一个 Web 系统是由完成特定任务的各种 Web 组件构成的，通过 Web 服务器和浏览器将服务展示给外界。在实际应用中，Java Web 系统是由多个 Servlet、JSP 页面、HTML

文件以及图像文件等组成，采用B/S模式（浏览器/服务器模式）。所有这些组件相互协调为用户提供一组完整的服务。

✲ 知识点：Web 系统开发过程

Web 系统的开发一般包括需求分析、系统设计、编码与测试、发布与部署等四个阶段。其中需求分析阶段用于分析用户和项目的功能、性能、可靠性等具体要求，将用户非形式的需求表述转化为UML需求定义（如系统角色、业务用例、功能模块、E－R模型及数据存储等），从而确定系统必须做什么的过程。系统设计阶段主要包括概要设计与详细设计，完成系统各部分模块及功能的定义与细节设计。编码与测试阶段则根据详细设计的要求实现各部分功能的程序编码，并同时对程序功能和编码质量进行测试和质量控制。发布与部署阶段是指将完成后的Web系统软件发布到应用市场或部署到用户那里交付给用户使用。

【技能实战训练】

上网查找一下自己常用的Web系统有哪些？说出它们分别采用了以上所述哪种Web开发技术。

任务1－2　JDK安装与配置

一、任务目标

能熟练完成JDK的安装与配置。

二、任务描述

要进行Java Web系统开发，首先要进行JDK的安装，并配置好Java程序的编译和运行环境。本任务主要指导读者完成JDK的安装与配置，建立Java应用程序的编译和运行环境。

三、任务分析

JDK的安装与配置主要包含三部分内容：首先是懂得下载JDK安装软件；第二是正确安装了DK；最后是完成JDK环境变量配置。

四、任务实施

第一步：下载JDK安装包

要进行Java Web应用程序开发就必须先建立Java语言的编程环境。Java编程环境的核心就是JDK，因此先要下载JDK安装包。

小提示

Oracle 公司的官网上提供有各种版本的 JDK，并提供免费下载。

下载过程可以按照以下步骤进行操作。

（1）登录 Oracle 公司官网 http://www.oracle.com。选择“Downloads”，在图 1－7 所示下拉菜单中选择“Java for Developers”。

图 1－7　登录 Oracle 官网

（2）在弹出的新网页中选择“JDK downloads”即可下载所需的 Java JDK 安装程序，如图 1－8 所示。

图 1－8　选择所需的 Java JDK

（3）下载并安装 Java 帮助文档

对程序设计人员来说，Java 帮助文档是很重要的。由于 JDK 的安装文件中不包括帮助文档，因此需要从网站上下载帮助文档而后安装。帮助文档下载与安装的过程和步骤与 JDK 类似。

小提示

帮助文档一般被安装在 docs 的目录下，使用浏览器打开该目录下的 index. html 文件即可查阅所有的帮助信息。

第二步：安装 JDK

JDK 下载以后，就可以进行安装。以下是在 Microsoft Windows XP 操作系统平台上的操作步骤，这是搭建 Java Web 编程环境的第一步。

小提示

在 Microsoft Win7 和 Win8 上安装 JDK 的方法相似，但要注意区分所用的计算机是 32 位还是 64 位。

这里以 Jdk1. 6. 0 版本为例，从 Oracle 官网下载安装文件 jdk-6-windows-i586. exe。双击安装文件 jdk-6-windows-i586. exe，按照提示逐步执行即可安装文件。

（1）双击下载的 JDK 安装程序，出现图 1－9 所示的界面，启动 JDK 安装引导程序。

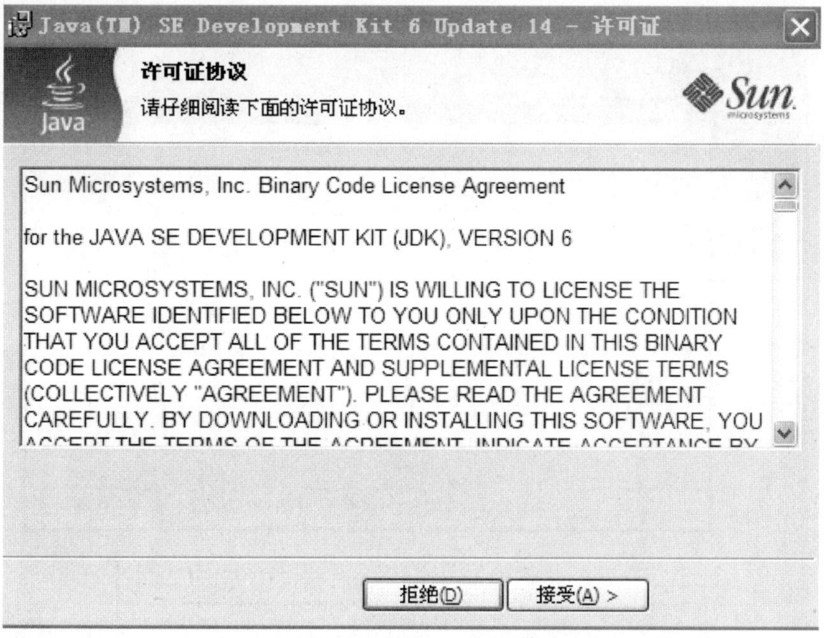

图 1－9　启动 JDK 安装程序

（2）按钮用户许可协议进入“自定义安装”，如图 1－10 所示，点击“开发工具”，再单击“下一步”按钮。

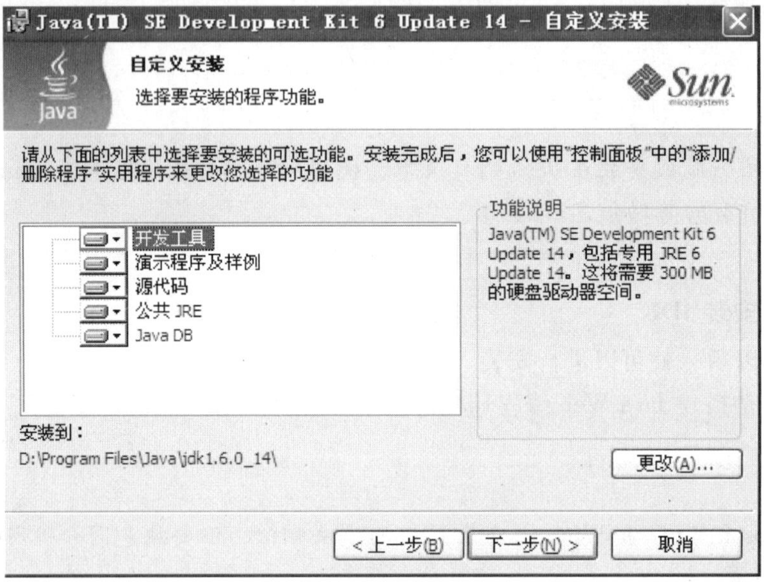

图 1－10　选择安装内容和路径

（3）设置 JDK 安装路径（默认路径为 C：\ Program Files \ Java \ ），如图 1－11 所示，然后点击“下一步”按钮继续直至安装完成。

图 1－11　JDK 安装路径

（4）安装完成后，出现图1－12界面，点击“完成”按钮，即可完成安装。

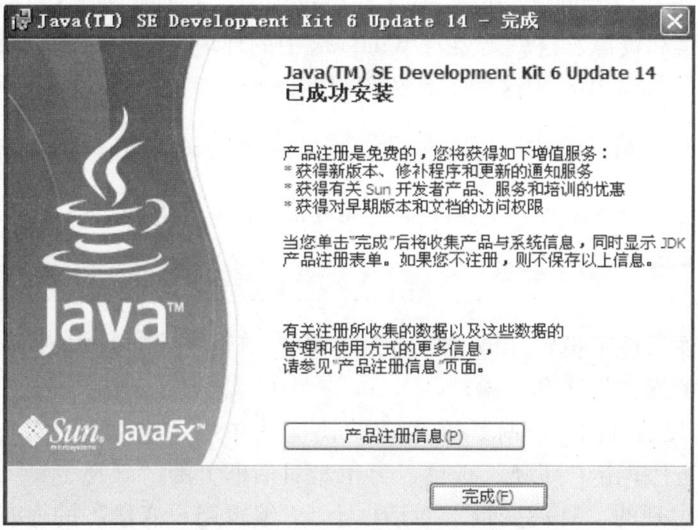

图1－12 安装完成

如果将 JDK 安装到 C：1 Program Files \ Java 目录下，安装成功后，将有如图1－13所示的目录结构。

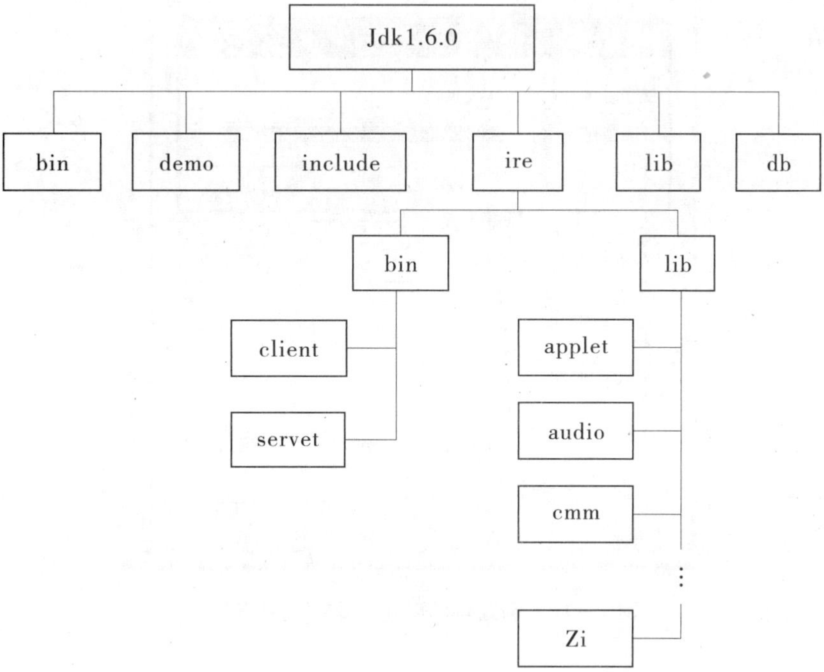

图1－13 JDK 1.6.0 目录结构

第三步：配置 JDK

在进行 Java 编程以及调试、运行 Java 程序过程中，有时候需要在 DOS 命令行下调用 JDK 中的一些工具和资源，这就需要对 Windows 中的环境变量 PATH 和 CLASSPATH 进行设置，以获取运行 Java JDK 中这些工具和资源的路径。

> 小提示
>
> 使用 Java 集成开发软件，如 Eclipse、MyEclipse 等，进行 Java 程序编写，则可以不需要进行此配置。

在不同的操作系统下设置环境变量的方式有所不同，这里以 Windows XP 系统为例说明设置环境变量的操作方法和步骤。

（1）右击“我的电脑”图标，在出现的快捷菜单中单击“属性”选项，在出现的“系统属性”窗口上单击“高级”选项，再单击对话框上的“环境变量”，弹出“环境变量”对话框。在出现的“环境变量”对话框上，“编辑用户变量”的原有变量名为 JAVA_HOME，变量值为 JDK 安装路径，如图 1－14 所示。

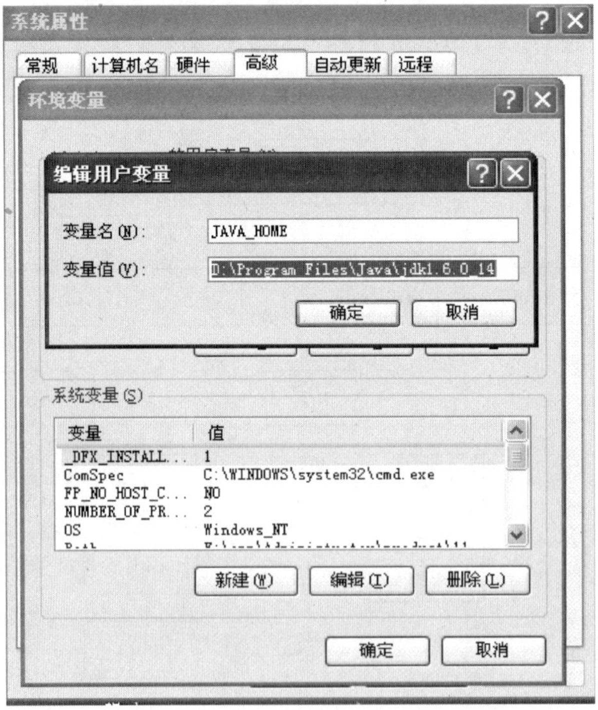

图 1－14　新建环境变量“JAVA_HOME”

（2）如图 1－14 所示的“环境变量”对话框单击“新建”按钮，新建一个“编辑用户变量”，变量名为“PATH”，变量值为“%JAVA_HOME%\bin;”（变量值最后要带分号），如图 1－15 所示。

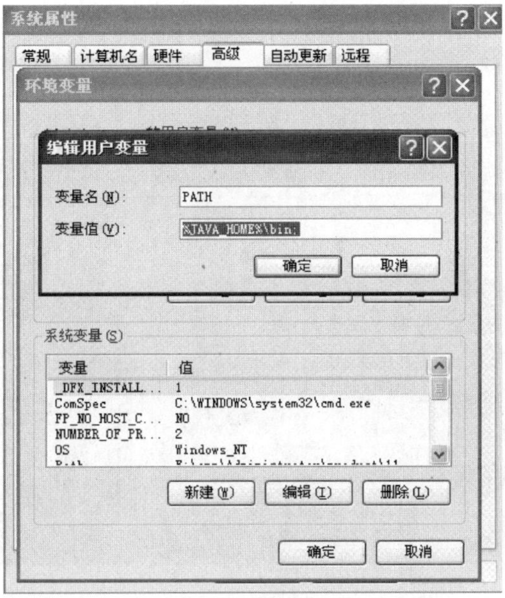

图 1－15　新建环境变量“PATH”

（3）在图 1－15 所示已新建的“编辑用户变量”基础上，再新建一个“编辑用户变量”，变量名为“CLASSPATH”，变量值为“% JAVA_HOME% \ lib \ dt. jar;% JAVA_HOME% \ lib \ tools. jar;”（分号不要漏了），如图 1－16 所示。

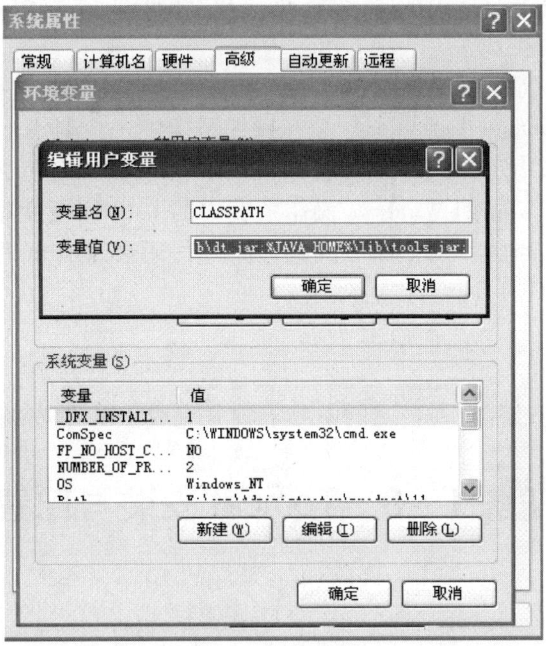

图 1－16　新建环境变量“CLASSPATH”

(4) 测试环境变量是否配置成功。点击“开始菜单”→“运行”，输入 CMD 后回车，在 DOS 命令行界面输入 Java-version/java/javac，按下回车。显示如图 1－17 所示的画面则说明配置成功完成。

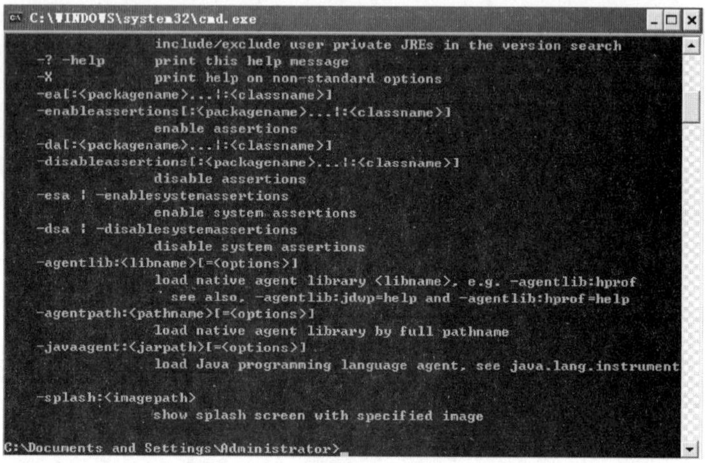

图 1－17　测试环境变量配置成功

【必要知识点】

✲ 知识点：JDK

JDK（Java Development Kit）是 Java 语言的软件开发工具包，主要用于移动设备、嵌入式设备上的 Java 应用程序。JDK 是整个 Java 开发的核心，它包含了 Java 的运行环境，Java 工具和 Java 基础的类库。

✲ 知识点：环境变量

环境变量（Environment Variables）是在操作系统中一个具有特定名字的对象，一般是指在操作系统中用来指定操作系统运行环境的一些参数。它包含了一个或者多个应用程序所将使用到的信息。例如 Windows 操作系统中的 path 环境变量，当要求系统运行一个程序时，系统除了在当前目录下面寻找此程序外，还会到 path 环境变量中指定的路径去找。

【技能实战训练】

参照以上任务实施过程，在自己的电脑上独立完成 JDK 的安装与配置。

任务 1－3　Tomcat 安装与配置

一、任务目标

能熟练完成 Tomcat 的安装与配置。

二、任务描述

Web 系统程序开发调试和运行需要使用 Web 服务器。Java Web 系统一般采用 Tomcat 作为 Web 服务器软件。因此，接下来 Java Web 系统开发环境搭建的任务是要掌握 Tomcat 的安装、配置与使用。

三、任务分析

Tomcat 的安装与配置主要包含 3 个步骤分别是：第一步，是下载 Tomcat 安装软件；第二步，完成 Tomcat 软件的安装；第三步，实现 Tomcat 配置。

四、任务实施

Tomcat 是 Apache 软件基金会（Apache Software Foundation）的 Jakarta 项目中的一个核心项目，由 Apache、Sun 和其他一些公司及个人共同开发而成。Tomcat 服务器是一个免费的开放源代码的 Web 应用服务器，属于轻量级应用服务器，在中小型系统中被普遍使用，是开发和调试 JSP 程序的首选。

第一步：下载 Tomcat 安装包

在 Tomcat 官方网站（http://tomcat.apache.org/）下载安装软件，如图 1－18 所示。如果操作系统是 Windows，可以下载 Windows 安装包，也可以下载 Windows 免安装压缩包。

图 1－18　Tomcat 官方网站

> **小提示**
>
> 安装包下载后直接运行，一直单击“Next”按钮就完成安装。若使用压缩包，则直接解压到指定目录即可（建议直接解压到 C 盘）。

第二步：安装 Tomcat 服务器

这里以 Tomcat 6.0 安装包为例讲解在 Windows 操作系统下安装操作过程。在安装 Tomcat 之前必须完成上述的 JDK 的安装与配置。

（1）如图 1－19 所示，双击 Tomcat 6.0 安装包，启动 Tomcat 安装向导，点击 “Next” 按钮，进入下一步。

图 1－19　启动 Tomcat 安装向导

（2）如图 1－20 所示，选择安装内容，点击 “Next” 按钮。

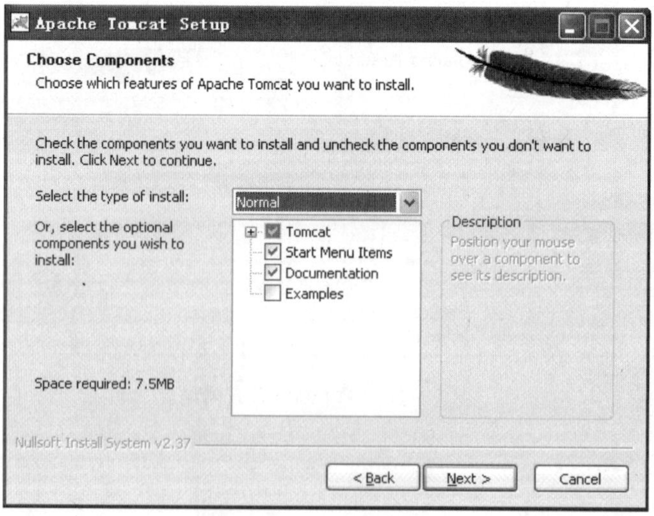

图 1－20　选择安装内容

（3）如图 1－21 所示，选择安装路径，点击“Next”按钮。

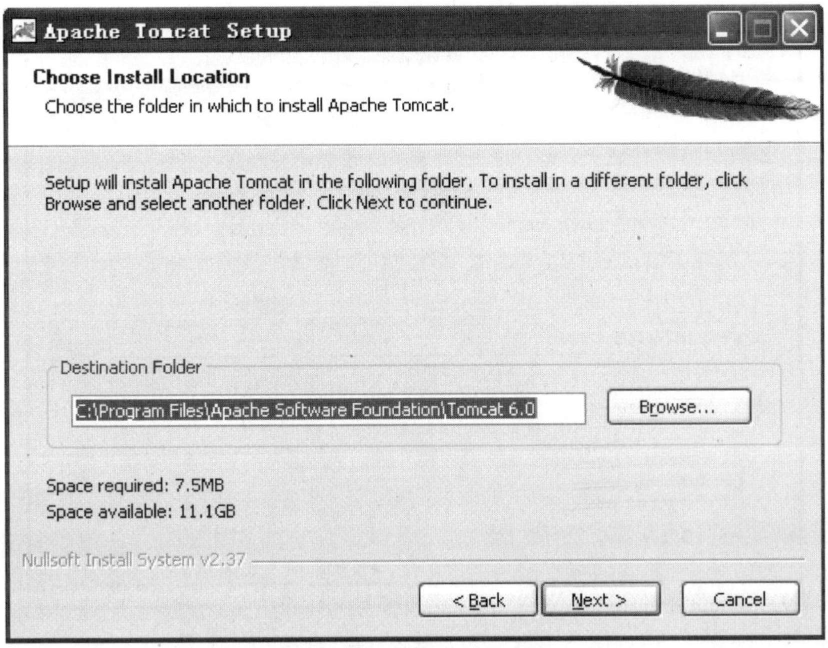

图 1－21　选择安装路径

（4）如图 1－22 所示，指定端口，以及用户名、密码，点击“Next”按钮。

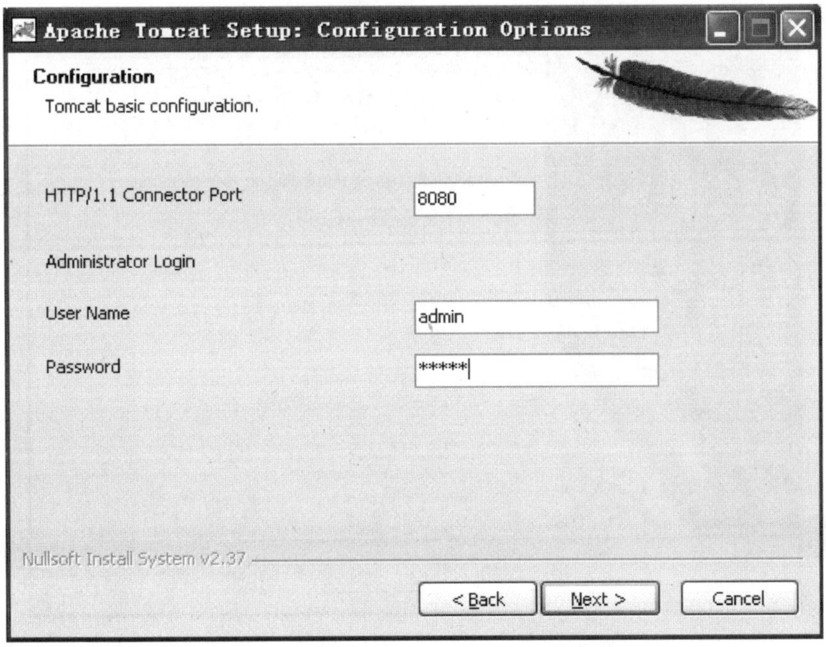

图 1－22　选择端口、用户名和密码

（5）如图 1-23 所示，选择 JDK 中的 JRE 文件夹，点击“Install”按钮进行安装。

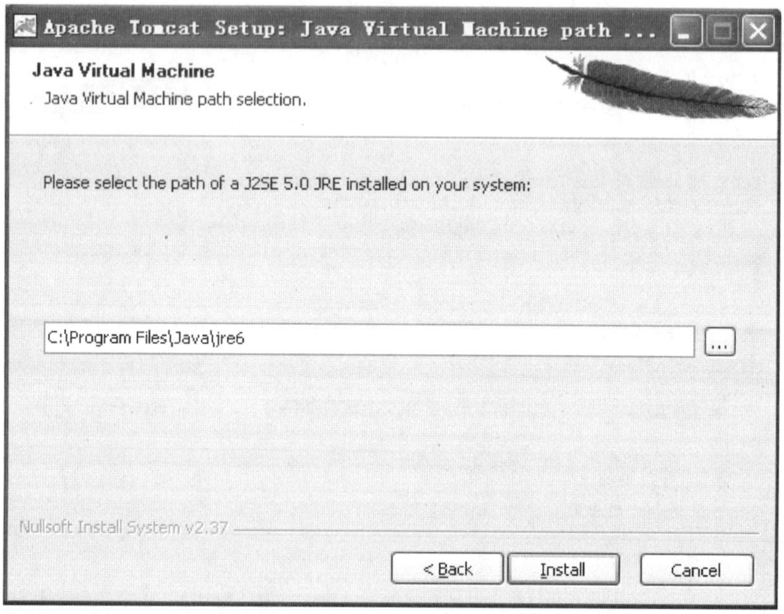

图 1-23　选择 JRE 路径

（6）如图 1-24 所示，安装成功后，可以选择启动 Tomcat 服务，点击“Finish”按钮完成安装。

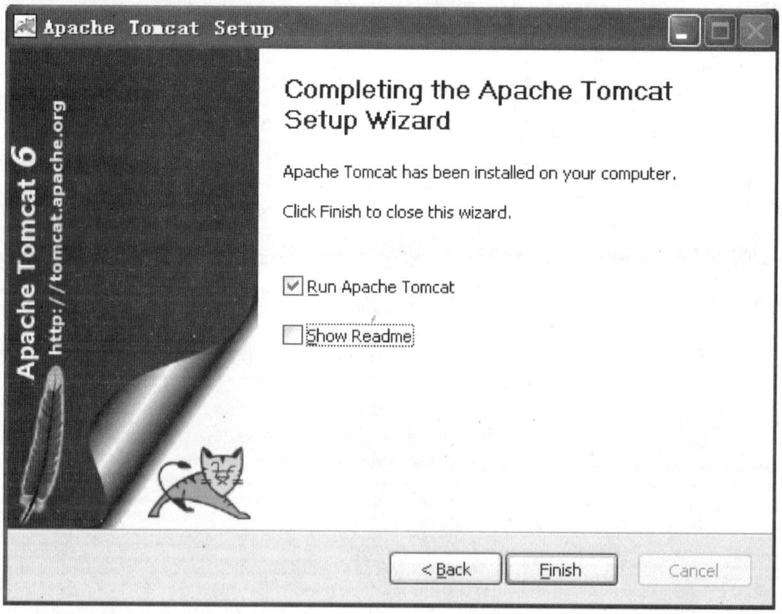

图 1-24　完成安装

第三步：配置 Tomcat 服务器

如果使用 Tomcat 免安装包，则在解压后需要进行 Tomcat 的配置。这里以 Tomcat 6.0 免安装包为例讲解在 Windows 操作系统下的配置过程。在配置 Tomcat 之前必须完成上述的 JDK 的安装与配置。

（1）首先直接解压 Tomcat 6.0 免安装包到指定目录，这里选择 C 盘，然后参照 JDK 配置环境变量的操作，配置 Tomcat 环境变量，如图 1－25 所示。

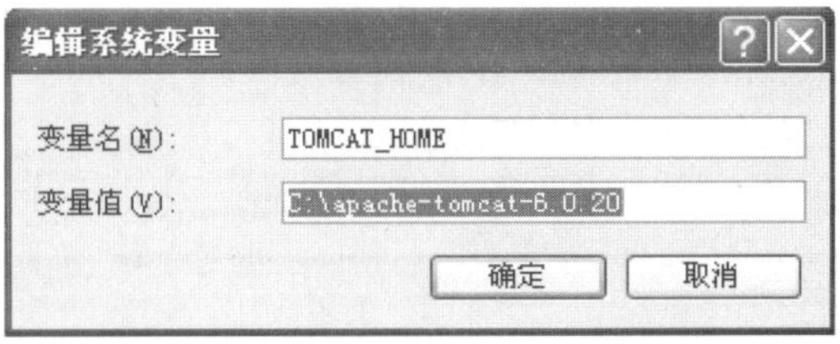

图 1－25　配置 Tomcat 环境变量

（2）双击 Tomcat 文件夹目录下的 bin 目录下的 startup．bat 文件，测试配置是否成功，如图 1－26 所示。

图 1－26　运行 startup．bat 文件

（3）启动成功，则显示如图 1－27 所示的信息。

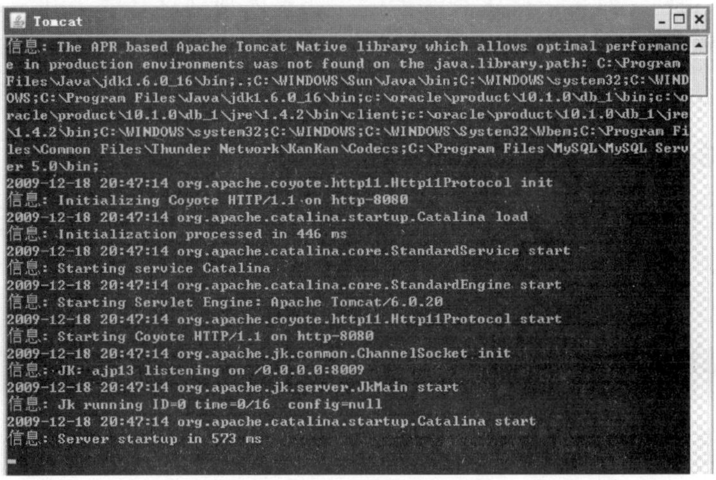

图 1－27　启动成功信息

（4）启动浏览器，在地址栏中输入“http://localhost:8080”或者“http://127.0.0.1:8080”，如图1-28所示，如果显示以下页面，则表示Tomcat正确启动。

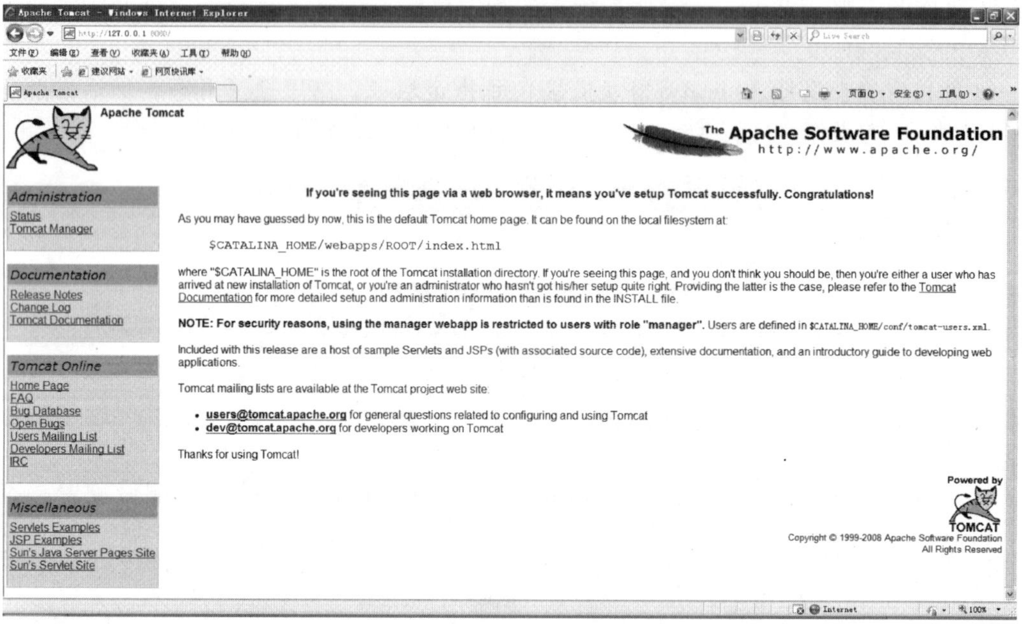

图1-28　Tomcat 正确启动

【必要知识点】

✲ 知识点：Tomcat

Tomcat服务器是一个免费的开放源代码的Web应用服务器，属于轻量级应用服务器，在中小型系统中被普遍使用，是开发和调试JSP程序的首选。Tomcat最初是由Sun的软件构架师詹姆斯·邓肯·戴维森开发的，后来他帮助将其变为开源项目，并由Sun贡献给Apache软件基金会。Tomcat和其他Web服务器一样，具有处理HTML页面的功能，另外它还是一个Servlet和JSP容器，独立的Servlet容器是Tomcat的默认模式。

【技能实战训练】

参照以上任务实施过程，在自己的电脑上独立完成Tomcat的安装与配置。

任务1－4 MyEclipse 安装与配置

一、任务目标

能熟练完成 MyEclipse 的安装，以及在 MyEclipse 中配置 JDK 和 Tomcat。会使用 MyEclipse 创建和运行一个 Java Web 项目。

二、任务描述

Java Web 系统开发环境搭建的最终目标是安装和配置好一个好用的集成开发环境。目前常用的 Java Web 系统集成开发环境主要有 MyEclipse 和 Eclipse。由于 MyEclipse 集成有相应的 Web 开发插件，不用像 Eclipse 那样需要另行配置相关插件，因此这里主要指导读者完成 MyEclipse IDE 的安装与配置。

三、任务分析

MyEclipse 的安装与配置任务主要分为 4 个内容：首先是安装 MyEclipse 软件；第二是在 MyEclipse 中配置 JDK；第三是在 MyEclipse 中配置 Tomcat；最后是创建和运行 Java Web 项目。

四、任务实施

MyEclipse 是一款功能强大的企业级集成开发软件，主要用于 Java、Java Web 以及移动应用的开发。MyEclipse 的功能非常强大，支持也十分广泛，尤其是对各种基于 Java 语言开源产品的支持相当不错。

第一步：安装 MyEclipse

下面以 MyEclipse 8.5 为例讲解 MyEclipse 的安装操作。

（1）双击运行 MyEclipse 8.5 的安装包，启动 MyEclipse8.5 的安装向导，点击“Next”按钮进入下一步，如图 1－29 所示。

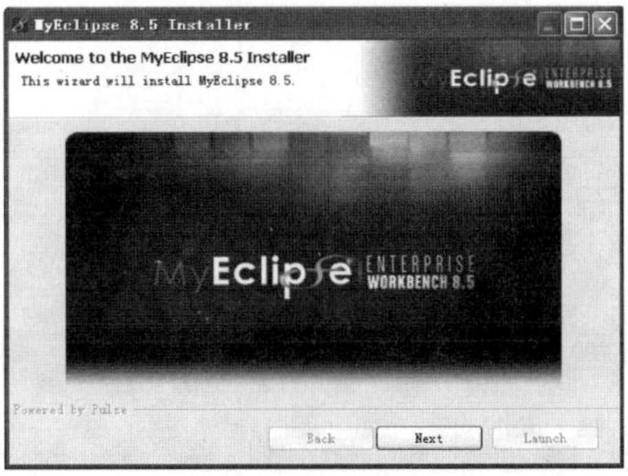

图1－29 启动 MyEclipse 安装向导

（2）进入协议对话框，这里选择接受协议，点击“Next”按钮，如图 1－30 所示。

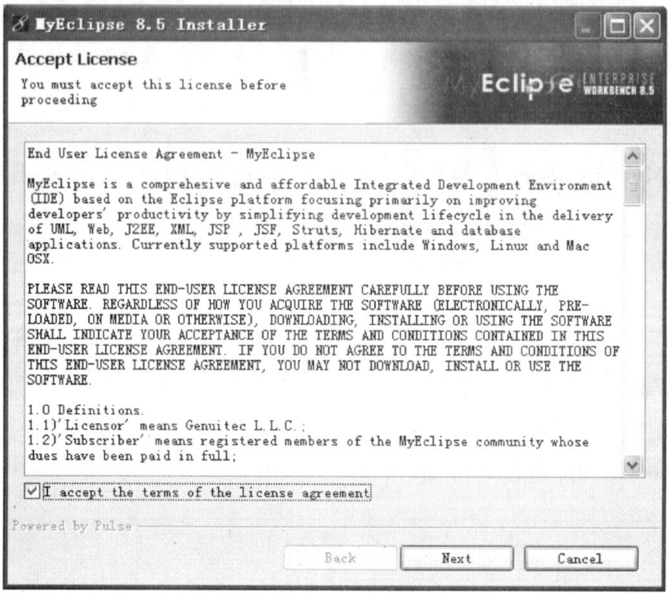

图 1－30　接受协议

（3）选择安装路径，点击“Install”按钮开始安装，如图 1－31 所示。

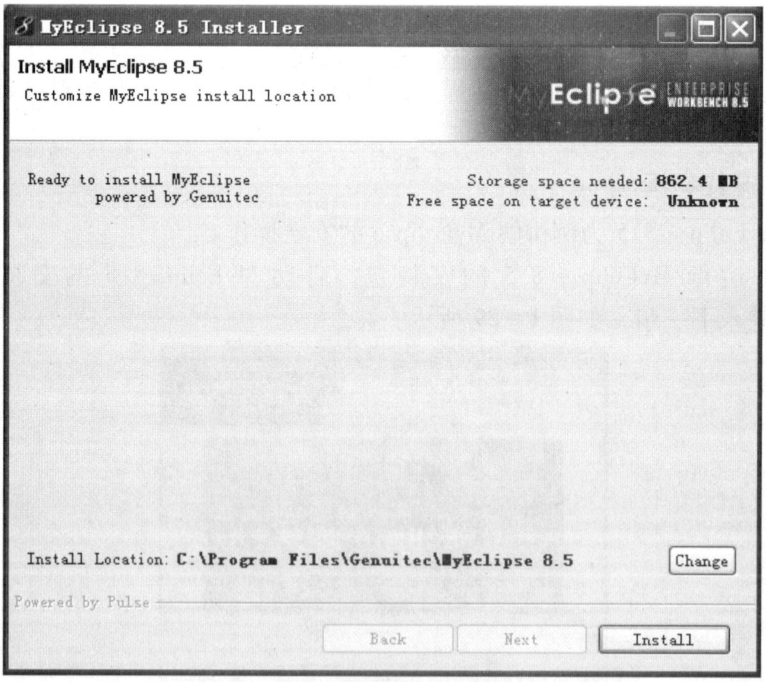

图 1－31　选择安装路径

（4）安装成功后会自动进入 MyEclipse 启动界面，并要求选择工作区 workspace 的路径。这里选择默认路径，点击“OK”按钮，如图 1－32 所示。

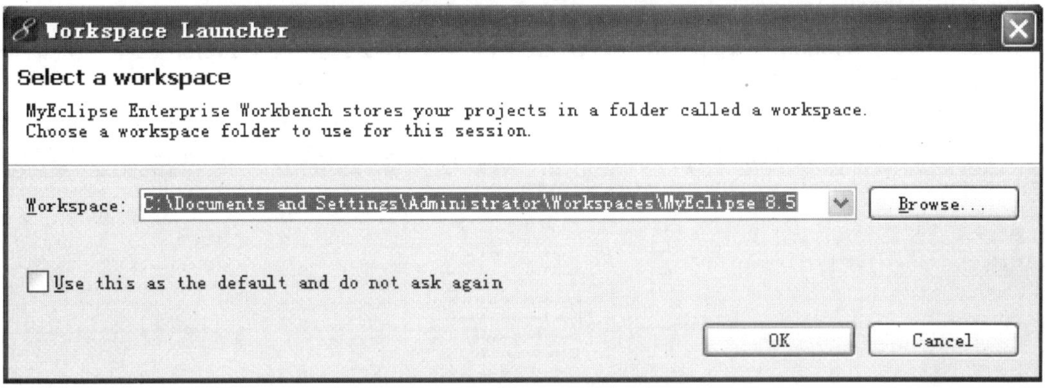

图 1－32　选择工作区路径

（5）这时进入 MyEclipse 8.5 的集成开发环境。MyEclipse 8.5 安装完成，如图 1－33 所示。

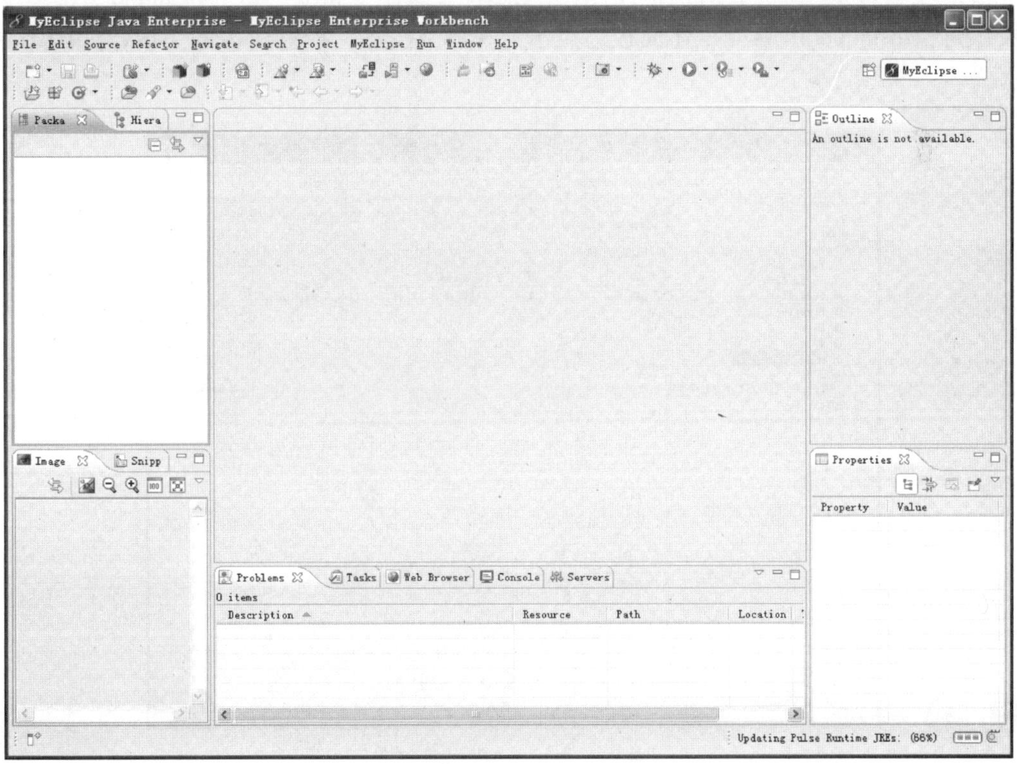

图 1－33　MyEclipse 8.5 集成开发环境

第二步：在 MyEclipse 中配置 JDK

在 MyEclipse 中可以根据项目开发的要求配置所需的 JDK。下面讲解在 MyEclipse 8.5 中配置 JDK 的操作过程。

（1）选择“Window”菜单中的“Preferences”菜单项，进入“Preferences”对话框，如图 1－34 所示。

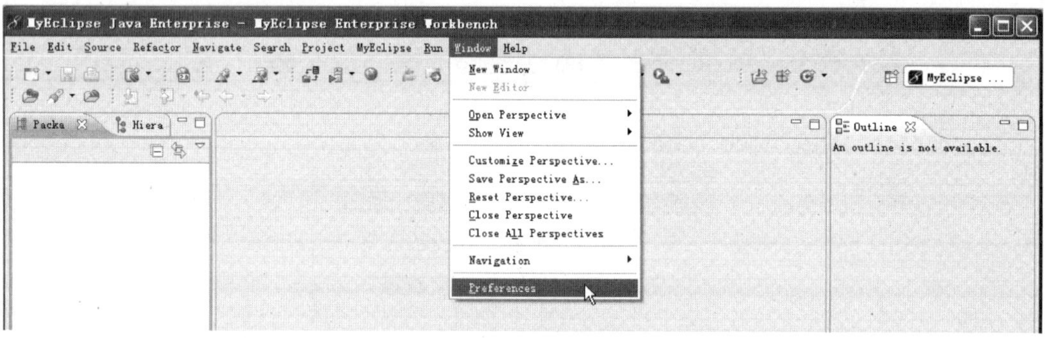

图 1－34　选择“Preferences”菜单项

（2）在“Preferences”对话框左侧树型菜单中选择“Java”→“Installed JREs”项，进入右侧“Installed JREs”工作面板，点击“Add”按钮，配置所需的 JDK，如图 1－35 所示。

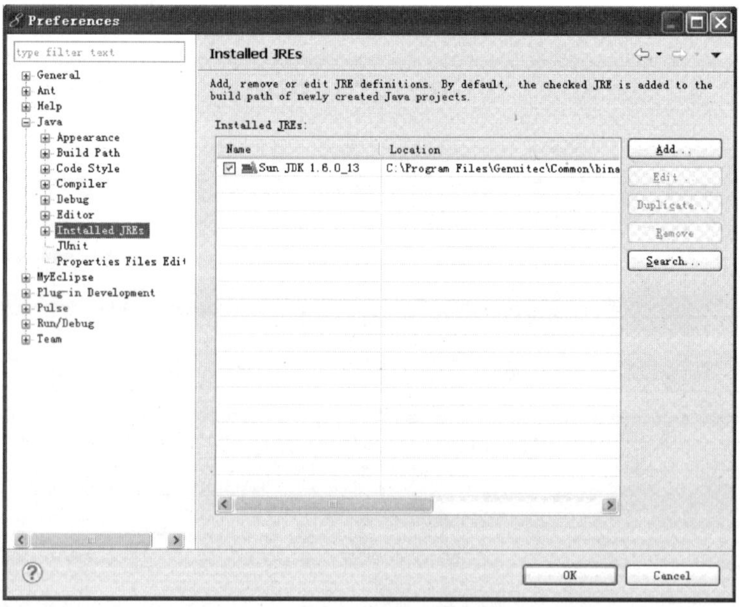

图 1－35　JRE 配置面板

（3）在“Add JRE”对话框中选择“Standard VM”，点击“Next”按钮，如图 1－36 所示。

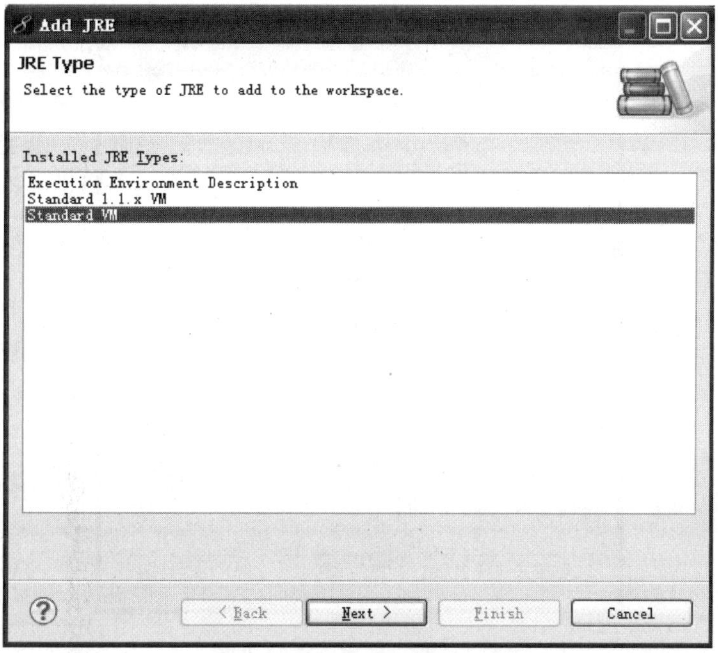

图 1－36　选择 JRE 类型

（4）点击“Directory”按钮，选择 JRE 所在路径，如图 1－37 所示。

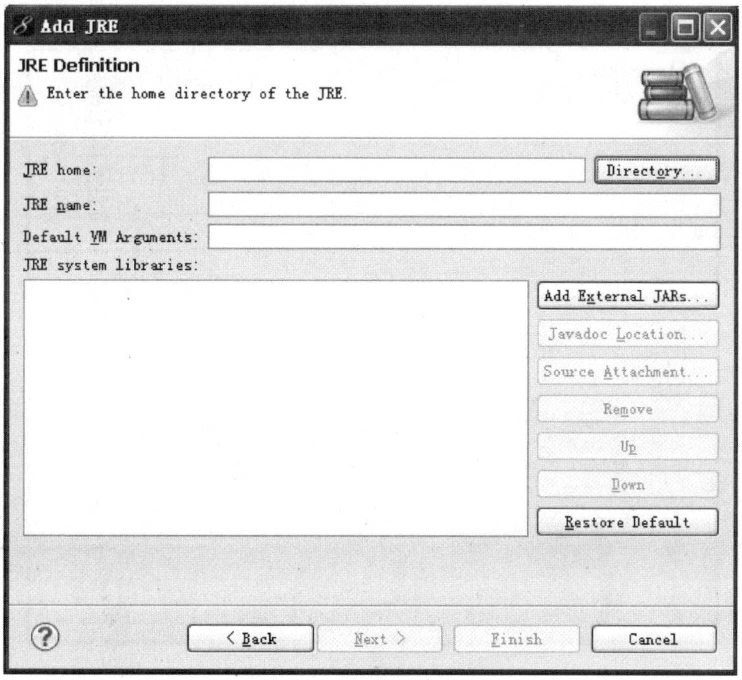

图 1－37　选择 JRE 路径

（5）在弹出的“浏览文件夹”对话框中选择所要配置的 JDK，点击“确定”按钮，如图 1－38 所示。

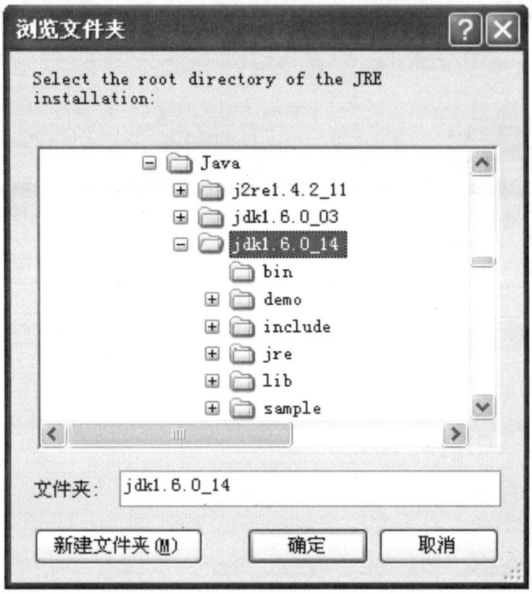

图 1－38　选择所需的 JDK

（6）这时 MyEclipse 自动识别并导入 JDK，点击“Finish”按钮回到“Preferences”对话框，如图 1－39 所示。

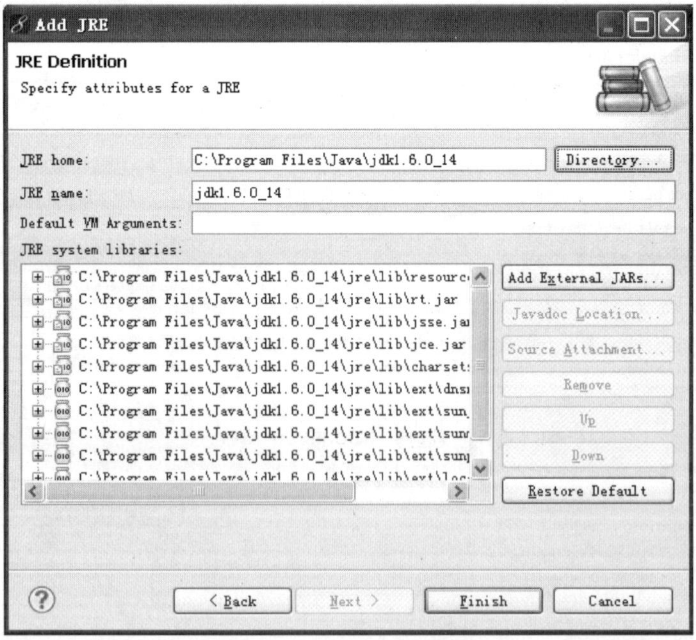

图 1－39　导入所选的 JDK

（7）选择要配置运行的JDK，点击“OK”按钮完成JDK配置，如图1-40所示。

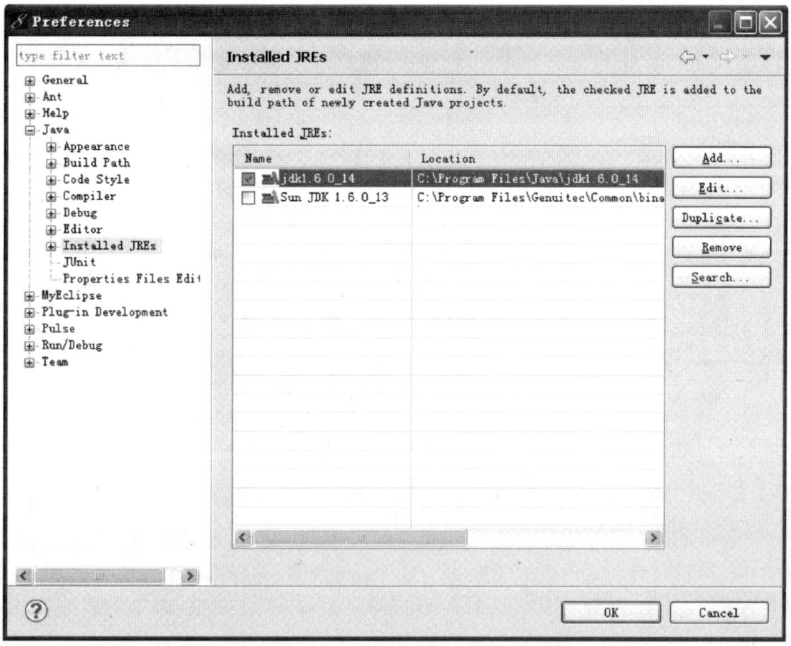

图1-40 选择要配置运行的JDK

第三步：在MyEclipse中配置Tomcat

与配置JDK相似，在MyEclipse中也可以根据项目开发的要求配置所需的Tomcat。下面讲解在MyEclipse 8.5中配置Tomcat的操作过程。

（1）选择MyEclipse 8.5中的“MyEclipse Server”下拉按钮，在显示的下拉菜单中选择“Configure Server”项，如图1-41所示。

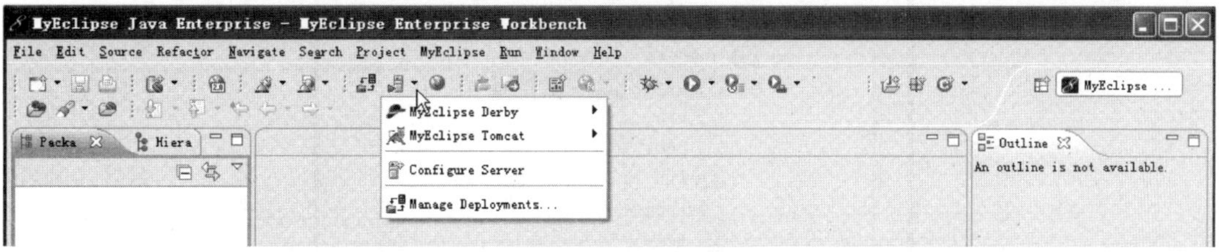

图1-41 选择“Configure Server”项

（2）在弹出的“Preferences”对话框中选择“Tomcat 6. x”，并点击“Browse…”按钮，如图 1－42 所示。

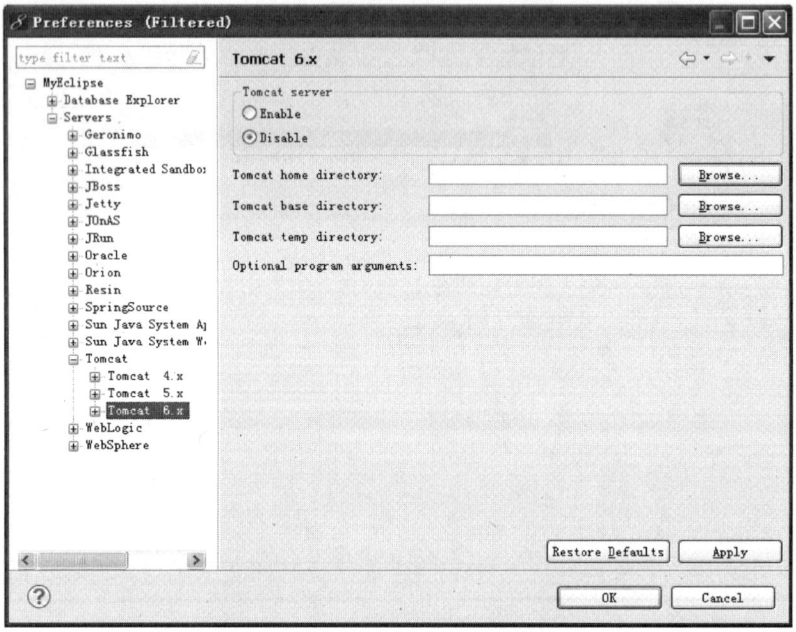

图 1－42　配置“Tomcat 6. x”面板

（3）在弹出的“浏览文件夹”对话框中选择所需的 Tomcat 路径，点击“确定”按钮，如图 1－43 所示。

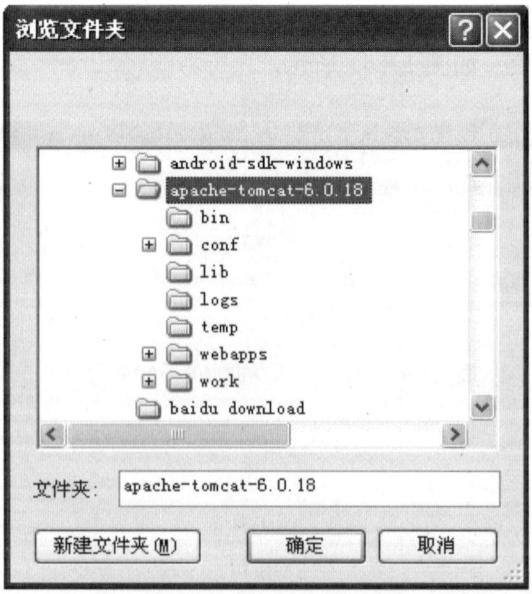

图 1－43　选择 Tomcat 路径

（4）这时 MyEclipse 会自动导入所选的 Tomcat，选择“Enable”单选项，点击“OK”按钮完成配置，如图 1－44 所示。

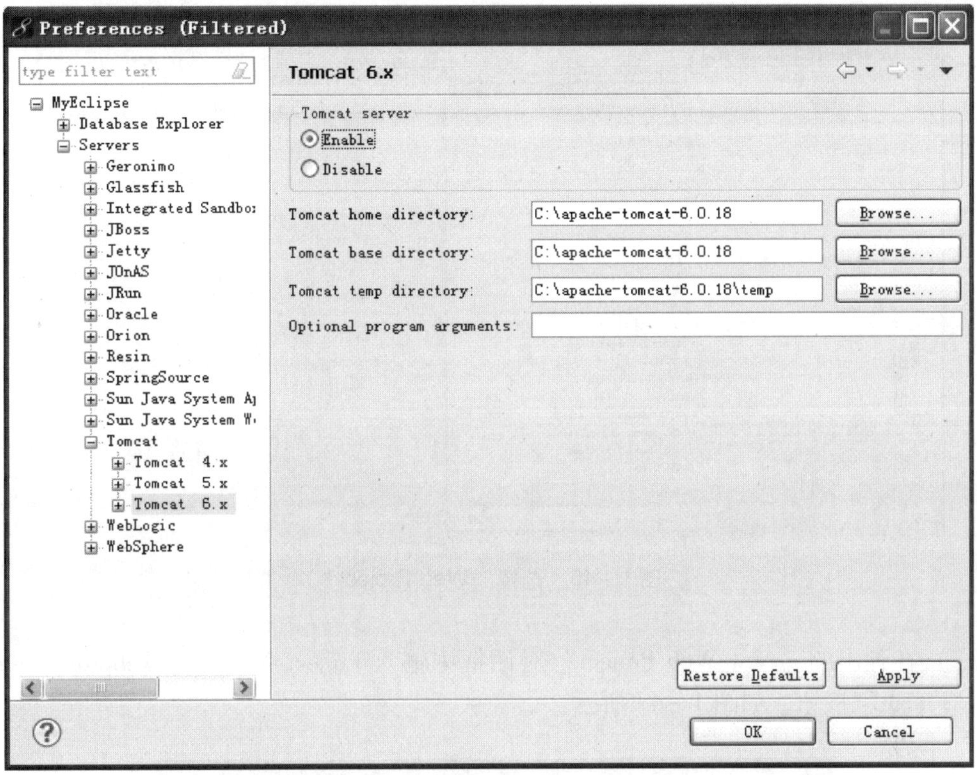

图 1－44　选择“Enable”单选项

（5）点击 MyEclipse 8.5 中的“MyEclipse Server”下拉按钮，发现多了个“Tomcat 6.x”选项，这表明 Tomcat 已经成功配置好了，如图 1－45 所示。

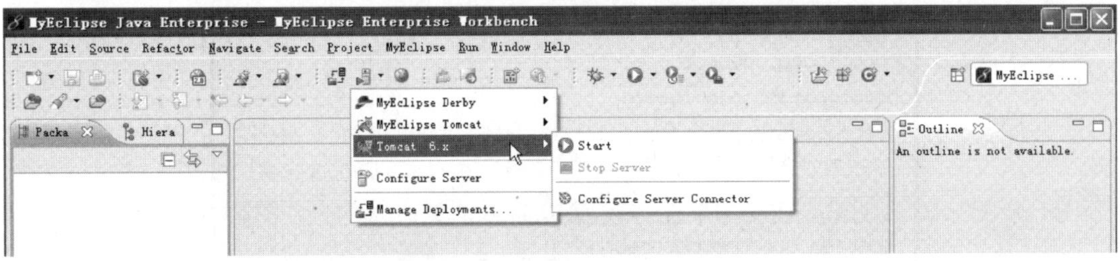

图 1－45　“Tomcat 6.x”选择

第四步：使用 MyEclipse 创建和运行 Java Web 项目

完成以上的 JDK 配置和 Tomcat 配置，即可使用 MyEclipse 创建和运行 Java Web 应用程序。下面讲解 Java Web 应用程序的创建和运行操作。

（1）点击“File”菜单中的“New”菜单项，选择“Web Project”，如图 1－46 所示。

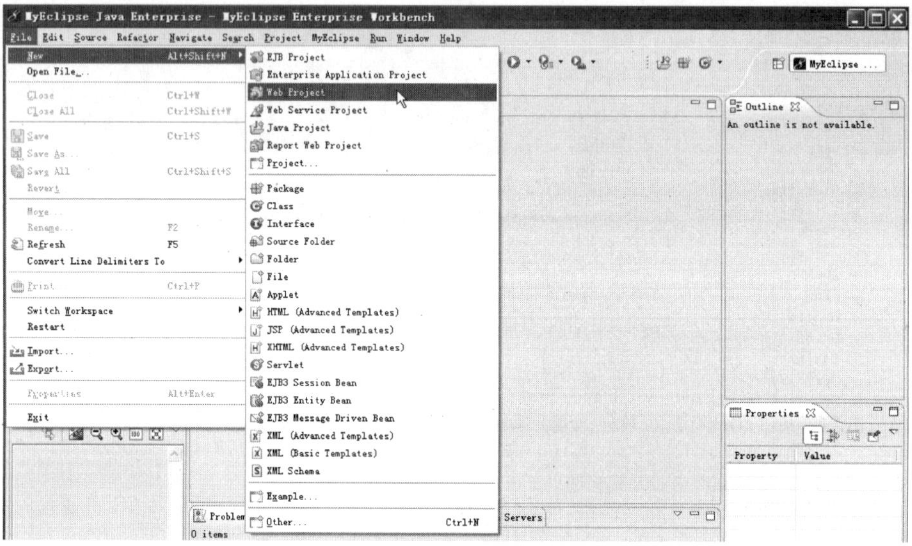

图 1－46　选择“Web Project”

（2）在弹出的“New Web Project”对话框中输入 Project Name：“webprojeetdemo”，点击“Finish”按钮，如图 1－47 所示。

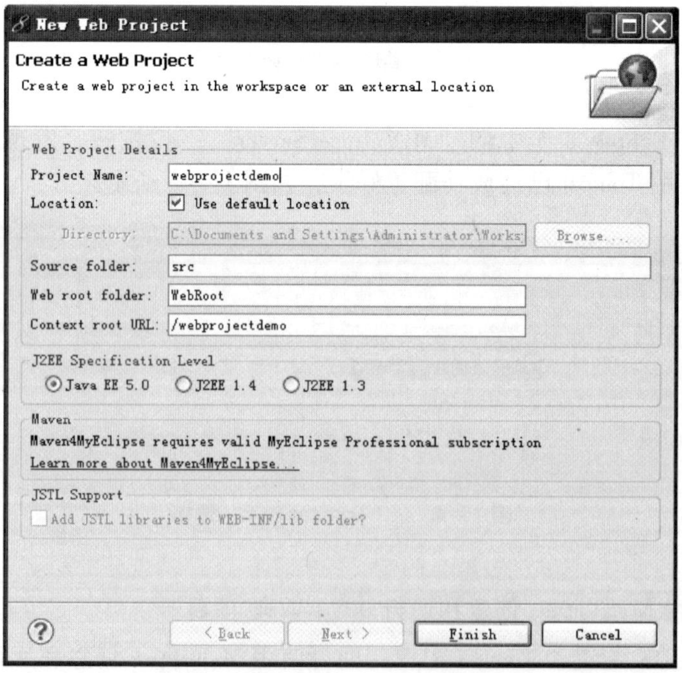

图 1－47　输入“webprojectdemo”

（3）这时成功创建一个 Web Project 项目“webprojectdemo”。可以看出，Web Project 项目主要有 src、WebRoot 和 Library3 部分组成，其中 src 用于编写 Java 代码，WebRoot 用于编写 JSP 代码，Library 是项目运行所需的库文件，如图 1－48 所示。

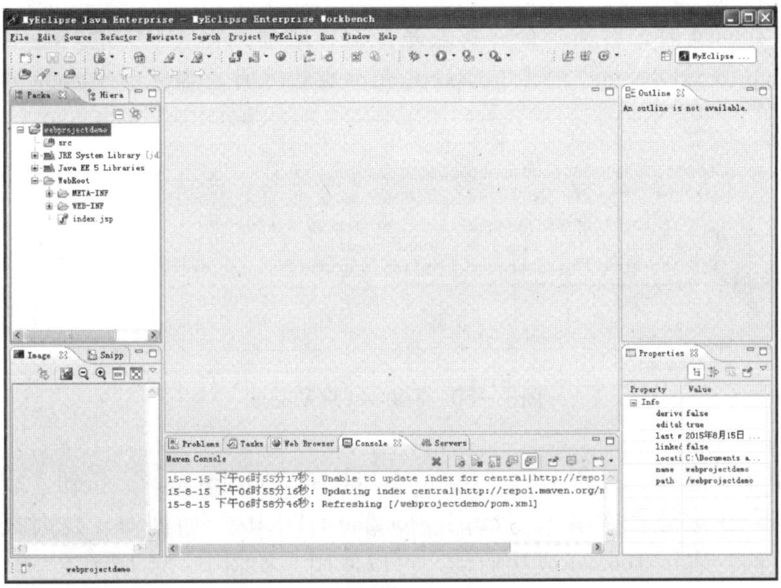

图 1－48　创建的 Web 项目

（4）在创建了 Web Project 之后，就可以运行 Web Project 应用程序。点击工具条上的“MyEclipse Server”下拉按钮，选择“Tomcat 6. x”菜单项中的“Start”项，启动 Tomcat，如图 1－49 所示。

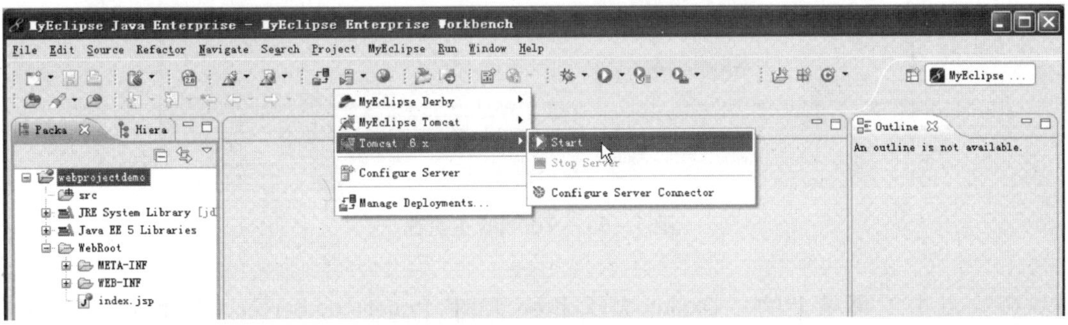

图 1－49　启动 Tomcat

（5）在“Console”面板中显示“Server startup in 10 1257 ms”，表示 Tomcat 完成启动，如图 1－50 所示。

小提示

在启动 Tomcat 时，时间上会存在差异，不一定都显示“101 257 ms”。只要显示“Server startup in xxxxxx ms”，其中 xxxxxx 表示启动时间，都表示 Tomcat 启动完成。

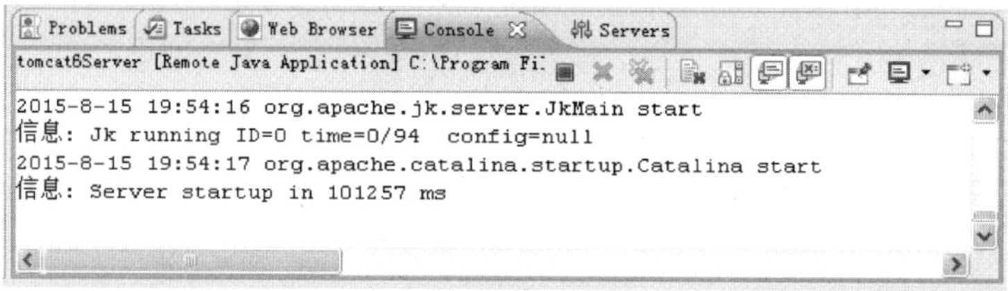

图 1－50　Tomcat 启动完成

（6）接下来，选择工具条上的“Open MyEclipse Web Browser”按钮，启动 MyEclipse 自带的浏览器，在地址栏中输入“http://localhost:8080/”后回车。这时浏览器会显示 Tomcat 的主页面，表示 Tomcat 成功启动，可以使用，如图 1－51 所示。

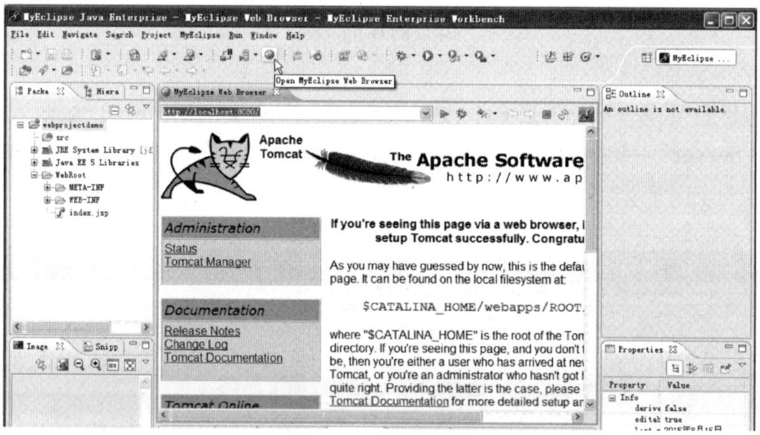

图 1－51　Tomcat 主页面

（7）点击工具条上的“Deploy MyEclipse J2EE Project to Server…”按钮，为 Web Project 配置 Tomcat 服务器，如图 1－52 所示。

图 1－52　点击“Deploy MyEclipse J2EE Project to Server…”按钮

（8）在弹出的“Project Deployments”对话框中选择需要配置 Tomcat 的 Web Project 项目，点击“Add”按钮，如图 1－53 所示。

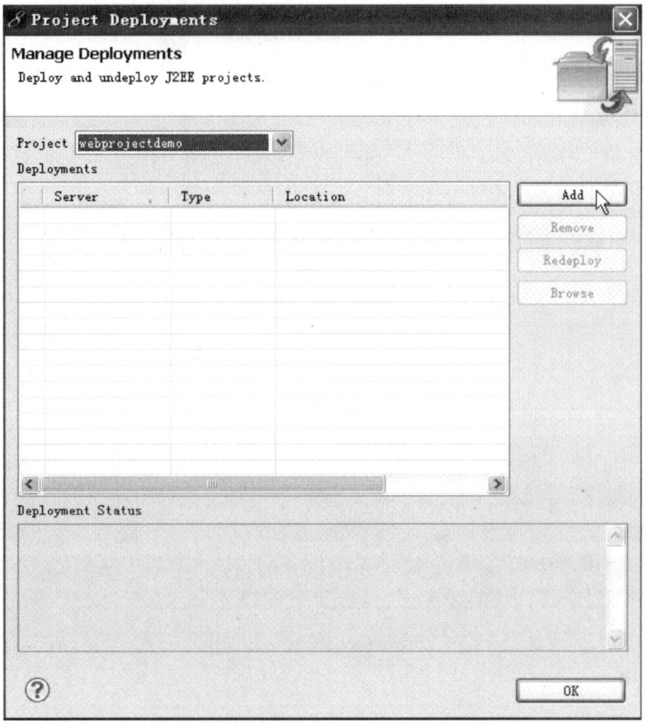

图 1－53　选择需要配置 Tomcat 的 Web Project

（9）在“New Deployment”对话框中 Server 下拉项中选择“Tomcat 6. x”，为“webprojectdemo”配置 Tomcat 服务器，然后点击“Finish”按钮，如图 1－54 所示。

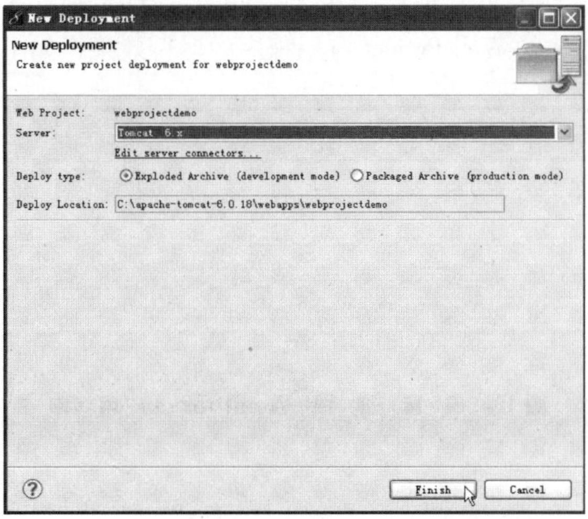

图 1－54　配置 Tomcat 服务器

（10）这时在“Project Deployments”对话框中显示 Tomcat 服务器的配置信息，点击“OK”按钮完成配置，如图 1 –55 所示。

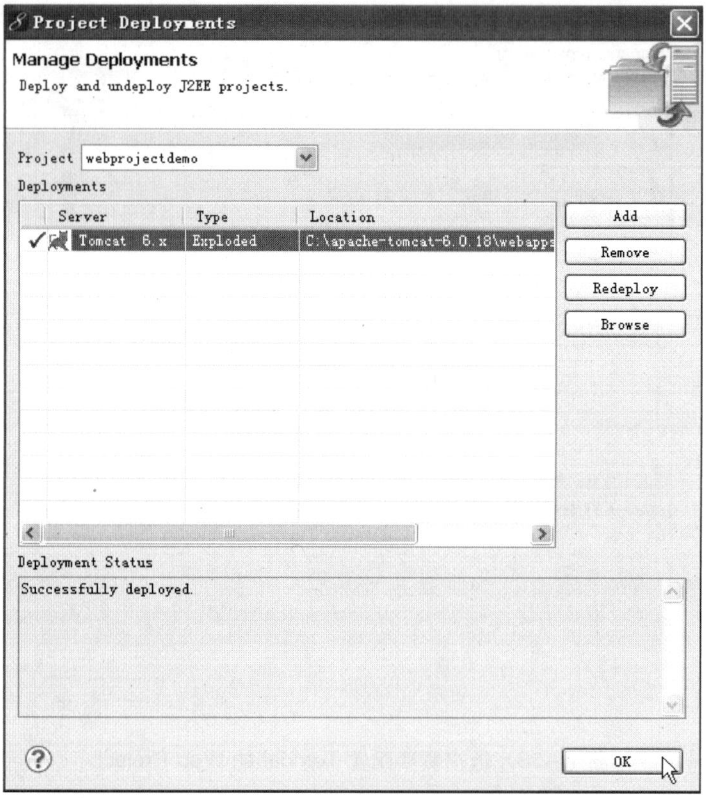

图 1 –55　完成配置

（11）在 MyEclipse 浏览器地址栏中输入“http：//localhost：8080/webprojectdemo/”后回车，可以看到所创建的 Web Project 应用程序的运行效果，如图 1 –56 所示。

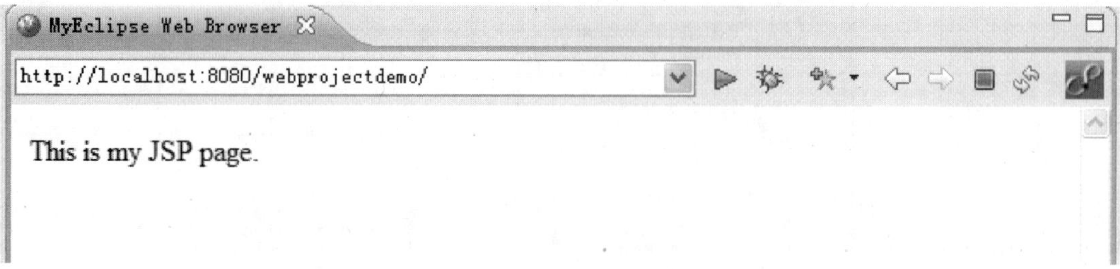

图 1 –56　运行创建的 Web Project 应用程序

【必要知识点】

✲ 知识点：Eclipse

Eclipse 是著名的跨平台的自由集成开发环境（IDE）。最初主要用来 Java 语言开发，通过安装不同的插件使 Eclipse 可以支持不同的计算机语言，比如 C ++ 和 Python 等开发工具。Eclipse 的本身只是一个框架平台，但是众多插件的支持使得 Eclipse 相对其他固定的 IDE 软件更有灵活性。许多软件开发商以 Eclipse 为框架开发自己的 IDE。

✲ 知识点：MyEclipse

MyEclipse（全称：MyEclipse Enterprise Workbench，即 MyEclipse 企业级工作平台，简称 MyEclipse）是在 Eclipse 基础上加上相关插件开发而成的功能强大的企业级集成开发环境，主要用于 Java、Java EE 以及移动应用的开发。MyEclipse 功能非常强大，包括了完备的编码、调试、测试和发布功能，支持 HTML、JSP、CSS、JavaScript、SQL、Java、Servlet、Struts、Spring、Hibernate 等。它可以帮助我们在 JSP 和数据库的开发、发布以及应用程序服务器的整合方面提高工作效率，对各种开源产品的支持相当不错。

【技能实战训练】

参照以上任务实施过程，在自己的电脑上独立完成 MyEclipse 的安装与配置。

项目小结

本项目简要介绍了 Web 系统及其应用、Web 系统常用开发技术。为了便于初学者上机实践，着重介绍了 Java Web 系统编程和运行环境的安装步骤与配置方法，以及企业常用集成开发工具 MyEclipse 的安装，以及开发 Java Web 项目所需的配置和运行方式。

项目重点：熟练掌握 JDK 的安装与配置方法、熟练掌握 Tomcat 的安装与配置方法。熟悉 MyEclipse 开发工具的使用，熟练掌握 MyEclipse 的安装、配置 JDK 和 Tomcat、以及使用 MyEclipse 创建和运行 Java Web 项目。

考核评价

在本项目教学和实施过程中，教师和学生可以根据以下考核评价表对各项任务进行考核评价，见表 1 - 1。考核主要针对学生在技术内容、技能情况、技能实战训练的掌握程度和完成效果进行评价。

表 1－1　考核评价表

评价内容	评价标准									
	技术内容		技能情况		技能实战训练		完成效果		总体评价	
	个人评价	教师评价	个人评价	教师评价	个人评价	教师评价	个人评价	教师评价	个人评价	教师评价
任务 1－1										
任务 1－2										
任务 1－3										
任务 1－4										
存在问题与解决办法（应对策略）										
学习心得与体会分享										

实训与讨论

一、实训题

1. 在计算机上安装并配置好 JDK、Tomcat 和 MyEclipse。
2. 使用 MyEclipse 创建并运行一个 Java Web 项目。

二、讨论题

1. 列举几个常见的 Java Web 系统，并说明判断一个 Web 系统是否 Java Web 系统的方法。
2. 列举目前主流的 Web 开发技术。

项目 2
Java Web 页面设计与编程

学习目标

○ 了解 Web 系统中 HTML + CSS 的页面开发技术
○ 熟悉 HTML 标签使用与程序编写
○ 掌握 CSS 的应用与编程方式
○ 掌握运用 HTML + CSS 制作 Web 系统中常用页面的技术和技巧

技能目标

○ 懂 Web 系统中登录、注册等常用页面的制作与编程方法
○ 会使用 MyEclipse 创建登录、注册等 JSP 页面
○ 能独立完成登录、注册等页面制作和编程

任务 2 - 1　登录页面制作

一、任务目标

能熟练使用 MyEclipse 编程并完成一个登录页面的设计与制作。

二、任务描述

登录页面是 Web 系统中最常使用的页面。可以说，登录页面的设计与制作是 Web 系统项目中最常见的任务了。本任务将引导读者如何编程完成一个登录页面的制作，并在任务中指导读者学习登录页面所涉及的 Web 开发编程技术。该任务主要关注于登录页面程序代码的编写，若页面中涉及有图片设计则请读者自行参阅相关美工设计书籍。

任务制作效果如图 2 - 1 所示。

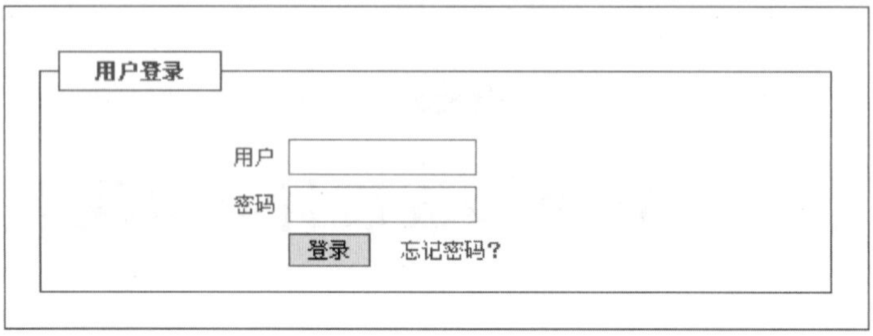

图 2－1　登录页面效果

三、任务分析

登录界面一般指的是需要输入帐号和密码的界面，该功能有控制用户权限、记录用户行为，保护操作安全的作用，图 2－2 是 QQ 邮箱的登录页面。

图 2－2　QQ 邮箱登录页面

按登录界面对应的环境不同，可有以下分类：操作系统登录界面，如 Windows XP 登录界面、Windows 7 登录界面等；软件登录界面，如 QQ 登录界面、网银登录界面、企业管理系统登录界面等；网站系统登录界面，如论坛登录界面、SNS 登录界面、CMS 登录界面、网站后台登录界面等。

对于页面设计，其基本工作流程是先进行设计，一般采用 Photoshop（即 PS 软件）进行整体设计，然后将其分割转换为 HTML 页面及程序，最后将 HTML 代码移植到 JSP 页面上进行效果测试。其流程如图 2－3 所示。

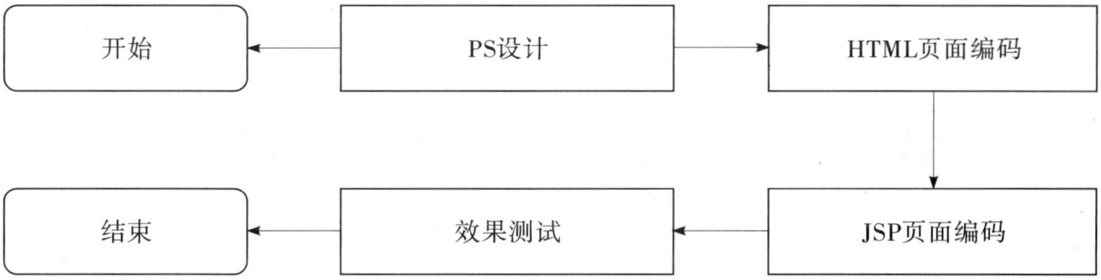

图 2－3　页面设计流程

目前 Web 系统页面开发主流技术主要为 HTML + CSS + JS（jQuery），或 HTML5 + CSS3，如图 2－4 所示。采用的开发软件主要有 Photoshop 和 DreamWeaver。

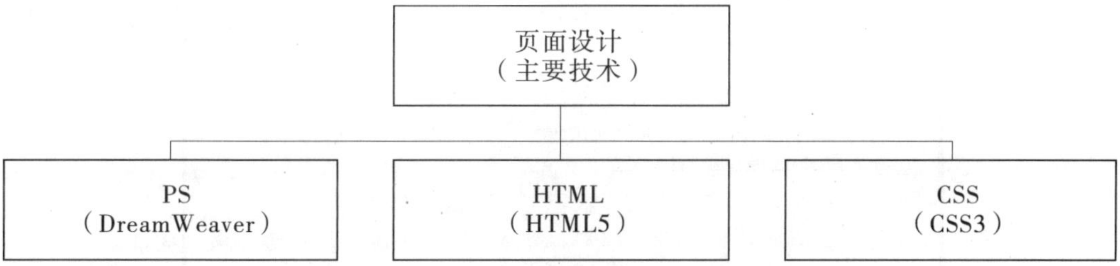

图 2－4　页面设计技术

本任务采用 HTML + CSS 技术来编程实现登录页面的设计与制作。

四、任务实施

第一步：创建 Java Web 项目及登录页面

（1）启动 MyEclipse，点击 File 菜单，选择“New”→“Web Project”，启动“New Web Project”对话框，如图 2－5 所示。

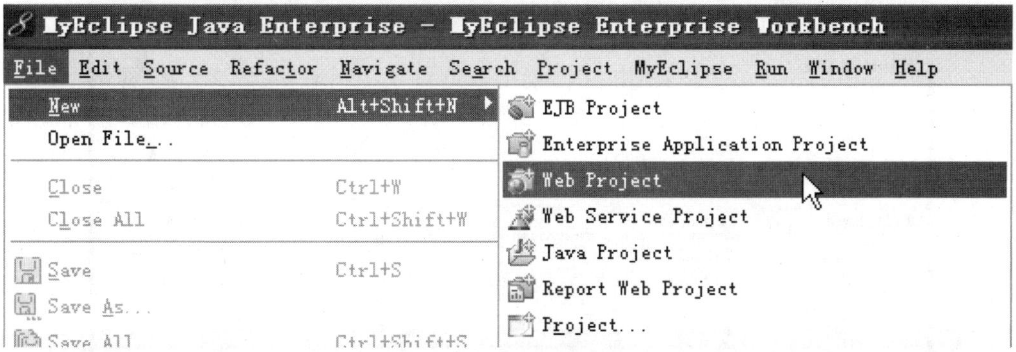

图 2－5　创建“Web Project”

（2）在“New Web Project”对话框中输入 Project Name：“project2”，点击“Finish”按钮，创建一个 Web Project，如图 2－6 所示。

图 2－6　输入 Project Name

（3）选择项目 project2 中“WebRoot”文件夹，点击鼠标右键，选择“New”→“JSP（Advanced Templates)”，启动“Create a new JSP page”对话框，创建一个新的 JSP 页面，命名为“login. jsp”，如图 2－7 所示。

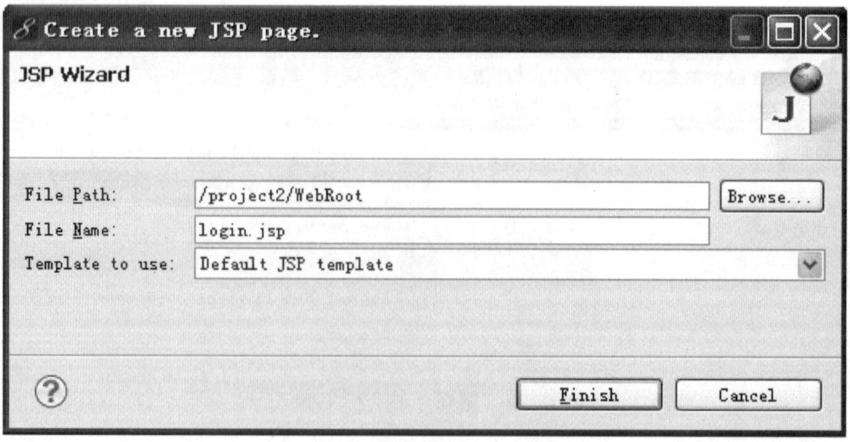

图 2－7　创建“login. jsp”

第二步：编程实现登录页面的制作

（1）双击“login. jsp”，打开编辑页面。在 <body> … </body> 标签对里输入以下 HTML 代码。

```
<body>
  <div id=formwrapper>
  <form name=login method=post action="">
  <fieldset><legend>用户登录</legend><br>
    <div><label>用户</label>
     <input id=username name=username class=inpa
        maxlength=32 type=text>
  <br></div>
    <div><label>密码</label>
    <input id=password name=password class=inpa
        maxlength=32 type=password>
    <br></div>
    <div><label></label>
    <input class=buttom value=登录 type=submit> 忘记密码?
    </div>
  </fieldset>
  </form>
  </div>
</body>
```

（2）由于上述页面代码中含有中文字符，页面字符集需要支持中文，因此将页面编码设置为“pageEncoding=gb2312”，否则修改内容将不能保存，具体程序如下。

```
<%@ page language="java" import="java.util.*" pageEncoding="gb2312"%>
```

（3）在 <head> … </head> 标签对里输入以下 CSS 代码。

```
 <STYLE type=text/css>
 BODY {
     TEXT-ALIGN: center;
     PADDING-BOTTOM: 100px;
     FONT-FAMILY: Arial, Helvetica, sans-serif;
     BACKGROUND: #fff;
     COLOR: #666666;
     FONT-SIZE: 12px;
     PADDING-TOP: 100px
 }
 * {
```

```
    PADDING - BOTTOM: 0px;
    MARGIN: 0px;
    PADDING - LEFT: 0px;
    PADDING - RIGHT: 0px;
    PADDING - TOP: 0px
}
#formwrapper {
    BORDER - BOTTOM: #1e7ace 1px solid;
    TEXT - ALIGN: left;
    BORDER - LEFT: #1e7ace 1px solid;
    PADDING - BOTTOM: 20px;
    MARGIN: 15px auto;
    PADDING - LEFT: 20px;
    WIDTH: 450px;
    PADDING - RIGHT: 20px;
    BORDER - TOP: #1e7ace 1px solid;
    BORDER - RIGHT: #1e7ace 1px solid;
    PADDING - TOP: 20px
}
FIELDSET {
    BORDER - BOTTOM: #1e7ace 1px olid;
    BORDER - LEFT: #1e7ace 1px solid;
    PADDING - BOTTOM: 10px;
    MARGIN - TOP: 5px;
    PADDING - LEFT: 10px;
    PADDING - RIGHT: QX (Y12#| 10px;
    BACKGROUND: #fff;
    BORDER - TOP: #1e7ace 1px solid;
    BORDER - RIGHT: #1e7ace 1px solid;
    PADDING - TOP: 10px
}
FIELDSET LEGEND {
    BORDER - BOTTOM: #1e7ace 1px solid;
    BORDER - LEFT: #1e7ace 1px solid;
    PADDING - BOTTOM: 3px;
    PADDING - LEFT: 20px;
    PADDING - RIGHT: 20px;
    BACKGROUND: #fff;
```

```
        COLOR: #1e7ace;
        BORDER - TOP: #1e7ace 1px solid;
        FONT - WEIGHT: bold;
        BORDER - RIGHT: #1e7ace 1px solid;
        PADDING - TOP: 3px
    }
    FIELDSET LABEL {
        TEXT - ALIGN: right;
        PADDING - BOTTOM: 4px;
        MARGIN: 1px;
        PADDING - LEFT: 4px;
        WIDTH: 120px;
        PADDING - RIGHT: 4px;
        FLOAT: left;
        PADDING - TOP: 4px
    }
    FIELDSET DIV {
        MARGIN - BOTTOM: 2px;
        CLEAR: left
    }
    INPUT {
        PADDING - BOTTOM: 1px;
        MARGIN: 2px;
        PADDING - LEFT: 1px;
        PADDING - RIGHT: 1px;
        FONT - SIZE: 11px;
        PADDING - TOP: 1px
    }
    .inpa {
        WIDTH: 100px
    }
    .buttom {
        BORDER - BOTTOM: #1e7ace 1px solid;
        BORDER - LEFT: #1e7ace 1px solid;
        PADDING - BOTTOM: 1px;
        PADDING - LEFT: 10px;
        PADDING - RIGHT: 10px;
        BACKGROUND: #d0f0ff;
```

```
        FONT - SIZE: 12px;
        BORDER - TOP: #1e7ace 1px solid;
        BORDER - RIGHT: #1e7ace 1px solid;
        PADDING - TOP: 1px
    }
    </STYLE>
```

(4) 点击保存按钮（或按下组合键“Ctrl + S”）保存页面文件，完成程序编写。

第三步：项目发布与页面测试

(1) 启动 Tomcat 服务器，如图 2 - 8 所示。

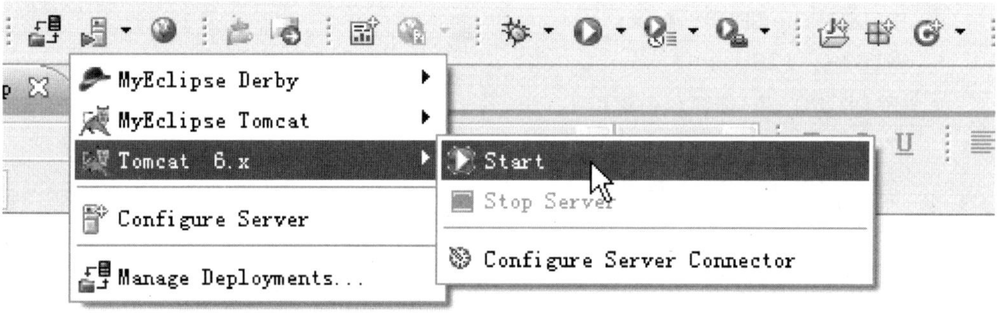

图 2 - 8　启动 Tomcat 服务器

(2) 启动浏览器，检查 Tomcat 服务器是否正常启动。在浏览器地址栏中输入“http://localhost:8080/”后回车，如果显示 Tomcat 测试主页，这时表示 Tomcat 服务器已正常启动，可以进行下一步操作，如图 2 - 9 所示。

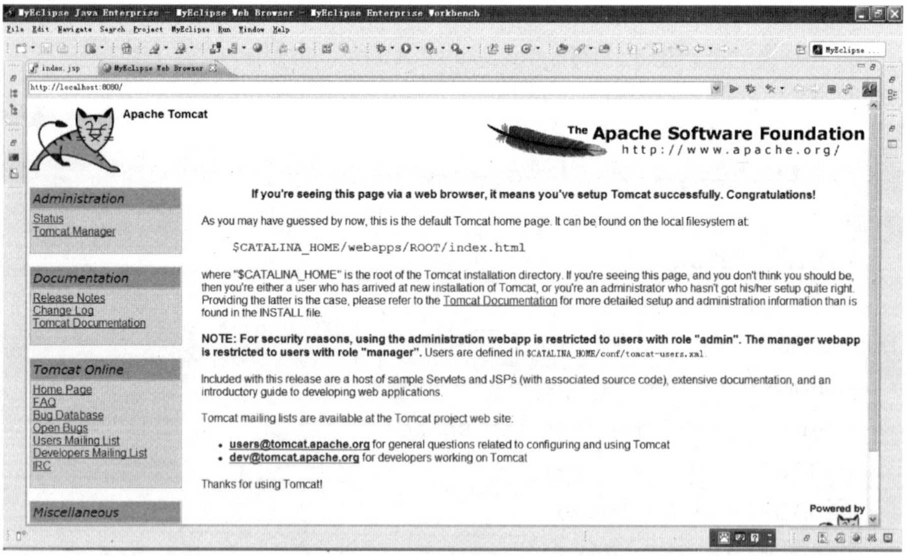

图 2 - 9　Tomcat 测试主页

（3）接下来进行项目发布配置。点击“Deploy MyEclipse J2EE Project to Server ...”按钮，启动“Project Deployments”对话框，如图2－10所示。

图2－10　进行项目配置

（4）在“Project Deployments”对话框中点击“Add”按钮，进入服务器配置对话框，如图2－11所示。

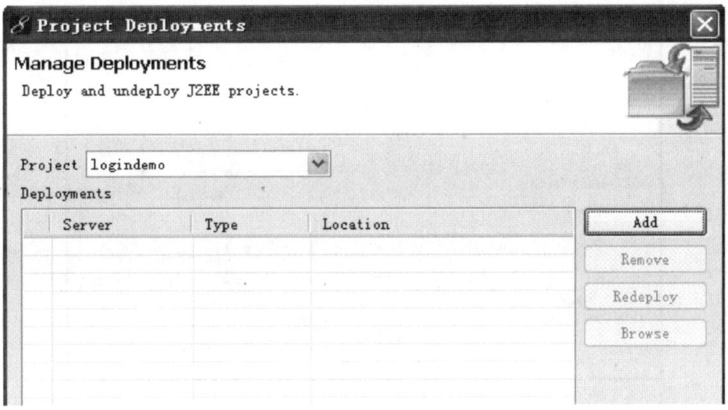

图2－11　项目配置对话框

（5）在服务器配置对话框为logindemo项目配置Tomcat服务器。在Server下拉选项中选择“Tomcat 6. x”，点击“Finish”按钮，如图2－12所示。

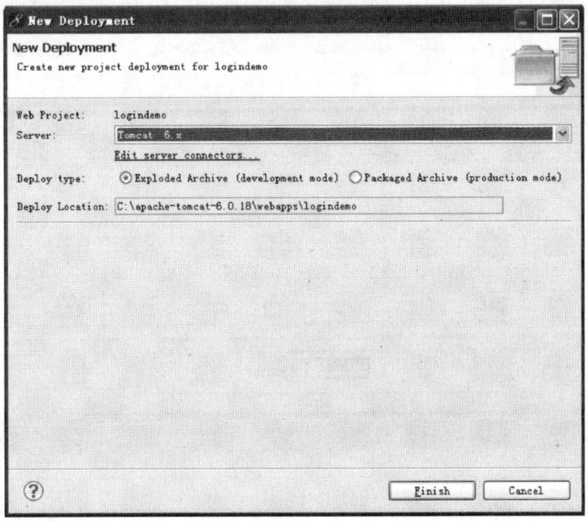

图2－12　配置Tomcat服务器

（6）这时候“Project Deployments”对话框中显示 logindemo 项目已配置好的 Tomcat 服务器，发布状态栏中则显示项目已成功发布。点击“OK”按钮，完成项目 logindemo 的配置与发布，如图 2－13 所示。

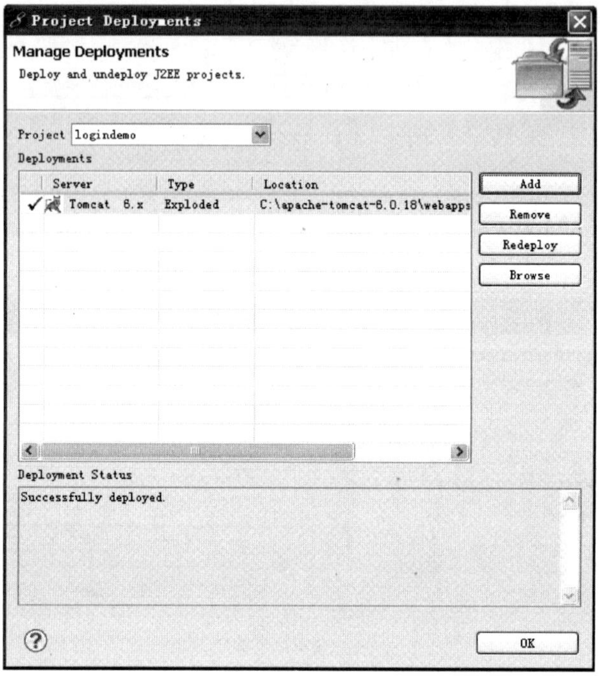

图 2－13　项目配置与发布完成

（7）在浏览器地址栏中输入“http://localhost:8080/logindemo/index.jsp”后回车。可以看到页面显示效果，如图 2－14 所示。

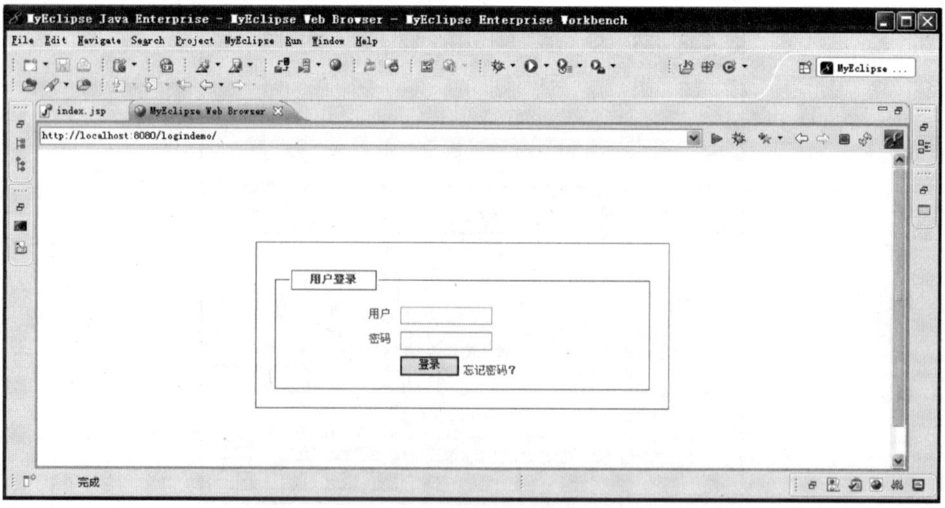

图 2－14　登录页面发布效果

【必要知识点】

为了让大家将关注力放在程序代码编写上，本任务没有采用 Photoshop 设计华丽的登录界面，而是采用纯代码方式实现了一个简洁的登录页面。虽然简洁，但该页面仍涵盖了 HTML 和 CSS 这 2 个重要技术。从实现过程可以知道，HTML 标签用于表述页面的结构，CSS 用于页面的表现。

✲ 知识点：HTML 相关知识点

（1） <! DOCTYPE >声明

DOCTYPE 是 document type 的简写。主要用来说明所使用的 HTML 是什么版本。浏览器根据 DOCTYPE 定义的 DTD（文档类型定义）来解释页面代码。所以，不注意设置了错误的 DOCTYPE，有时候结果会让人意外。HTML 4.01 提供了 3 种 DOCTYPE 可供选择：

①过渡型（Transitional）

```
<!DOCTYPE HTML PUBLIC"-//W3C//DTD HTML 4.01Transitional//EN"
"http://www.w3.org/TR/html4/loose.dtd">
```

②严格型（Strict ）

```
<!DOCTYPE HTML PUBLIC"-//W3C//DTD HTML 4.01//EN"
"http://www.w3.org/TR/html4/strict.dtd">
```

③框架型（Frameset ）

```
<!DOCTYPE HTML PUBLIC"-//W3C//DTD HTML 4.01Frameset//EN"
"http://www.w3.org/TR/html4/frameset.dtd">
```

对于初学者来说，一般选用过渡型的声明就可以了。

（2） <html>元素

<html>元素定义了整个 HTML 文档。这个元素拥有一个开始标签<html>，以及一个结束标签</html>。

（3） <head>元素

<head>元素是所有头部元素的容器。<head>内的元素可包含脚本，指示浏览器在何处可以找到样式表，提供元信息，等等。以下标签都可以添加到 head 部分：<title>、<base>、<link>、<meta>、<script>以及<style>，见表 2-1。

表 2-1　头部元素

标　签	描　　述
<head>	定义关于文档的信息
<title>	定义文档标题
<base>	定义页面上所有链接的默认地址或默认目标
<link>	定义文档与外部资源之间的关系

续上表

标　签	描　　述
<meta>	定义关于HTML文档的元数据
<script>	定义客户端脚本
<style>	定义文档的样式信息

（4）<body>元素

<body>元素定义了HTML文档的主体。<body>元素包含文档的所有内容（比如文本、超链接、图像、表格和列表等）。<body>与</body>之间的文本是可见的页面内容。<body>元素常用属性，见表2－2。

表2－2　<body>元素常用属性

属性	值	描　　述
alink	*rgb*（*x*，*x*，*x*） *#xxxxxx* *colorname*	规定文档中活动链接（active link）的的颜色
background	*URL*	规定文档的背景图像
bgcolor	*rgb*（*x*，*x*，*x*） *#xxxxxx* *colorname*	规定文档的背景颜色
link	*rgb*（*x*，*x*，*x*） *#xxxxxx* *colorname*	规定文档中未访问链接的默认颜色
text	*rgb*（*x*，*x*，*x*） *#xxxxxx* *colorname*	规定文档中所有文本的颜色
vlink	*rgb*（*x*，*x*，*x*） *#xxxxxx* *colorname*	规定文档中已被访问链接的颜色

（5）<form>表单元素

表单是一个包含表单元素的区域，表单用于向服务器传输数据。表单元素是允许用户在表单中（比如：文本域、下拉列表、单选框、复选框等等）输入信息的元素。<form>标签用于为用户输入创建HTML表单。表单能够包含input元素，比如文本字段、复选框、单选框、提交按钮等。表单还可以包含menus、textarea、fieldset、legend和label元素，见表2－3。

表 2－3　<form>表单元素属性

属性	值	描　述
name	*form_name*	规定表单的名称
action	*URL*	规定当提交表单时向何处发送表单数据
method	get post	规定用于发送 form－data 的 HTTP 方法
target	_blank _self _parent _top *framename*	规定在何处打开 action URL

（6）<fieldset>元素

<fieldset>元素可将表单内的相关元素分组，如图 2－15 所示。<fieldset>标签将表单内容的一部分打包，生成一组相关表单的字段。当一组表单元素放到<fieldset>标签内时，浏览器会以特殊方式来显示它们，它们可能有特殊的边界、3D 效果，或者甚至可创建一个子表单来处理这些元素。<fieldset>标签没有必需的或唯一的属性。<legend>标签为 fieldset 元素定义标题。

例如：

```
<form>
  <fieldset>
    <legend>用户信息</legend>
    姓名：<input type="text"/>
    身份证号：<input type="text"/>
  </fieldset>
</form>
```

效果：

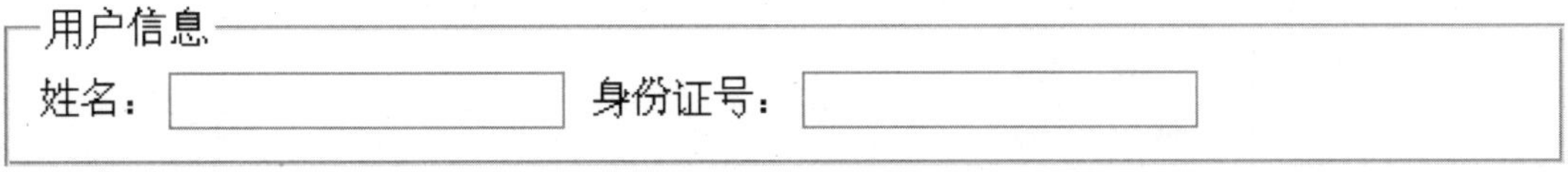

图 2－15　<fieldset>案例

（7）<input>元素

<input>标签用于搜集用户信息。根据不同的 type 属性值，输入字段拥有很多种形式。输入字段可以是文本字段、复选框、掩码后的文本控件、单选按钮、按钮等，见表 2－4。

表 2-4 <input>元素 type 属性值

type 属性值	描　述
text	文本框
password	密码框
button	普通按钮
submit	提交按钮
reset	重置按钮
checkbox	复选按钮
radio	单选按钮

✲ 知识点：CSS 相关知识点

（1）CSS 样式表

CSS 是指层叠样式表（Cascading Style Sheets），它定义如何显示 HTML 元素。样式通常存储在样式表中，把样式添加到 HTML 4.0 中，是为了解决内容与表现分离的问题，外部样式表可以极大提高工作效率，外部样式表通常存储在 CSS 文件中，多个样式定义可层叠为一。

①外部样式表

当样式需要应用于很多页面时，外部样式表将是理想的选择。在使用外部样式表的情况下，可以通过改变一个文件来改变整个站点的外观。每个页面使用 <link>标签链接到样式表。例如：

```
<link rel="stylesheet" type="text/css" href="style.css"/>
```

②内部样式表

当单个文档需要特殊的样式时，就应该使用内部样式表。你可以使用 <style>标签在文档头部定义内部样式表。例如：

```
<style type="text/css">
 BODY {
        FONT-FAMILY: Arial, Helvetica, sans-serif;
        BACKGROUND: #fff;
        COLOR: #666666;
        FONT-SIZE: 12px;
   }
</style>
```

③内联样式

当简单设置样式时，可以使用内联样式，这是只要在相关的标签内使用 style 属性即可。例如：

<p style="color: sienna; margin-left: 20px">设置段落样式</p>

(2) CSS 语法

CSS 规则由两个主要的部分构成：选择器、一条或多条声明。语法规则如下：

```
selector {declaration1; declaration2; ... declarationN }
```

选择器通常是需要改变样式的 HTML 元素。每条声明由一个属性和一个值组成。其结构如下：

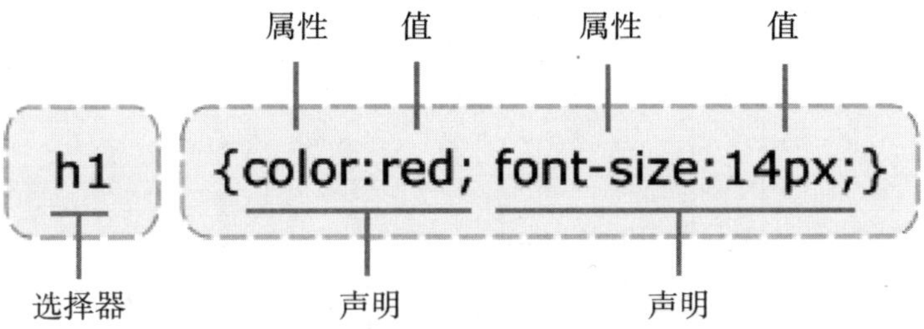

图 2-16　CSS 语法结构

(3) CSS 字体属性设置

CSS 字体属性定义文本的字体系列、大小、加粗、风格（如斜体）和变形（如小型大写字母），见表 2-5。

表 2-5　CSS 字体属性

属性	描　述
font	简写属性。作用是把所有针对字体的属性设置在一个声明中
font-family	设置字体系列
font-size	设置字体的尺寸
font-style	设置字体风格
font-variant	以小型大写字体或者正常字体显示文本
font-weight	设置字体的粗细

(4) CSS 边距设置

CSS 框模型（Box Model）规定了元素框处理元素内容、内边距、边框和外边距的方式，如图 2-17 所示。

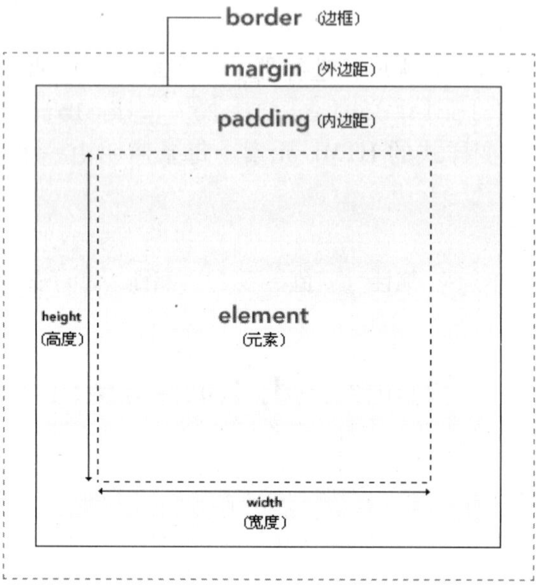

图 2－17　CSS 框模型

元素框的最内部分是实际的内容，直接包围内容的是内边距。内边距呈现了元素的背景。内边距的边缘是边框。边框以外是外边距。在 CSS 中，width 和 height 指的是内容区域的宽度和高度。增加内边距、边框和外边距不会影响内容区域的尺寸，但是会增加元素框的总尺寸。其中：

element：元素。

padding：内边距。

border：边框。

margin：外边距。

页面边距设置代码案例如下：

```
*  {
  margin: 0;
  padding: 0;
}
```

上述代码设置了页面的外边距和内边距为 0 像素。

【技能实战训练】

参照以上任务工作过程，完成以下登录页面的设计与编码。要求使用 MyEclipse 创建一个“Web Project”，在“index. jsp”页面编程实现该页面，如图 2－18 所示。

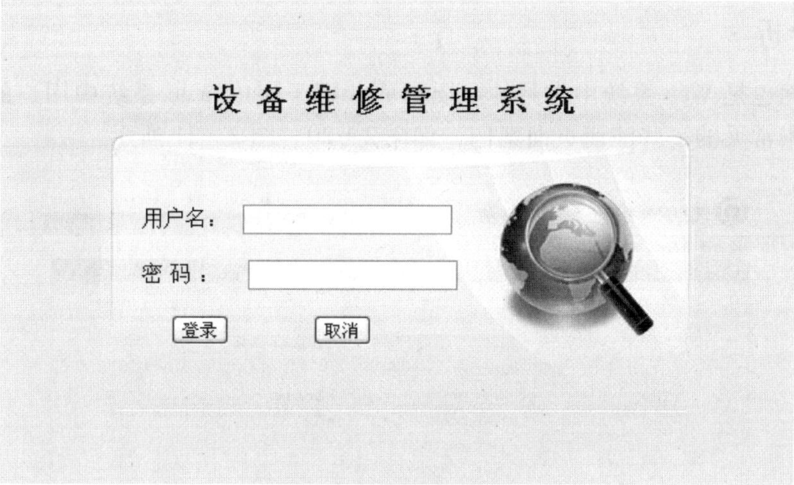

图 2 – 18　登录页面训练任务

任务 2 – 2　注册页面制作

一、任务目标

能独立使用 MyEclipse 编程完成一个注册页面的设计与制作。

二、任务描述

本任务将引导读者如何编程完成一个注册页面的制作，注册页面制作效果如图 2 – 19 所示。

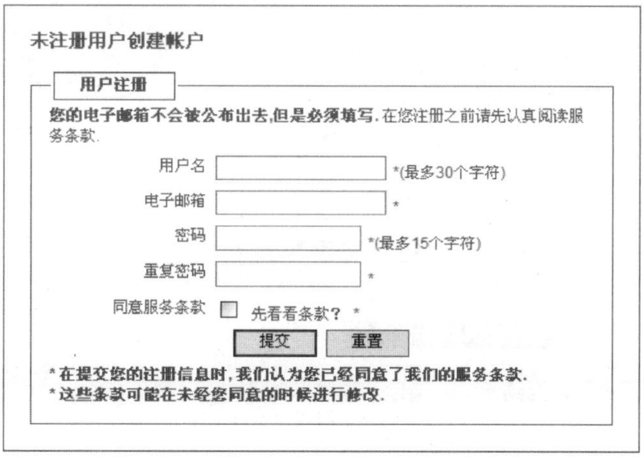

图 2 – 19　注册页面效果

三、任务分析

注册页面也是 Web 系统中常见的主要页面，用于完成 Web 系统中用户的注册功能。以下是生活中常见的一些注册页面案例，如图 2－20、图 2－21 所示。

图 2－20　铁路客服中心注册页面

图 2－21　京东商城注册页面

从上面的案例可以看出，注册页面主要是提供一个录入表单，让用户输入一些关键的识别信息，例如用户名、密码、手机号码、身份证号信息等。

在 Java Web 项目中，注册页面制作主要包含 3 部分内容：首先是要创建一个 JSP 注册页面文件；第二是用 HTML 标签编程完成页面结构设计；最后是使用 CSS 编程完成页面显示效果。

四、任务实施

操作步骤如下：

（1）选择在项目 project2 中的“WebRoot”文件夹，点击鼠标右键，选择“New”→“JSP（Advanced Templates）”，启动“Create a new JSP page”对话框，如图 2－22 所示。

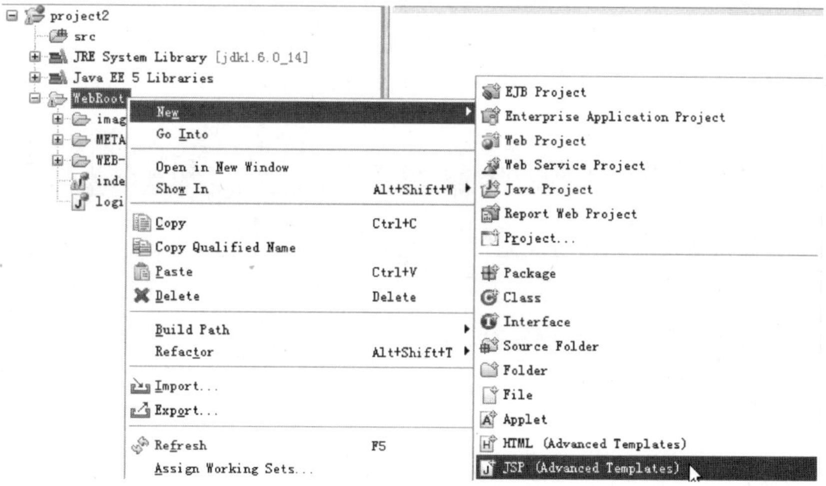

图 2－22　选择“JSP（Advanced Templates）”

（2）在“Create a new JSP page”对话框中创建一个新的 JSP 页面，命名为“register. jsp”，如图 2－23 所示。

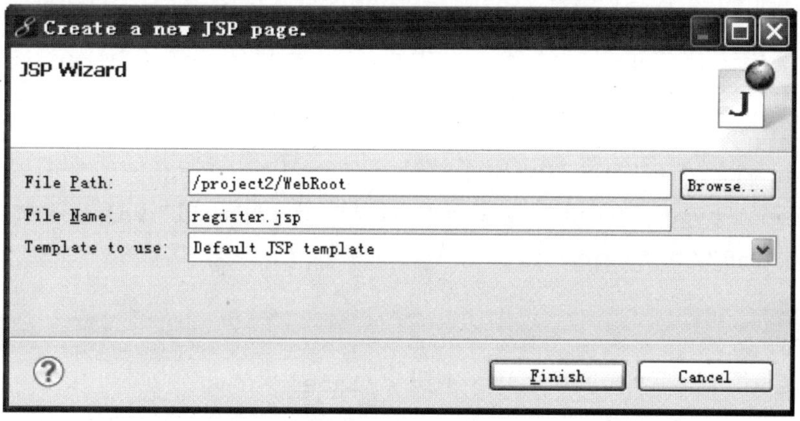

图 2－23　创建“register. jsp”

（3）点击“Finish”完成 register. jsp 的创建，双击 register. jsp 打开编辑页面，如图 2－24 所示。

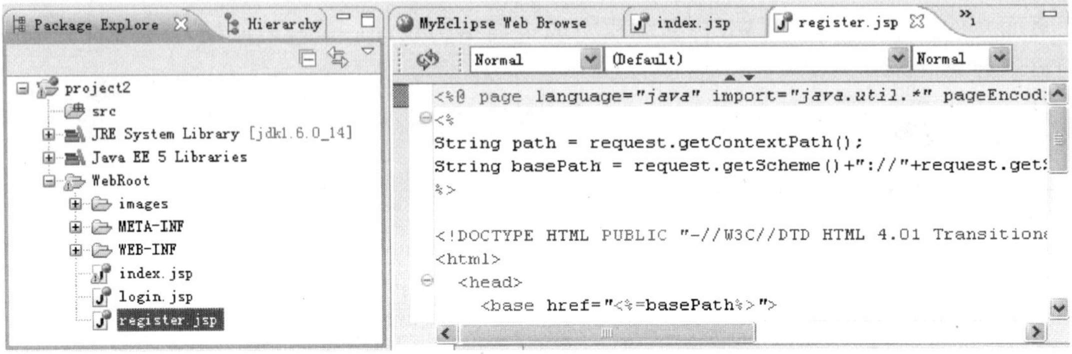

图 2－24　打开“register. jsp”编辑页面

（4）在 register. jsp 页面文件中的 <body>…</body> 标签对里输入以下 HTML 代码。

```
<body>
  <div id="formwrapper" >
  <h3>未注册用户创建帐户</h3>
  <form action=""method="post" name="registerform" id="registerform">
  <fieldset>
    <legend>用户注册</legend>
    <p><strong>您的电子邮箱不会被公布出去，但是必须填写. </strong>
在您注册之前请先认真阅读服务条款. </p>
    <div>
    <label for="username">用户名</label>
    <input type = "text" name = "username" id = "username" value = ""
size="20" maxlength="30" /> *  (最多 30 个字符) <br />
 </div>
    <div>
    <label for="Email">电子邮箱</label>
    <input type="text" name="Email" id="Email" value=""size="20"
maxlength="150"/> *<br />
 </div>
    <div>
    <label for="password">密码</label>
    <input type = "password" name = "password" id = "password" size =
"18" maxlength="15" />
```

```
        * (最多 15 个字符) <br />
    </div>
        <div>
        <label for="confirm_password">重复密码</label>
        <input type="password" name="confirm_password" id="confirm_
password" size="18" maxlength="15"/>
        *<br />
    </div>
        <div>
        <label for="AgreeToTerms">同意服务条款</label>
          <input type="checkbox" name="AgreeToTerms" id="AgreeToTerms"
value="1" />
          <a href="#" title="您是否同意服务条款">先看看条款? </a> *
</div>
        <div class="enter" >
        <input type="submit" class="buttom" value="提交"/>
        <input type="reset" class="buttom" value="重置"/>
    </div>
        <p><strong>* 在提交您的注册信息时, 我们认为您已经同意了我们的服
务条款. <br />
       * 这些条款可能在未经您同意的时候进行修改. </strong></p>
      </fieldset>
      </form>
      </div>
    </body>
```

(5) 由于上述页面代码中含有中文字符，必须将页面编码设置为“pageEncoding = gb2312”，否则修改内容将不能保存。

```
<%@ page language="java" import="java.util.*" pageEncoding="gb2312"%>
```

(6) 在 <head>… </head> 标签对里输入以下 CSS 代码。

```
  <style type="text/css">
  body {
      font-family: Arial, Helvetica, sans-serif;
      font-size: 12px;
      color: #666666;
      background: #fff;
      text-align: center;
  }
  *{
```

```
    margin: 0;
    padding: 0;
}
a {
    color: #1E7ACE;
    text-decoration: none;
}
a: hover {
    color: #000;
    text-decoration: underline;
}
h3 {
    font-size: 14px;
    font-weight: bold;
}
pre, p {
    color: #1E7ACE;
    margin: 4px;
}
input, select, textarea {
    padding: 1px;
    margin: 2px;
    font-size: 11px;
}
.buttom {
    padding: 1px 10px;
    font-size: 12px;
    border: 1px #1E7ACE solid;
    background: #D0F0FF;
}
.enter {
    text-align: center;
}
.clear {
    clear: both;
}
#formwrapper {
    width: 450px;
```

```
        margin: 15px auto;
        padding: 20px;
        text-align: left;
        border: 1px #1E7ACE solid;
    }
    fieldset {
        padding: 10px;
        margin-top: 5px;
        border: 1px solid #1E7ACE;
        background: #fff;
    }
    fieldset legend {
        color: #1E7ACE;
        font-weight: bold;
        padding: 3px 20px 3px 20px;
        border: 1px solid #1E7ACE;
        background: #fff;
    }
    fieldset label {
        float: left;
        width: 120px;
        text-align: right;
        padding: 4px;
        margin: 1px;
    }
    fieldset div {
        clear: left;
        margin-bottom: 2px;
    }
    </style>
```

（7）点击保存按钮（或按下组合键“Ctrl + S”）保存页面文件，完成编码。

（8）与登录页面配置发布操作类似，将 registerdemo 项目发布到 Tomcat 服务器中，在浏览器地址输入“http://localhost:8080/logindemo/index.jsp”后回车。页面显示效果，如图 2-25 所示。

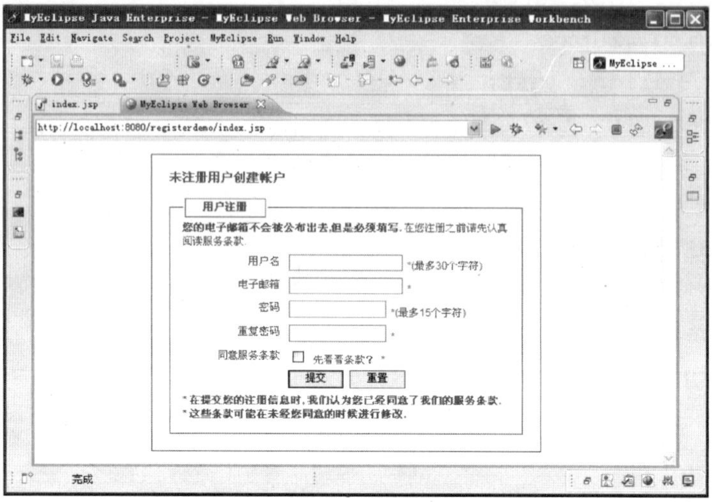

图 2－25　注册页面发布效果

【必要知识点】

✲ 知识点：class 选择器

class 选择器用于描述一组元素的样式，class 可以在多个元素中使用。class 选择器 HTML 中以 class 属性表示，在 CSS 中，类选择器以一个点“.”号显示。例如：

```
.clear { clear: both; }
```

✲ 知识点：id 选择器

id 选择器可以为标有特定 id 的 HTML 元素指定特定的样式。HTM 元素以 id 属性来设置 id 选择器，CSS 中 id 选择器以“#”来定义。例如：

```
#formwrapper {
    width: 450px;
    margin: 15px auto;
    padding: 20px;
    text-align: left;
    border: 1px #1E7ACE solid;
}
```

✲ 知识点：CSS 定位

定位的基本思想很简单，它允许你定义元素框相对于其正常位置应该出现的位置，或者相对于父元素、另一个元素甚至浏览器窗口本身的位置。

通过使用 position 属性，可以选择 4 种不同类型的定位，这会影响元素生成的方式，见表 2－6。

表 2-6　position 属性值

属性值	描　　述
static	元素正常生成。块级元素生成一个矩形框，作为文档流的一部分，行内元素则会创建一个或多个行框，置于其父元素中
relative	元素偏移某个距离。元素仍保持其未定位前的形状，它原本所占的空间仍保留
absolute	元素从文档流完全删除，并相对于其包含块定位。包含块可能是文档中的另一个元素或者是初始包含块。元素原先在正常文档流中所占的空间会关闭，就好像元素原来不存在一样。元素定位后生成一个块级框，而不论原来它在正常流中生成何种类型的框
fixed	元素的表现类似于将 position 设置为 absolute，不过其包含块是视窗本身

✲ 知识点：CSS 浮动

CSS 为定位和浮动提供了一些属性，利用这些属性，可以建立列式布局，将布局的一部分与另一部分重叠，还可以完成通常需要使用多个表格才能完成的任务。在 CSS 中，通过 float 属性实现元素的浮动。float 属性定义元素在哪个方向浮动。以往这个属性总应用于图像，使文本围绕在图像周围，不过在 CSS 中，任何元素都可以浮动。浮动元素会生成一个块级框，而不论它本身是何种元素。

例如：

```
fieldset div {
    clear: left;
}
```

其属性值见表 2-7。

表 2-7　float 属性值

属性值	描　　述
left	元素向左浮动
right	元素向右浮动
none	默认值，元素不浮动，并会显示在其在文本中出现的位置
inherit	规定应该从父元素继承 float 属性的值

【技能实战训练】

参照以上任务的工作过程，完成以下注册页面的设计与编码。如图 2-26 所示，要求使用 MyEclipse 创建一个“Web Project”，在“index. jsp”页面编程实现该页面。

图 2－26　注册页面训练任务

任务 2－3　管理页面制作

一、任务目标

能熟练使用 MyEclipse 编程完成一个 Web 系统管理主页面的设计与制作。

二、任务描述

本任务将引导读者编程完成一个管理主页面的制作。管理主页面任务制作效果如图 2－27 所示。

图 2－27　管理主页面任务

三、任务分析

管理主页面是Web系统中的主要功能页面，一般用户成功登录系统后，就会进入该页面，该页面集成了整个系统的主要功能。因此也是Web系统中一个重要的页面。图2-28是一个广告客户管理系统的管理主页面案例。

可见一个管理主页面主要是由顶部页眉、底部页脚、左侧功能菜单、右侧工作区等4部分组成。其中顶部页眉包含LOGO图标、导航栏等；底部页脚一般显示版权信息；左侧功能菜单显示具体操作功能；右侧工作区为主要操作区域。

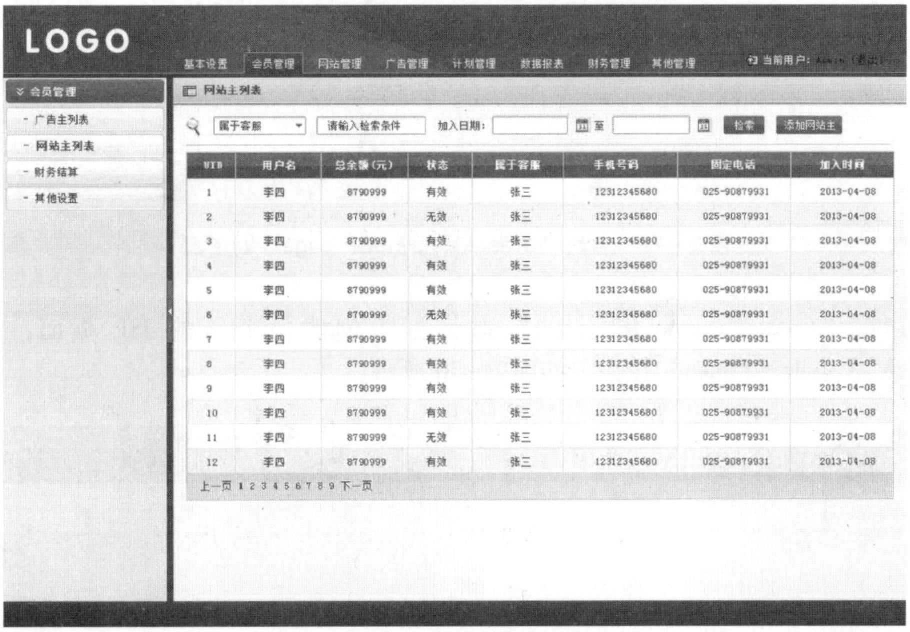

图2-28 广告客户管理系统

管理页面制作过程和注册页面制作相似：首先是要创建一个管理页面JSP文件；第二是用HTML标签完成页面结构设计；最后是使用CSS编程完成页面显示效果。

四、任务实施

具体操作步骤如下：

（1）选择在项目project2中的“WebRoot”文件夹，点击鼠标右键，选择“New”→“JSP（Advanced Templates）”，启动“Create a new JSP page”对话框如图2-29所示。

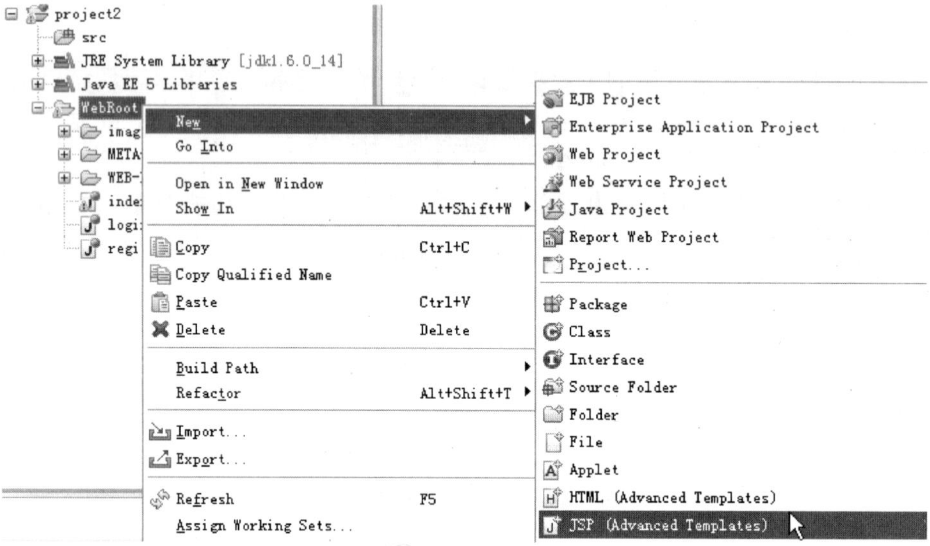

图2-29　启动“Create a new JSP page”对话框

（2）在“Create a new JSP page”对话框中创建一个新的 JSP 页面，命名为“main.jsp”。点击“Finish”按钮，如图2-30所示。

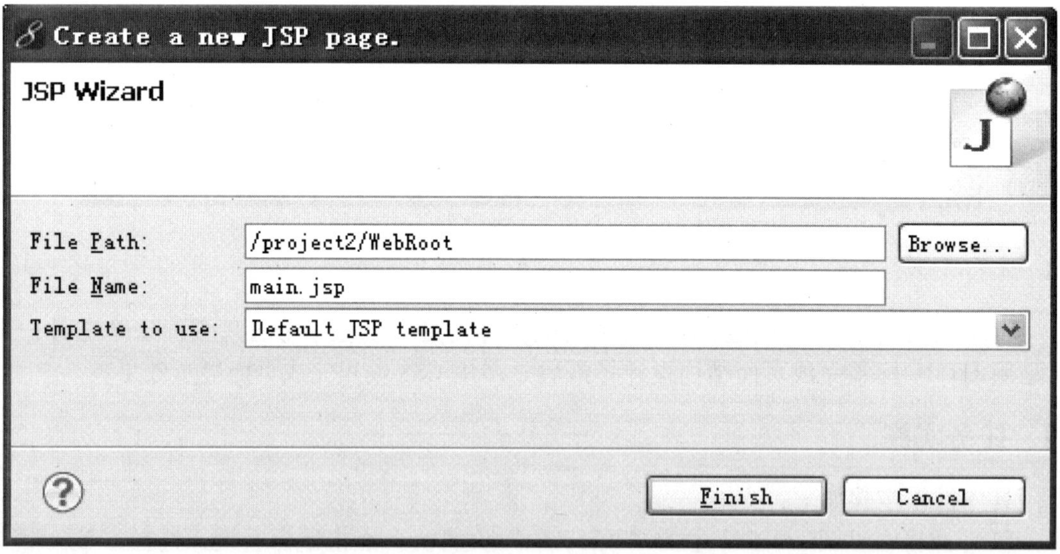

图2-30　创建“main.jsp”页面文件

（3）双击“main. jsp”打开编辑页面，如图 2－31 所示。

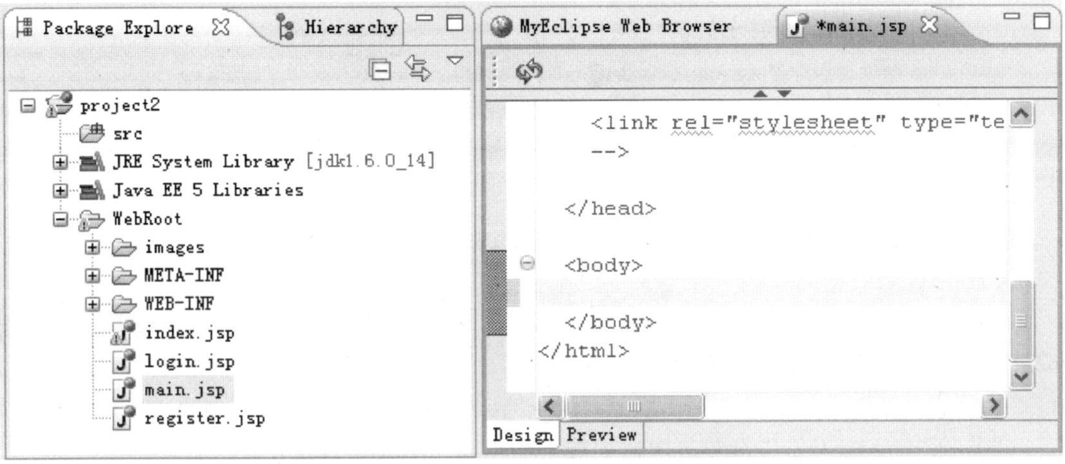

图 2－31　打开“main. jsp”编辑页面

（4）在 <body>…</body> 标签对里输入以下 HTML 代码。

```
<body>
  <div id="top" >
  <h2>管理菜单 [<a href='#' target='_self'>首页</a>]
       [<a href='#' target='_self'>退出</a>] </h2>
  <div class=jg></div>
  <div id="topTags"><ul></ul></div>
  </div>
  <div id="main">
    <div id="leftMenu">
    <ul>
      <li>1. 类别管理</li><li>2. 添加文章</li>
        <li>3. 文章列表</li><li>4. 页面管理</li>
      <li>5. 系统管理</li><li>6. 批量移动</li>
        <li>7. 文章搜索</li><li>8. 其他管理</li>
      <li style='background: none #369; color: #fff;
       font-weight: bold; '>其他管理</li>
      <li>1. 资源回收</li><li>2. 友情链接</li>
        <li>3. 广告管理</li><li>4. 用户管理</li>
      <li>5. 备注管理</li><li>6. 评论管理</li>
    </ul>
    </div>
    <div class=jg></div>
```

```
    <div id="content" >
      <div id="welcome" class="content" style="display: block;">
        <iframe width='100% ' id='iframe' height='100%'
          src="frameborder='0' vspace='0' ></iframe>
      </div>
    </div>
  </div>
  <div id="footer" >版本 1.0 </div>
</body>
```

（5）由于上述页面代码中含有中文字符，将页面编码设置为“pageEncoding = gb2312”，否则修改内容将不能保存。

```
<%@ page language="java" import="java.util.*" pageEncoding="gb2312"% >
```

（6）在<head>…</head>标签对里输入以下 CSS 代码。

```
<style type="text/css">
body {
  font-size: 12px;
  background-image: url (images/bg. gif);
  background-repeat: repeat;
  padding: 0px;
  margin: 5px;
}
ul, li, h2 {
  margin: 0;
  padding: 0;
}
ul {
  list-style: none;
}
#top {
  width: 1000px;
  height: 26px;
  background-image: url (images/h2bg. gif);
  margin-top: 0px;
  margin-right: auto;
  margin-bottom: 0;
  margin-left: auto;
  background-repeat: repeat-x;
}
```

```
#top h2 {
  width: 150px;
  height: 24px;
  float: left;
  font-size: 12px;
  text-align: center;
  line-height: 20px;
  color: #000;
  font-weight: bold;
  padding-top: 4px;
  border-right-width: 1px;
  border-left-width: 1px;
  border-right-style: solid;
  border-left-style: solid;
  border-right-color: #99BBE8;
  border-left-color: #99BBE8;
}
#top .jg {
  width: 5px;
  float: left;
  background-color: #DCE6F5;
  height: 26px;
}
#topTags {
  width: 830px;
  height: 24px;
  float: left;
  margin-top: 0;
  margin-right: auto;
  margin-bottom: 0;
  margin-left: auto;
  padding-top: 2px;
  border-right-width: 1px;
  border-left-width: 1px;
  border-right-style: solid;
  border-left-style: solid;
  border-right-color: #99BBE8;
  border-left-color: #99BBE8;
```

```
  padding-left: 10px;
}
#topTags ul li {
  float: left;
  width: 100px;
  height: 21px;
  margin-right: 4px;
  display: block;
  text-align: center;
  cursor: pointer;
  padding-top: 3px;
  color: #15428B;
  font-size: 12px;
}
#main {
  clear: left;
  width: 1000px;
  height: 540px;
  background-color: #F5F7E6;
  margin-top: 0;
  margin-right: auto;
  margin-bottom: 0;
  margin-left: auto;
}
#main.jg {
  width: 5px;
  float: left;
  background-color: #DFE8F6;
  height: 540px;
}
#leftMenu {
  width: 150px;
  height: 540px;
  background-color: #DAE7F6;
  float: left;
  border-right-width: 1px;
  border-left-width: 1px;
  border-right-style: solid;
```

```
  border-left-style: solid;
  border-right-color: #99BBE8;
  border-left-color: #99BBE8;
}
#leftMenu ul {
  margin: 10px;
}
#leftMenu ul li {
  width: 100px;
  height: 22px;
  display: block;
  cursor: pointer;
  text-align: left;
  margin-bottom: 5px;
  background-color: #D9E8FB;
  background-image: url (images/tabbg01.gif);
  background-repeat: no-repeat;
  background-position: 0px 0px;
  padding-top: 2px;
  line-height: 20px;
  padding-left: 30px;
  overflow: hidden;
}
#leftMenu ul li a {
  color: #000000;
  text-decoration: none;
  background-image: url (images/tb-btn-sprite_03.gif);
  background-repeat: repeat-x;
}
#content {
  width: 840px;
  height: 540px;
  float: left;
  border-right-width: 1px;
  border-left-width: 1px;
  border-right-style: solid;
  border-left-style: solid;
  border-right-color: #99BBE8;
```

```
    border-left-color: #99BBE8;
    background-color: #DAE7F6;
  }
  .content {
    width: 830px;
    height: 530px;
    display: none;
    padding: 5px;
    overflow-y: auto;
    line-height: 30px;
    background-color: #FFFFFF;
  }
  #footer {
    width: 1000px;
    height: 23px;
    background-color: #FFFFFF;
    line-height: 20px;
    text-align: center;
    margin-top: 0;
    margin-right: auto;
    margin-bottom: 0;
    margin-left: auto;
    border-right-width: 1px;
    border-left-width: 1px;
    border-right-style: solid;
    border-left-style: solid;
    border-right-color: #99BBE8;
    border-left-color: #99BBE8;
    background-image: url (images/h2bg.gif);
    background-repeat: repeat-x;
    padding-top: 3px;
    color: #f00;
  }
</style>
```

（7）点击 MyEclipse 工具栏上的保存按钮（或按下组合键“Ctrl + S”）保存页面文件，完成编码。

（8）与登录页面配置发布操作类似，将 managedemo 项目发布到 Tomcat 服务器中，在浏览器地址输入“http://localhost:8080/managedemo/index.jsp”后回车。页面显示效果，如图 2－32 所示。

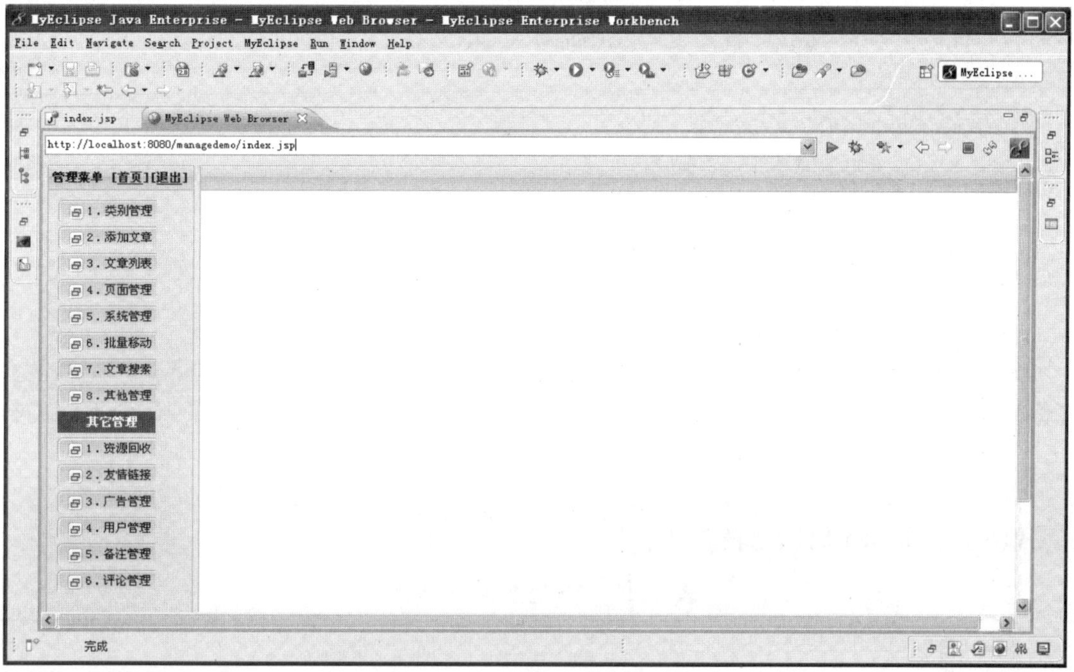

图 2－32　管理页面发布效果

【必要知识点】

✲ 知识点：CSS 内边距 padding

CSSpadding 属性定义元素的内边距。padding 属性接受长度值或百分比值，但不允许使用负值，见表 2－8。

表 2－8　CSS 内边距 padding 属性

属性值	描　　述
padding	简写属性，作用是在一个声明中设置元素的所内边距属性
padding－bottom	设置元素的下内边距
padding－left	设置元素的左内边距
padding－right	设置元素的右内边距
padding－top	设置元素的上内边距

例如：

h1 {padding：10px;}，表示设置 h1 元素的上下左右的内边距为 10 像素。

h1 {padding：10px 0. 25em 2ex 20%;}，表示按照上、右、下、左的顺序分别设置各

边的内边距，各边均可以使用不同的单位或百分比值。

也可以通过使用 padding - top、padding - right、padding - bottom、padding - left 四个单独的属性，分别设置上、右、下、左内边距。如：

```
h1 {
  padding - top: 10px;
  padding - right: 0.25em;
  padding - bottom: 2ex;
  padding - left: 20% ;
  }
```

✲ 知识点：CSS 边框 border

元素的边框（border）是围绕元素内容和内边距的一条或多条线。CSS border 属性允许你规定元素边框的样式、宽度和颜色。CSS 的 border - style 属性定义了 10 个不同的样式，包括 none。

例如：`p {border - style: solid dotted dashed double;}`

CSS 边框 border 属性见表 2 - 9。

表 2 - 9　CSS 边框 border 属性

属性值	描　　述
border	简写属性，用于把针对四个边的属性设置在一个声明
border - style	用于设置元素所有边框的样式，或者单独地为各边设置边框样式
border - width	简写属性，用于为元素的所有边框设置宽度，或者单独地为各边边框设置宽度
border - color	简写属性，设置元素的所有边框中可见部分的颜色，或为 4 个边分别设置颜色
border - bottom	简写属性，用于把下边框的所有属性设置到一个声明中
border - bottom - color	设置元素的下边框的颜色
border - bottom - style	设置元素的下边框的样式
border - bottom - width	设置元素的下边框的宽度
border - left	简写属性，用于把左边框的所有属性设置到一个声明中
border - left - color	设置元素的左边框的颜色
border - left - style	设置元素的左边框的样式
border - left - width	设置元素的左边框的宽度
border - right	简写属性，用于把右边框的所有属性设置到一个声明中
border - right - color	设置元素的右边框的颜色

续上表

属性值	描　述
border - right - style	设置元素的右边框的样式
border - right - width	设置元素的右边框的宽度
border - top	简写属性，用于把上边框的所有属性设置到一个声明中
border - top - color	设置元素的上边框的颜色
border - top - style	设置元素的上边框的样式
border - top - width	设置元素的上边框的宽度

✲ 知识点：CSS 外边距 margin

围绕在元素边框的空白区域是外边距。设置外边距会在元素外创建额外的“空白”。设置外边距的最简单的方法就是使用 margin 属性，这个属性接受任何长度单位、百分数值甚至负值。

例如：

h1 {margin: 0.25in;} 设置了 h1 元素的四个边上的外边距为 1/4 英寸。

h1 {margin: 10px 0px 15px 5px;} 表示 h1 元素的上右下左四个边分别定义了不同的外边距，所使用的长度单位是像素（px）。

h1 {margin: 0.25em 1em 0.5em;} 等价于 h1 {0.25em 1em 0.5em 1em }

h1 {margin: 0.5em 1em;} 等价于 h1 {0.5em 1em 0.5em 1em }

h1 {margin: 1px;} 等价于 h1 {1px 1px 1px 1px }

CSS 外边距 margin 属性见表 2 - 10。

表 2 - 10　CSS 外边距 margin 属性

属性值	描　述
margin	简写属性，在一个声明中设置所有外边距属性
margin - bottom	设置元素的下外边距
margin - left	设置元素的左外边距
margin - right	设置元素的右外边距
margin - top	设置元素的上外边距

✲ 知识点：CSS display 属性

display 属性规定元素应该生成的框的类型。这个属性用于定义建立布局时元素生成的显示框类型。

例如：

.content { display: none; }，元素的内容不会显示出来。

p {display: inline}，把元素显示为内联元素。

span {display: block}，把元素显示为块级元素。

CSS display 属性值见表 2-11。

表 2-11 CSS display 属性值

属性值	描　　述
none	此元素不会被显示
block	此元素将显示为块级元素，此元素前后会带有换行符
inline	默认，此元素会被显示为内联元素，元素前后没有换行符
inherit	规定应该从父元素继承 display 属性的值

【技能实战训练】

参照以上任务的工作过程，完成以下管理页面的设计与编码。如图 2-33 所示，要求使用 MyEclipse 创建一个“Web Project”，在“index. jsp”页面编程实现该页面。

图 2-33 管理页面训练任务

任务 2-4　引导页面制作

一、任务目标

能熟练使用 MyEclipse 编程完成一个 Web 系统引导页面的设计与制作。

二、任务描述

本任务将引导读者如何编程完成一个引导页面的制作。

任务效果如图 2-34 所示。

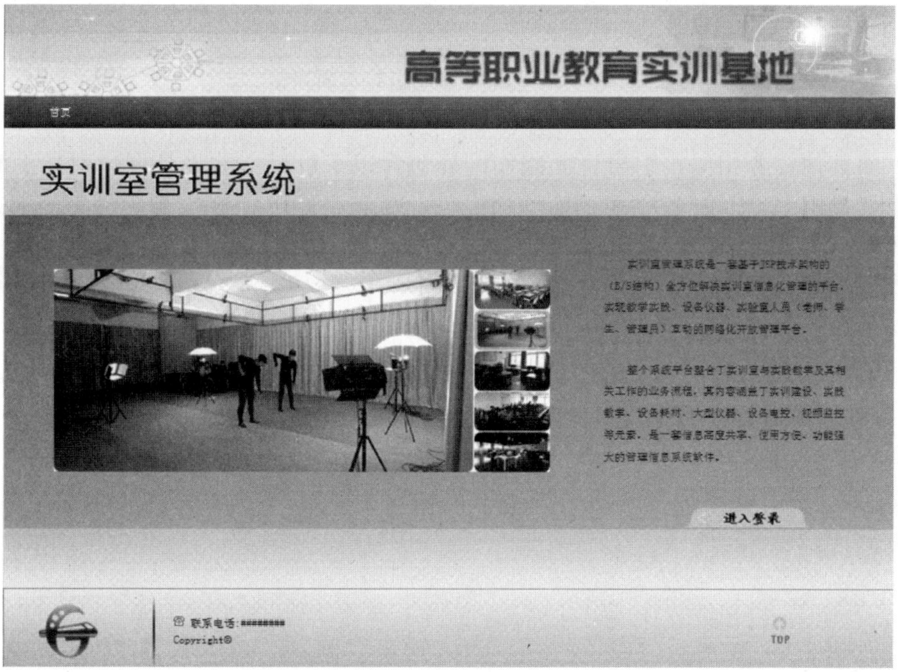

图 2-34　引导页面任务效果

三、任务分析

引导页面，又称欢迎页面，一般作为 Web 系统中的首页面。一般当用户输入 Web 系统网址后，就会首先进入该页面。该页面主要显示 Web 系统的简要介绍、所属单位信息等，是 Web 系统中一个较为重要的页面。图 2-35 所示的页面是常见引导页面的一个例子。

图 2-35 Web 系统引导页面案例

与上面其他任务相似，引导页面制作同样包含以下过程：首先是创建引导页面的 JSP 文件；第二是用 HTML 标签完成页面结构设计；最后是使用 CSS 编程完成页面显示效果。

四、任务实施

具体操作步骤如下：

（1）打开项目 project2 中“WebRoot”文件夹里的“index. jsp”页面。在 <head>…</head> 标签间输入以下代码，然后保存文件。

```
<style type=text/css>
  td {
      font-size: 12px;
  }
  div {
      font-size: 12px;
  }
  body {
      margin-top: 0px;
  }
  body, td, th {
      color: #000;
  }
 </style>
```

（2）在 <body>…</body> 标签间输入以下代码，然后保存文件。

```
<table cellspacing="0" cellpadding="0" width="900"
```

```
    height = "100" align = "center" border = "0" >
      < tbody >
        < tr >
          < td background = "images/headlogo. gif" >
          < embed src = "images/5. swf" width = "730" height = "92" align = "top"
            style = "float: left" wmode = "transparent" > < /embed >
          < embed src = "images/31. swf" width = "164" height = "70"
            style = "margin - left: 730" wmode = "transparent" > < /embed >
          < /td >
        < /tr >
      < /tbody >
    < /table >
    < table height = 32 cellspacing = 0 cellpadding = 0 width = 900
      align = center border = 0 >
      < tr >
      < td valign = "middle" background = "images/navbg. gif"  >
         < table cellspacing = 0 cellpadding = 0 width = 900 align = right
border = 0 >
              < tbody >
              < tr valign = "middle" >
                < td width = "2" > < /td >
              < td width = "90% " height = "32" align = "left"  >
              < a href = "index. jsp" target = " _self" class = navi > 首页 < /a >
              < /td >
                < td width = "2" > < /td >
          < /tr >
          < /tbody >
        < /table >
      < /td >
      < /tr >
      < /table >
 < table width = "900" border = 0 align = "center" cellpadding = 0 cellspacing = 0 >
    < tbody >
    < tr >
    < td width = "1" bgcolor = "#cedfff"  > < /td >
      < td align = middle background = "images/bg - 0006. gif" >
 < table bgcolor = "#bceffb" border = 0 cellpadding = 0 cellspacing = 0 width =
898 >
```

```
<tbody>
  <td bgcolor="#46abdc"> <table border=0 cellpadding=0
   cellspacing=0 width=898>
     <tbody>
       <tr>
         <td height="88px" background="images/sxglxt.gif"
           valign="bottom" >
            <embed src="images/16.swf" width="464" height="80"
           style="float: left" wmode="transparent"> </embed> </td>
       </tr>
     </tbody>
    </table>
     <table background="images/tablebg.gif" border=0
    cellpadding=0 cellspacing=0 width=898 height="317" >
     <tbody>
       <tr>
         <td align="center" height="317px" rowspan=3
        width=600 valign="middle" >
              <div align="center" >
                 <img src="images/snap2.gif" >
       </div>
         </td>
       <td height="256" width=300 >
            <table width="261" height="240" border="0"
               style="float: left; text-align: left;">
            <tr>
            <td>
               <p style="text-indent: 24px;
vertical-align: baseline; line-height: 22px; color: #003333" >实训室管理系统是一套基于jsp技术架构的（b/s结构）全方位解决实训室信息化管理的平台，实现教学实践、设备仪器、实验室人员（老师、学生、管理员）互动的网络化开放管理平台。<br></p>
               <p style="text-indent: 24px;
vertical-align: baseline; line-height: 22px; color: #003333" >整个系统平台整合了实训室与实践教学及其相关工作的业务流程，其内容涵盖了实训建设、实践教学、设备耗材、大型仪器、设备电控、视频监控等元素，是一套信息高度共享、使用方便、功能强大的管理信息系统软件。</p>
               </td>
```

```
            </tr>
          </table>
        </td>
      </tr>
      <tr>
        <td height="21" valign="bottom" align="center">
        <a href="#" target="_blank">
        <img src="images/login.gif" width="133" height="20"
       border="0" /></a>
        </td>
      </tr>
    </tbody>
  </table>
  <table border=0 cellpadding=0 cellspacing=0 width="898px"
   height="60px" background="images/tablebg2.gif">
    <tbody>
      <tr>
        <td></td>
      </tr>
    </tbody>
</table>
  </td>
</table></td>
<td width="1" bgcolor="#cedfff" ></td>
</tr>
</tbody></table>
<table cellspacing=0 cellpadding=0 width=900 height="85"
 align=center background="images/bottombg. gif" border=0>
<tbody>
<tr>
  <td width="1" height="85" bgcolor="#499eb3"></td>
  <td width="133" height="85" align="center">
      <img src="images/logo.gif"/></td>
  <td width="45" height="85" align="center">
      <img src="images/line. gif"/></td>
  <td width="529" height="85" class="style1" >
  <p style="line-height: 150% ">
      <img src="images/main_35.gif">
```

```
        <font color="#000000">  联系电话: ########<br>
      Copyright <font face="Arial">&copy;  </font></td>
     <td width="245" height="85">
     <p align="center"> <a href='#top'> <img src="images/main_
36.gif"
      border=0></a></td>
      <td width="1" height="85" bgcolor="#499eb3"></td>
    </tr>
    </tbody>
  </table>
```

（3）在"WebRoot"文件夹里创建一个新的文件夹，命名为"images"，将页面所需图片等素材拷贝到"images"文件夹中。

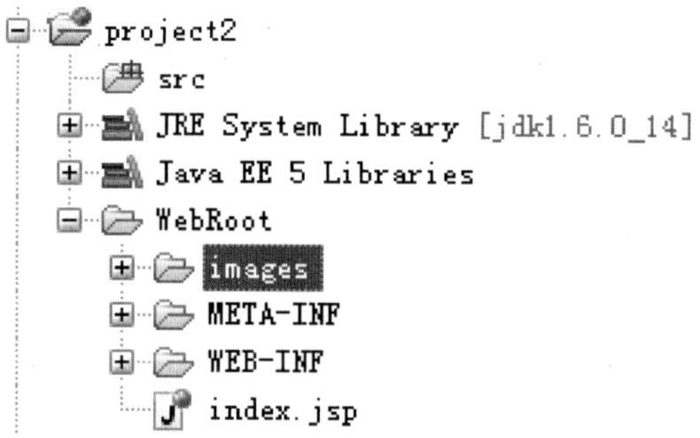

图 2－36　创建文件夹"images"

（4）启动 Tomcat，将项目 project2 发布到 Tomcat。启动浏览器，在地址栏输入"http://localhost:8080/project2/index.jsp"，查看运行效果。

【必要知识点】

✲ 知识点：表格标签

HTML 中，表格由 <table> 标签来定义；每个表格均有若干行，行由 <tr> 标签定义；每行被分割为若干单元格（由 <td> 标签定义）。字母 td 指表格数据（table data），即数据单元格的内容。数据单元格可以包含文本、图片、列表、段落、表单、水平线、表格等，如表 2－12 所示。在 HTML 中，表格常被用于页面布局设计。

表 2－12　表格标签

标签种类	描　述
<table>	定义表格
<caption>	定义表格标题

续上表

标签种类	描　　述
<th>	定义表格的表头
<tr>	定义表格的行
<td>	定义表格单元
<thead>	定义表格的页眉
<tbody>	定义表格的主体
<tfoot>	定义表格的页脚

✲ 知识点：<embed>标签

<embed>标签可以用来插入各种多媒体，格式可以是 swf、Midi（Mid）、Wav、AIFF、AU、MP3 等。

语法：embed src = url

注：url 为音频或视频文件及其路径，可以是相对路径或绝对路径。

例如，`<embed src="your.mid">`，其属性设置如下：

（1）自动播放。

语法：`autostart=true、false`

说明：该属性规定音频或视频文件是否在下载完之后就自动播放。

true：音乐文件在下载完之后自动播放；

false：音乐文件在下载完之后不自动播放。

示例：`<embed src="your.mid" autostart=true>`

（2）循环播放。

语法：loop = 正整数、true、false

说明：该属性规定音频或视频文件是否循环及循环次数。

属性值为正整数值时，音频或视频文件的循环次数与正整数值相同；

属性值为 true 时，音频或视频文件循环；

属性值为 false 时，音频或视频文件不循环。

示例：`<embed src="your.mid" autostart=true loop=2>`

（3）面板显示。

语法：`hidden=ture、no`

说明：该属性规定控制面板是否显示，默认值为 no。

ture：隐藏面板；

no：显示面板。

示例：`<embed src="your.mid" hidden=ture>`

（4）容器属性。

语法：`height=# width=#`

说明：取值为正整数或百分数，单位为像素。该属性规定控制面板的高度和宽度。

height：控制面板的高度；

width：控制面板的宽度。

示例：<embed src = "your.mid" height = 200 width = 200 >

（5）容器单位。

语法：units = pixels、en

说明：该属性指定高和宽的单位为 pixels 或 en。

示例：<embed src = "your.mid" units = "pixels" height = 200 width = 200 >

（6）窗口模式。

语法：wmode = Window、Opaque、Transparent

说明："Window" 在 Web 页面上用影片自己的矩形窗口来播放应用程序，并且始终位于最顶层。" Opaque" 显示页面上位于它后面的内容。"Transparent" 使 Web 页面的背景可以透过应用程序的所有透明部分显示出来。

示例：<embed src = "images/31.swf" width = "164" height = "70" wmode = "transparent" >

【技能实战训练】

参照以上任务的工作过程，完成图 2 - 37 页面的设计与编码。要求使用 MyEclipse 创建一个 "Web Project"，在 "index.jsp" 页面编程实现。

图 2 - 37　引导页面训练任务

项目小结

本项目简要介绍了 HTML、CSS 等 Web 系统常用开发技术。为了便于初学者后续进行 Java Web 系统开发实践，着重介绍了 Java Web 系统的登录页面、注册页面、管理页面等开发技术和方法，以及企业常用集成开发工具 MyEclipse 开发 Java Web 应用程序所需的配置和运行方式。

项目重点：熟练掌握 MyEclipse 开发 Java Web 项目所需的配置和运行方式、熟练掌握 Java Web 项目配置 Tomcat 服务器及项目发布的操作。熟悉使用 MyEclipse 创建和运行 Java Web 登录页面、注册页面、管理页面的技巧和方法。

考核评价

在本项目教学和实施过程中，教师和学生可以根据以下考核评价表对各项任务进行考核评价。考核主要针对学生在技术内容、技能情况、技能实战训练的掌握程度和完成效果进行评价，如表 2－13 所示。

表 2－13　考核评价表

评价内容	评价标准									
	技术内容		技能情况		技能训练		完成效果		总体评价	
	个人评价	教师评价	个人评价	教师评价	个人评价	教师评价	个人评价	教师评价	个人评价	教师评价
任务 2－1										
任务 2－2										
任务 2－3										
任务 2－4										
存在问题与解决办法（应对策略）										
学习心得与体会分享										

实训与讨论

一、实训题

完成一套设备管理系统 Web 系统页面（主要包含登录页面、注册页面、管理主页面和引导主页）要求：创建一个独立的 Web Project，在 jsp 页面中完成登录、注册、管理等页面的设计与编码。

二、讨论题

1. 在 Web 系统中，HTML 的主要作用是什么？
2. 在 Web 系统中，CSS 的主要作用是什么？

项目3
Java Web 页面特效编程

学习目标

○ 认识网页特效及其应用
○ 了解网页特效开发技术
○ 熟悉 JavaScript 编程技术
○ 掌握表单验证、导航栏、菜单栏、表格、布局等页面常见特效制作方法和技巧

技能目标

○ 懂表单验证、导航栏、菜单栏、表格、布局等 Web 系统常用特效的制作方法
○ 会进行表单验证、导航栏、功能菜单、表格、页面布局等特效的程序设计与编程
○ 能熟练完成导航栏、菜单栏、表格、布局等常见特效的制作和程序编写

任务3－1　表单验证程序设计

一、任务目标

能熟练使用 JavaScript 语言编程实现网页表单验证。

二、任务描述

本任务将引导读者使用 HTML + CSS + JavaScript 编程实现一个表单内容的验证。
任务效果如图 3－1 所示。

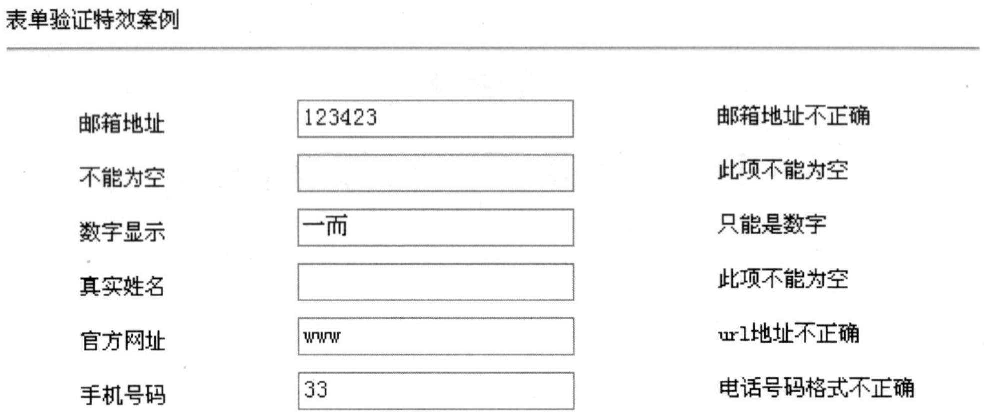

图 3－1　表单验证任务效果

三、任务分析

表单内容验证是 Web 系统中客户端页面的常用技术，用于对用户录入的信息进行校验，提醒用户录入正确的信息，避免错误操作。表单验证常常使用 JavaScript 语言编程实现。图 3－2 是表单验证的一个案例。

图 3－2　表单验证

对于表单验证，一般先使用 HTML + CSS 实现页面内容，然后在使用 JavaScript 语言编程实现对表单中各项内容进行验证。

四、任务实施

操作步骤如下：

（1）启动 MyEclipse，选择“File”→“New”→“Web Project”，启动“New Web Project”对话框，如图 3－3 所示。

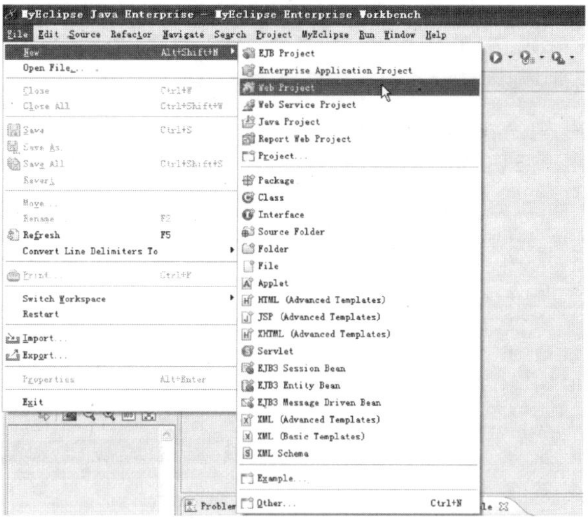

图 3-3　启动“New Web Project”对话框

（2）在弹出的“New Web Project”对话框中输入 Project Name：“project3”，点击“Finish”按钮，创建一个“project3”项目，如图 3-4 所示。

图 3-4　创建“project3”项目

（3）选中所创建“project3”项目中的“WebRoot”文件夹，点击鼠标右键，在弹出的右键菜单中选择“New”→“JSP（Advanced Templates）”，启动“Create a new JSP page”对话框，如图 3-5 所示。

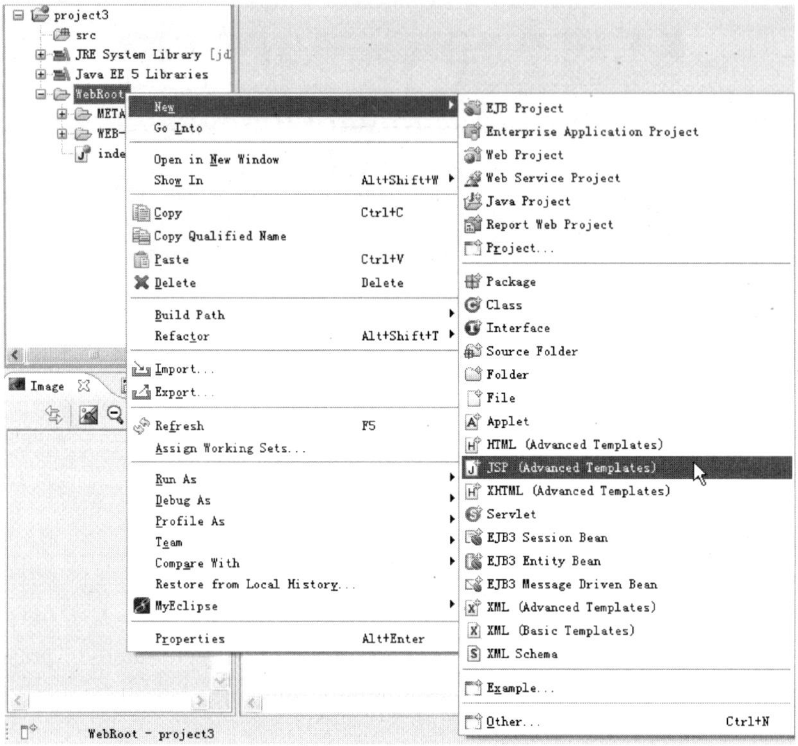

图 3－5　启动“Create a new JSP page”对话框

（4）在“Create a new JSP page”对话框中，输入 File Name：“formvalidationdemo”，点击“Finish”按钮，创建一个“formvalidationdemo. jsp”页面文件，如图 3－6 所示。

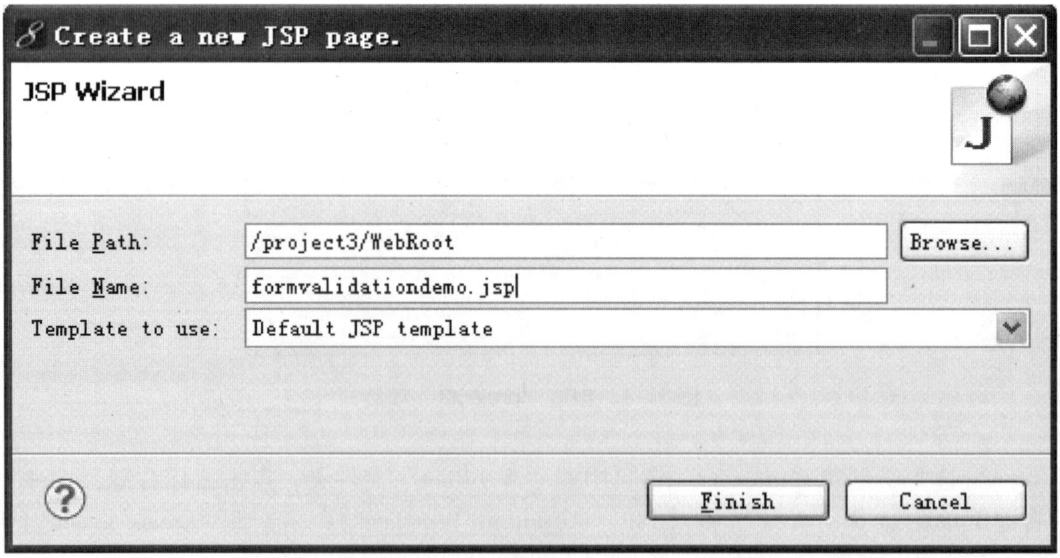

图 3－6　创建“formvalidationdemo. jsp”页面文件

（5）在打开的“formvalidationdemo.jsp”页面文件中的 <body>…</body> 标签里输入以下 HTML 代码。

```
表单验证特效案例 <hr>
<form>
    <ul width="500">
      <li>
          <span>邮箱地址</span>
          <span><input type="text" name="email"/></span>
      </li>
      <li>
          <span>不能为空</span>
          <span><input type="text" name="address"/></span>
      </li>
      <li>
          <span>数字显示</span>
          <span><input type="text" name="number"/></span>
      </li>
      <li>
          <span>真实姓名</span>
          <span><input type="text" name="truename"/></span>
      </li>
      <li>
          <span>官方网址</span>
          <span><input type="text" name="url"/></span>
      </li>
      <li>
          <span>手机号码</span>
          <span><input type="text" name="cellphone"/></span>
      </li>
    </ul>
</form>
```

（6）由于代码中含有中文，要将 JSP 页面编码设置为“pageEncoding = gb2312”，否则添加的代码将不能保存。

```
<%@ page language="java" import="java.util.*" pageEncoding="gb2312"%>
```

（7）在 <head>…</head> 标签里输入以下 CSS 代码。

```
<style type="text/css">
body {
    font-size: 12px;
```

```
}
ul li span {
    display: block;
    height: 30px;
    line-height: 30px;
    width: 80px;
    float: left;
}
ul li {
    clear: both
}
.wrong {
    width: 200px;
    height: 20px;
    line-height: 20px;
    text-indent: 30px;
    position: absolute;
    font-size: 12px;
}
.right {
    width: 100px;
    height: 20px;
    position: absolute;
}
</style>
```

(8) 在 <body>… </body> 标签中 </form> 标签后输入以下 JavaScript 代码。

```
<script type="text/javascript" >
// 调用示例
var checkobj = {mail:" email",
    phone:" cellphone",
    num:" number",
    chinese:" truename",
    url:" url",
    address:" address"}
XformCheck (document. forms [0], checkobj);
function XformCheck (xfromElement, checkobj) {
    var om = { };
    if (checkobj) {om=checkobj}
```

```
if (! xfromElement) {return false;}
for (var o in checkobj) {
xfromElement [checkobj [o]]. onblur = function (e) {
  e = window. event | | e;
  var eSrc = e. srcElement | | e. target;
  var Xvalue = trim (this. value);
  if (isEmpty (Xvalue)) {
      ShowMes (eSrc," 此项不能为空"," wrong");
  }
  else {
  switch (this. name) {
  case om. mail:
      if (! isEmail (Xvalue)) {
          ShowMes (eSrc," 邮箱地址不正确"," wrong");}
      else {ShowMes (eSrc,""," right");} break;
  case om. phone:
      if (! isPhone (Xvalue)) {
          ShowMes (eSrc," 电话号码格式不正确"," wrong");}
      else {ShowMes (eSrc,""," right");} break;
  case om. num:
      if (! isNum (Xvalue)) {
          ShowMes (eSrc," 只能是数字"," wrong");}
      else {ShowMes (eSrc,""," right");} break;
  case om. chinese:
      if (! isChinese (Xvalue)) {
          ShowMes (eSrc," 必须为汉字"," wrong");}
      else {ShowMes (eSrc,""," right")} break;
  case om. url:
      if (! isUrl (Xvalue)) {
          ShowMes (eSrc," url 地址不正确"," wrong");}
      else {ShowMes (eSrc,""," right");} break;
  case om. length:
      if (! isProperLen (Xvalue)) {
          ShowMes (eSrc," 长度不正确不正确"," wrong");}
      else {ShowMes (eSrc,""," right");} break;
  default: ShowMes (eSrc,""," right")} break;
  }
}
```

```
    }
    /* 判断为空* /
    function isEmpty (o) {
        return o =="" ? true: false;
    }
    /* 判断是否为合适长度 6 - 32 位* /
    function isProperLen (o) {
        var len =o. replace (/ [^ \ x00 - \ xff] /g," 11") . length;
        if (len >32 | | len <6) {
            return false;
        }
        else {return true;}
    }
    /* 判断是否为 Email* /
    function isEmail (o) {
        var reg =/^ \ w + \ @  [a - zA - Z0 - 9]  + \ . [a - zA - Z] {2, 4} $ /i;
        return reg. test (o);
    }
    function isUrl (o) {
        var reg =/^ (http \ :  \ / \ /)? ( \ w + \ .)  + \ w {2, 3} ( ( \ / \ w
+)  +  ( \ w + \ .  \ w +)?)? $ /;
        return reg. test (o);
    }
    /* 判断是否为电话号码或手机号码* /
    function isPhone (v) {
    var reg = / ( (15 [89])  \ d {8})  |  ( (13)  \ d {9})  |  (0 [1 - 9] {2,
3}  \ - ? [1 - 9] {6, 7}) /i;
        if (reg. test (v)) {
            return true;
        }
        else {return false;}
    }
    function isNum (o) {
        var reg = / [^ \ d]  + /;
        return reg. test (o)? false: true;
    }
    function isChinese (o) {
        var reg =/^ [ \ u4E00 - \ u9FA5]  + $ /;
```

```
        return reg.test (o);
    }
    /* 去除空白字符* /
    function trim (str) {
        return str.replace (/ (^\s* ) | (\s* $) /g, "");
    }
    function ShowMes (o, mes, type) {
        if (! o.ele) {
            var Xmes = document.createElement (" div");
            document.body.appendChild (Xmes);
            o.ele = Xmes;
        }
        o.ele.className = type;
        o.ele.style.display = "block";
        o.ele.style.left = (XgetPosition (o) .x + 200) + "px";
        o.ele.style.top = XgetPosition (o) .y + "px";
        o.ele.innerHTML = mes;
      }
    }
    function XgetPosition (e) {
        var left  = 0;
        var top   = 0;
        while (e.offsetParent) {
            left  + = e.offsetLeft;
            top   + = e.offsetTop;
            e = e.offsetParent;
        }
        left + = e. offsetLeft;
        top  + = e. offsetTop;
        return {x: left, y: top};
    }
  </script>
```

（9）点击保存按钮（或按下组合键“Ctrl + S”）保存页面文件，完成编码，如图3－7所示。

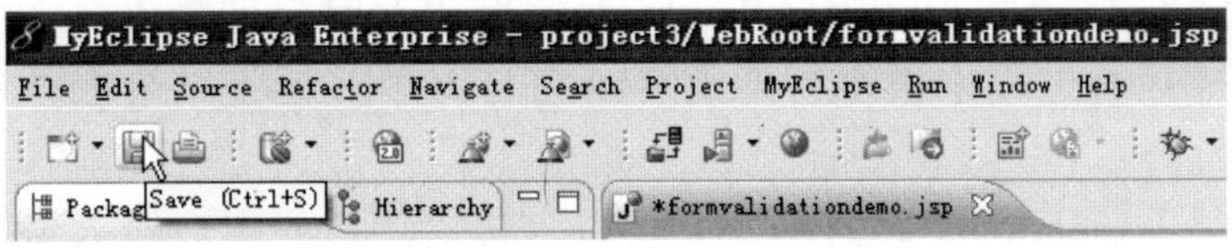

图3－7 保存“formvalidationdemo. jsp”页面文件

（10）测试页面效果，将 project3 项目发布到 Tomcat 服务器中，在浏览器地址输入“http：//localhost：8080/project3/formvalidationdemo. jsp”后回车。可以看到页面显示效果，如图 3 –8 所示。

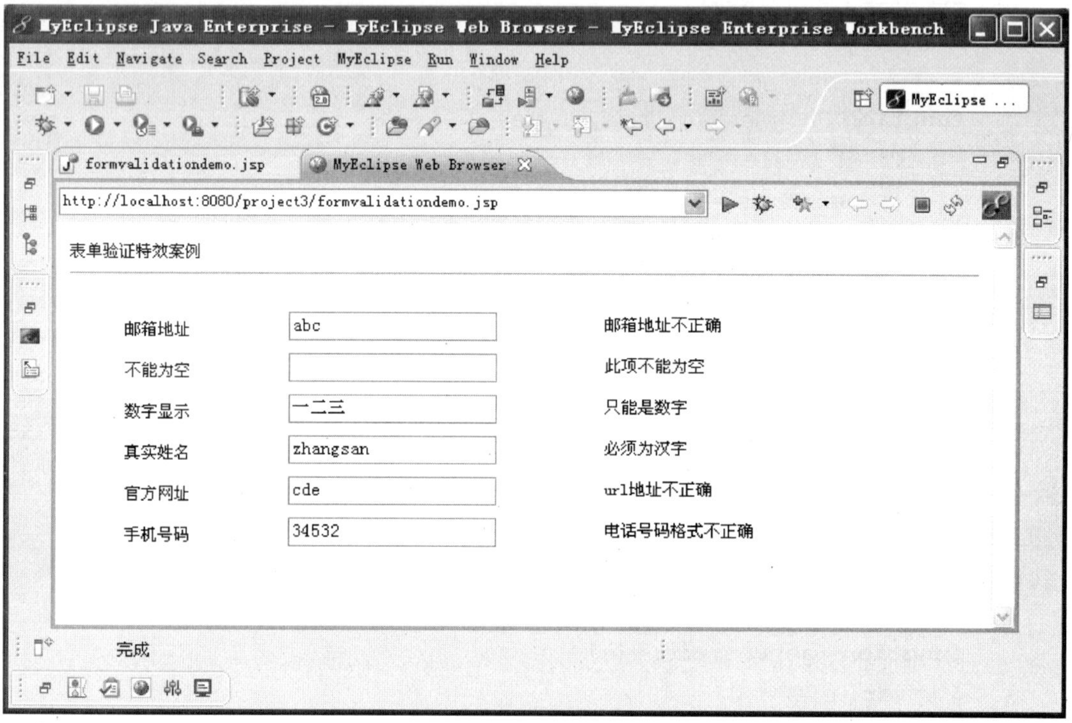

图 3 –8　测试页面运行效果

【必要知识点】

✲ 知识点：JavaScript 概述

JavaScript 是目前互联网上主流的脚本语言，这门语言可用于 HTML 和 Web 系统，也可以用于服务器、PC、笔记本电脑、平板电脑和智能手机等设备。JavaScript 是一种轻量级的编程脚本语言，可以嵌入 HTML、JSP 页面运行的程序代码，可以直接由浏览器解释和执行。

JavaScript 具有很多优点：

（1）简单性：JavaScript 是一种脚本编写语言，它采用小程序段的方式实现编程，像其他脚本语言一样，JavaScript 同样是一种解释性语言，它提供了一个简易的开发过程。它的基本结构形式与 C、C ++ 、VB、Delphi 十分类似，但与这些语言不一样，不需要先编译，而是在程序运行过程中被逐行地解释。它与 HTML 标签结合在一起，从而方便用户的使用操作。

（2）动态性：JavaScript 是动态的，它可以直接对用户或客户输入做出响应，无须经过 Web 服务程序。它对用户的反映响应，是采用以事件驱动的方式进行的。所谓事件驱动，就是指在主页中执行了某种操作所产生的动作。比如按下鼠标、移动窗口、选择菜单等都可以视为事件。当事件发生后，可能会引起相应的事件响应。

（3）跨平台性：JavaScript 是依赖于浏览器本身，与操作环境无关，只要能运行浏览器的计算机，并支持 JavaScript 的浏览器就可以正确执行。

（4）节省交互时间：JavaScript 是一种基于客户端浏览器的语言，用户在浏览中填表、验证的交互过程只是通过浏览器对调入 HTML 文档中的 JavaScript 源代码进行解释执行来完成的，即使是必须调用 Java 程序的部分，浏览器也只将用户输入验证后的信息提交给远程的服务器，从而减少了服务器的开销，节省了交互时间。

✲ 知识点：JavaScript 与 Java 的区别

JavaScript 语言和 Java 语言是相关的，但二者是有区别的。二者的区别如下：

第一，JavaScript 和 Java 是两个不同公司开发的不同的两个产品。Java 是 SUN 公司推出的一种面向对象的程序设计语言，适合于 Internet 应用程序开发；而 JavaScript 是 Netscape 公司的产品，是为了扩展 Netscape Navigator 功能而开发的一种可以嵌入 Web 页面中的基于对象和事件驱动的解释性语言。

第二，JavaScript 是基于对象的，而 Java 是面向对象的。即 Java 是一种面向对象的语言，即使是开发简单的程序，必须设计对象。JavaScript 是种脚本语言，它是一种基于对象和事件驱动的编程语言，它本身提供了非常丰富的内部对象供设计人员使用。

第三，两种语言在其浏览器中所执行的方式不一样。Java 的源代码在传递到客户端执行之前，必须经过编译，因而客户端上必须具有相应平台上的仿真器或解释器，它可以通过编译器或解释器实现独立于某个特定的平台编译代码的束缚。JavaScript 是一种解释性编程语言，其源代码在发往客户端执行之前不需经过编译，而是将文本格式的字符代码发送给客户，由浏览器解释执行。

第四，两种语言所采取的变量是不一样的。Java 采用强类型变量检查，即所有变量在编译之前必须作声明。JavaScript 中变量声明，采用其弱类型。即变量在使用前不需作声明，而是解释器在运行时检查其数据类型。

第五，代码格式不一样。Java 是一种与 HTML 无关的格式，必须通过像 HTML 中引用外媒体那么进行装载，其代码以字节代码的形式保存在独立的文档中。JavaScript 的代码是一种文本字符格式，可以直接嵌入 HTML 文档中，并且可动态装载。编写 HTML 文档就像编辑文本文件一样方便。

第六，嵌入方式不一样。在 HTML 文档中，两种编程语言的标识不同，JavaScript 使用 <script> … </script> 来标识，而 Java 使用 <%... %>或 <applet> … </applet>来标识。

✲ 知识点：JavaScript 用法

JavaScript 作为页面客户端的脚本语言，常和 HTML 标签和 CSS 代码一起使用。根据 JavaScript 在 HTML 或 JSP 页面加载方式的不同，其用法可以分为内部引用、外部引用和内联引用。

（1）内部引用。

通过 <Script> … </Script>标记嵌入 JavaScript，这是最常用也是最简便的一种引用方式，可以在 HTML 代码的任何位置嵌入。

例如：

```
<script>
alert ("Welcome to JavaScript!");
</script>
```

（2）外部引用。

通过引用 HTML 文件的方式加载 JavaScript 文件，这种方式可以使 HTML 代码更简洁，方便代码复用。

例如：

```
<head>
    <script type="text/javascript" src=jquery.js"></script>
</head>
```

注：标准加载方法是把 JavaScript 文件放到 <head> 标记内，但对于一些非关键的 JavaScript 文件，可以放到 HTML 文件的底部（如一些流量统计代码）。这样做可以提高网页访问速度，获得更好的用户体验。

（3）内联引用。

通过 HTML 标记的触发事件属性实现，比如通过 onclick 事件直接调用 JavaScript 代码。在 HTML 中有很多这样的事件属性，通常都是配合 JavaScript 这样的前端脚本语言来使用。例如：

```
<input type="submit" onclick="alert ('内联引用方式调用 JavaScript 代码');" >
```

✲ 知识点：JavaScript 数据类型和变量

JavaScript 有六种数据类型。主要的类型有 number、string、object 以及 Boolean 类型，其他两种类型为 null 和 undefined。

String 字符串类型：字符串是用单引号或双引号来说明的。（使用单引号来输入包含引号的字符串。）如："The cow jumped over the moon."

数值数据类型：JavaScript 支持整数和浮点数。整数可以为正数、0 或者负数；浮点数可以包含小数点、也可以包含一个"e"（大小写均可，在科学记数法中表示"10 的幂"）、或者同时包含这两项。

Boolean 类型：可能的 Boolean 值有 true 和 false。这是两个特殊值，不能用作 1 和 0。

Undefined 数据类型：一个为 undefined 的值就是指在变量被创建后，但未给该变量赋值以前所具有的值。

Null 数据类型：null 值就是没有任何值，什么也不表示。

object 类型：除了上面提到的各种常用类型外，对象也是 JavaScript 中的重要组成部分。

✲ 知识点：JavaScript 变量命名

在 JavaScript 中变量用来存放脚本中的值，这样在需要用这个值的地方就可以用变量来代表，一个变量可以是一个数字、文本或其他一些东西。

JavaScript 是一种对数据类型变量要求不太严格的语言，不必声明每一个变量的类型。尽管变量声明不是必须的操作，但在使用变量之前先进行声明是一种好的习惯。可以使用 var 语句来进行变量声明。如：var men = true；// men 中存储的值为 Boolean 类型。

变量命名：JavaScript 是一种区分大小写的语言，因此将一个变量命名为 computer 和将其命名为 Computer 是不一样的。

此外，变量名称是任意长度的，但必须遵循以下规则：

（1）第一个字符必须是字母（大小写均可）、下划线“_”或美元符“$”。

（2）后续的字符可以是字母、数字、下划线或美元符。

（3）变量名称不能是保留字。

✲ 知识点：JavaScript 语句及语法

JavaScript 所提供的语句分为以下几大类：

（1）变量声明，赋值语句：var。

语法如下：var 变量名称 [=初始值]

例：var computer = 32 //定义 computer 是一个变量，且有初值为 32。

（2）函数定义语句：function，return。

语法如下：
```
function 函数名称（函数所带的参数）
    {
        函数执行部分
    }
    return 表达式 //return 语句指明将返回的值。
```
例：
```
function square ( x )
    {
        return x* x
    }
```
（3）条件和分支语句：if...else，switch。

if...else 语句完成了程序流程块中分支功能：如果其中的条件成立，则程序执行紧接着条件的语句或语句块；否则程序执行 else 中的语句或语句块。

语法如下：
```
if (条件)
    {
        执行语句 1
    } else {
        执行语句 2
    }
```
例：
```
if (result = = true)
{
response ="你答对了!"
} else {
```

```
response ="你错了!"
}
```

分支语句 switch 可以根据一个变量的不同取值采取不同的处理方法。

语法如下：

```
switch (expression)
{
case label1：语句串 1;
case label2：语句串 2;
case label3：语句串 3;
    ...
default：语句串 3;
}
```

如果表达式取的值同程序中提供的任何一条语句都不匹配，将执行 default 中的语句。

(4) 循环语句：for，for...in，while，break，continue。

for 语句的语法如下：

```
for (初始化部分；条件部分；更新部分)
{
执行部分...
}
```

只要循环的条件成立，循环体就被反复的执行。

for...in 语句与 for 语句有一点不同，它循环的范围是一个对象所有的属性或是一个数组的所有元素。

for...in 语句的语法如下：

```
for (变量 in 对象或数组)
{
语句...
}
```

while 语句所控制的循环不断地测试条件，如果条件始终成立，则一直循环，直到条件不再成立。

语法如下：

```
while (条件)
{
执行语句...
}
```

break 语句结束当前的各种循环，并执行循环的下一条语句。

continue 语句结束当前的循环，并马上开始下一个循环。

(5) 对象操作语句：with，this，new。

with 语句的语法如下：

```
with (对象名称) {
        执行语句
    }
```

作用是这样的：如果你想使用某个对象的许多属性或方法时，只要在 with 后写出这个对象的名称，然后在下面的执行语句中直接写这个对象的属性名或方法名就可以了。

new 语句是一种对象构造器，可以用 new 语句来定义一个新对象。

语法是这样的：新对象名称 = new 真正的对象名。

例如，定义一个新的日期对象：var curr = new Date（），然后，变量 curr 就具有了 Date 对象的属性。

this 运算符总是指向当前的对象。

（6）注释语句：//，/ *... */。

```
//这是单行注释
/ * 这可以多行注释....  */
```

✲ 知识点：JavaScript 正则表达式

正则表达式（英语：Regular Expression，在代码中常简写为 Regex、RegExp 或 RE）使用单个字符串来描述、匹配一系列符合某个语法规则的字符串搜索模式。

在 JavaScript 中，RegExp 对象是一个预定义了属性和方法的正则表达式对象。一般通过 new 关键词来定义 RegExp 对象。例如：

```
var patt = new RegExp ("e");
```

注：该代码定义了名为 patt 的 RegExp 对象，其模式是“e”。

RegExp 对象有 3 个方法：test（）、exec（）以及 compile（）。

test（）方法检索字符串中的指定值。如果匹配则返回 true，否则返回 false。

例如：

```
var patt = new RegExp ("e");
document. write (patt. test ("I am free"));
```

输出为：true

exec（）方法检索字符串中的指定值。返回值是被找到的值。如果没有发现匹配，则返回 null。

例如：

```
var patt = new RegExp ("e");
document. write (patt. exec ("I am free"));
```

输出为：e

compile（）方法用于改变 RegExp。

例如：

```
var patt = new RegExp ("e");
document. write (patt. test ("I am free"));
patt. compile ("d");
document. write (patt. test ("I am free "));
```

输出为：truefalse

注：由于字符串中存在“e”，而没有“d”，所以后一个输出为 false。

✲ 知识点：常用的正则表达式

（1）匹配中文字符的正则表达式：[u4e00 – u9fa5]

（2）匹配双字节字符（包括汉字在内）：[^x00 – xff]

（3）匹配空行的正则表达式：[s |] *

（4）匹配 HTML 标记的正则表达式：/ < (. *) >. * </1 > | < (. *) / >/

（5）匹配首尾空格的正则表达式：(^s *) | (s * $)

（6）匹配 Email 地址的正则表达式：w + ([– +.] w +) * @ w + ([–.] w +) *. w + ([–.] w +) *

（7）匹配网址 URL 的正则表达式：http：// ([/w –] +/.) + [/w –] + (/ [/w –. /?% & =] *)?

【技能训练】

参照以上任务的操作过程，完成如图 3 –9 所示注册页面的表单验证编码。要求使用 MyEclipse 创建一个“Web Project”，在“index. jsp”页面编程实现该页面。

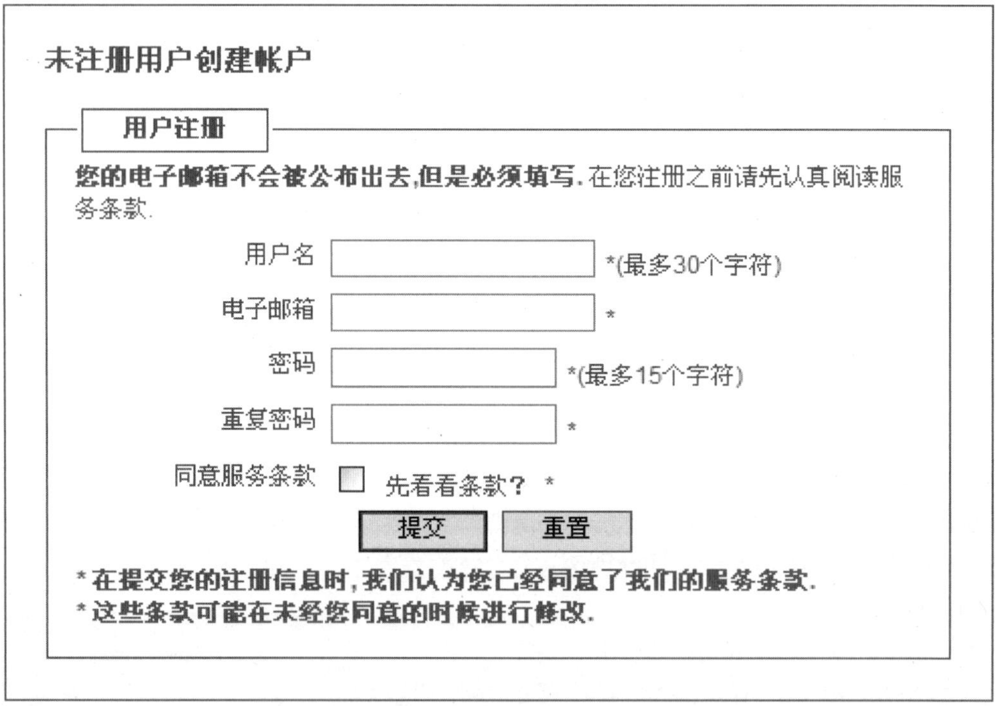

图 3 –9　表单验证训练任务

任务 3-2 导航栏特效编程

一、任务目标

能熟练使用 JavaScript 语言编程实现 Web 系统中的导航栏特效的制作。

二、任务描述

本任务将引导读者使用 HTML + CSS + JavaScript 编程实现一个导航栏的设计与制作。任务效果如，如图 3-10 所示。

图 3-10 导航栏任务效果

三、任务分析

导航栏是指位于页面页眉区域、在页眉横幅图片上边或下边的一排水平导航按钮，它起着链接 Web 系统各个页面的作用。如图 3-11 所示，百度（http://www.baidu.com）网页眉页上的选项如“新闻、hao123、地图、贴吧、登录、设置……”等就是导航栏的一种范例。一般在 Web 系统中，使用导航栏是为了让访问者更清晰明朗的找到所需要的资源区域，寻找想要的内容。

图 3-11 百度导航栏

本任务先使用 HTML + CSS 实现导航栏目设计，再使用 JavaScript 语言编程实现导航栏中下拉栏目的显示特效。

四、任务实施

操作步骤如下：

（1）选中“任务 3－1”所创建 project3 项目中的“WebRoot”文件夹，点击鼠标右键，在弹出的右键菜单中选择“New”→“JSP（Advanced Templates）”，启动“Create a new JSP page”对话框，如图 3－12 所示。

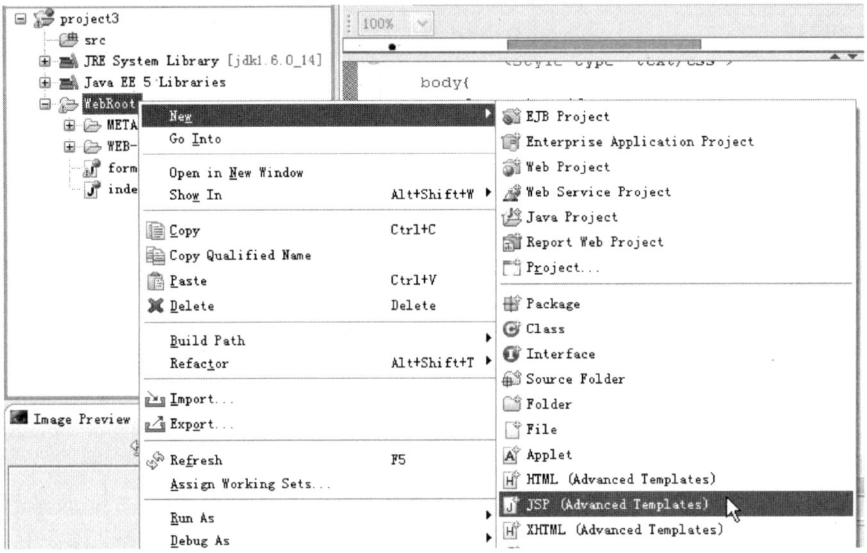

图 3－12 启动“Create a new JSP page”对话框

（2）在“Create a new JSP page”对话框中，输入 File Name：“navigationbardemo”，点击“Finish”按钮，创建一个“navigationbardemo. jsp”页面文件，如图 3－13 所示。

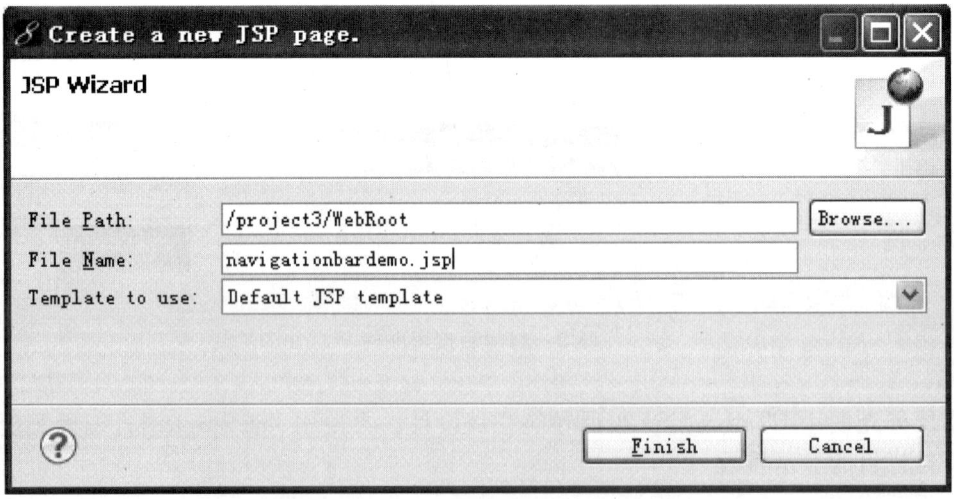

图 3－13 创建“navigationbardemo. jsp”页面文件

(3) 在打开的"navigationbardemo. jsp"页面文件中的<body>…</body>标签里输入以下 HTML 代码。

```
<div id="menu">
<ul>
  <li class="m_line"> | </li>
    <li id="m_1" class='m_li_a'> <a href="#">系统首页</a> </li>
    <li class="m_line"> | </li>
    <li id="m_2" class='m_li'
   onmouseover='mover (2);' onmouseout='mout (2); '>
    <a href="#"  >关于系统</a> </li>
    <li class="m_line"> | </li>
    <li id="m_3" class='m_li'
   onmouseover='mover (3);' onmouseout='mout (3);'>
    <a href="#">系统服务</a> </li>
    <li class="m_line"> | </li>
    <li id="m_4" class='m_li'
   onmouseover='mover (4);' onmouseout='mout (4);'>
    <a href="#">新闻公告</a> </li>
    <li class="m_line"> | </li>
    <li id="m_5" class='m_li'
   onmouseover='mover (5);' onmouseout='mout (5);'>
    <a href="#">管理规定</a> </li>
    <li class="m_line"> | </li>
    <li id="m_6" class='m_li'
   onmouseover='mover (6);' onmouseout='mout (6); '>
    <a href="#">企业文化</a> </li>
    <li class="m_line"> | </li>
  </ul>
</div>
<div style="height: 32px; background-color: #F1F1F1;">
  <ul class="smenu">
    <li style="padding-left: 29px;" id="s_1" class='s_li_a'>
       您是本站第 12345678 位访客! </li>
    <li style="padding-left: 141px;" id="s_2" class='s_li'
     onmouseover='mover (2);' onmouseout='mout (2);'>
    <a href="#">系统介绍</a>   |
    <a href="#">系统功能</a>   |
    <a href="#">操作指南</a>   |
```

```
<a href="#">系统性能</a>  |
<a href="#">技术动态</a>  |
<a href="#">辅助管理</a></li>
<li style="padding-left: 252px;" id="s_3" class='s_li'
 onmouseover='mover (3);' onmouseout='mout (3);'>
<a href="#">下载专区</a>  |
<a href="#">上传专区</a>  |
<a href="#">技术服务</a>  |
<a href="#">查询系统</a>  |
<a href="#">咨询服务</a>  |
<a href="#">满意调查</a></li>
<li style="padding-left: 362px;" id="s_4" class='s_li'
 onmouseover='mover (4);' onmouseout='mout (4);'>
<a href="#">最新公告</a>  |
<a href="#">系统通知</a></li>
<li style="padding-left: 474px;" id="s_5" class='s_li'
 onmouseover='mover (5);' onmouseout='mout (5);'>
<a href="#">最新政策</a>  |
<a href="#">法规查询</a></li>
<li style="padding-left: 447px;" id="s_6" class='s_li'
 onmouseover='mover (6);' onmouseout='mout (6);'>
<a href="#">企业宣传</a>  |
<a href="#">最新更新</a>  |
<a href="#">企业文化</a>  |
<a href="#">企业论坛</a>  |
<a href="#">企业课堂</a></li>
</ul>
</div>
```

（4）由于代码中含有中文，要将 JSP 页面编码设置为“pageEncoding = gb2312”，否则添加的代码将不能保存。

```
<%@ page language="java" import="java.util.*" pageEncoding="gb2312"%>
```

（5）在 <head>…</head> 标签里输入以下 CSS 代码。

```
<style>
body, td, th {
    font-family: Tahoma, Verdana, Arial, sans-serif;
    font-size: 12px;
    color: #333333;
}
```

```
body {
    margin-left: 0px;
    margin-top: 0px;
    margin-right: 0px;
    margin-bottom: 0px;
}
a {
    color: #333333;
    text-decoration: none;
}
a: hover {
    color: #FF0000;
    text-decoration: none;
}
a: active {
    color: #FF0000;
    text-decoration: none;
}
#menu {
    height: 32px;
    margin-top: 8px;
    background-color: #990000;
}
#menu ul {
    margin: auto;
    width: 778px;
    height: 32px;
    list-style-type: none;
    padding: 0px;
    margin-top: 0px;
    margin-bottom: 0px;
}
.m_li {
    float: left;
    width: 114px;
    line-height: 32px;
    text-align: center;
    margin-right: -2px;
```

```
    margin-left: -2px;
}
.m_li a {
    display: block;
    color: #FFFFFF;
    width: 114px;
}
.m_line {
    float: left;
    width: 1px;
    height: 32px;
    line-height: 32px;
}
    .m_line img {
    margin-top: expression ( (32 - this. height ) / 2);
}
.m_li_a {
    float: left;
    width: 114px;
    line-height: 32px;
    text-align: center;
    padding-top: 3px;
    font-weight: bold;
    position: relative;
    height: 32px;
    margin-top: -3px;
    margin-right: -2px;
    margin-left: -2px;
}
.m_li_a a {
    display: block;
    color: #FF0000;
    width: 114px;
}
. smenu {
    width: 774px;
    margin: 0px auto 0px auto;
    padding: 0px;
```

```
        list-style-type: none;
        height: 32px;
    }
    .s_li {
        line-height: 32px;
        width: auto;
        display: none;
        height: 32px;
    }
    .s_li_a {
        line-height: 32px;
        width: auto;
        display: block;
        height: 32px;
    }
    </style>
```

（6）在 <head>…</head> 标签中 </style> 标签后输入以下 JavaScript 代码。

```
    <script>
    //初始化
    var def="1";
    function mover (object) {
      //主菜单
      var mm=document.getElementById ("m_"+object);
      mm.className="m_li_a";
      //初始主菜单隐藏效果
      if (def! =0) {
        var mdef=document.getElementById ("m_"+def);
        mdef.className="m_li";
    }
    //子菜单
var ss=document.getElementById ("s_"+object);
    ss.style.display="block";
    //初始子菜单隐藏效果
    if (def! =0) {
        var sdef=document.getElementById ("s_"+def);
        sdef.style.display="none";
    }
}
```

```
function mout (object) {
  //主菜单
  var mm=document. getElementById ("m_"+object);
  mm. className="m_li";
  //初始主菜单
  if (def! =0) {
    var mdef=document. getElementById ("m_"+def);
    mdef. className="m_li_a";
  }
  //子菜单
  var ss=document. getElementById ("s_"+object);
  ss. style. display="none";
  //初始子菜单
if (def! =0) {
    var sdef=document. getElementById (" s_"+def);
    sdef. style. display="block";
  }
}
</script>
```

（7）点击保存按钮（或按下组合键“Ctrl+S”）保存页面文件，完成编码，如图3-14 所示。

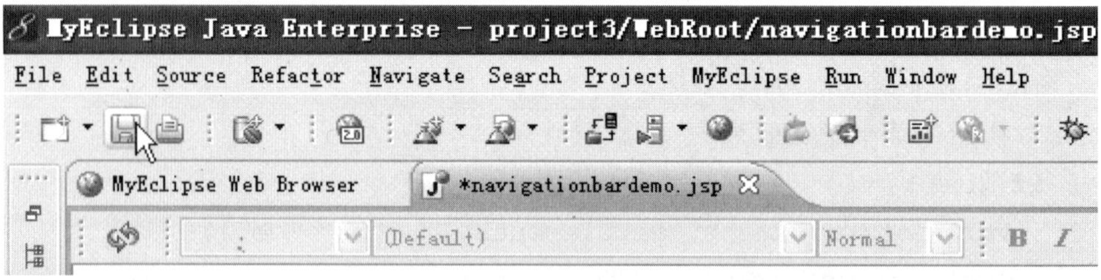

图3-14　保存“navigationbardemo. jsp”页面文件

（8）测试页面效果，将 project3 项目发布到 Tomcat 服务器中，在浏览器地址输入“http：//localhost：8080/project3/ navigationbardemo. jsp”后回车。可以看到页面显示效果，如图 3-15 所示。

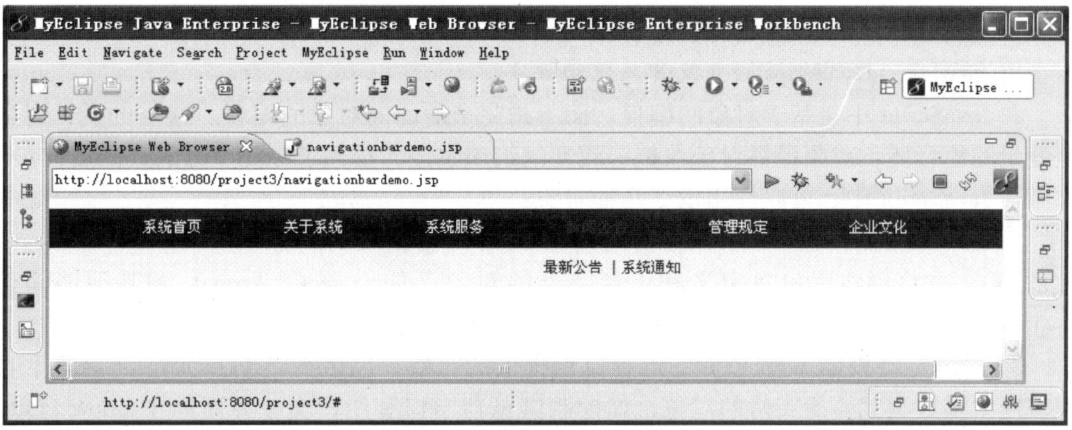

图 3 – 15　测试页面运行效果

【必要知识点】

✻ 知识点：DOM（文档对象模型）

当网页被加载时，浏览器会创建页面的文档对象模型（Document Object Model），如图 3 – 16 所示。通过文档对象模型，JavaScript 获得了足够的能力来创建动态的 HTML。能够改变页面中的 HTML 元素和属性，能够改变页面中的 CSS 样式，能够对页面中的事件做出反应。

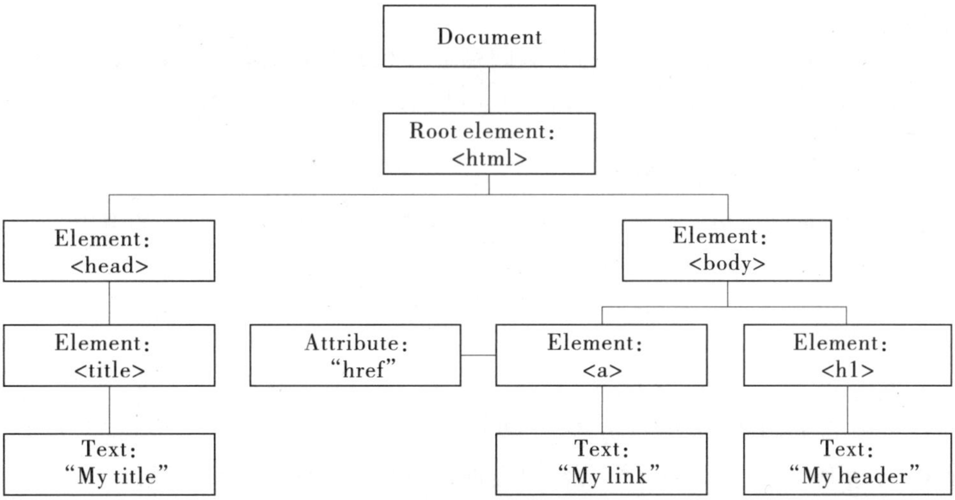

图 3 – 16　文档对象模型 DOM

通过 HTML 标签的 id 属性，JavaScript 可以查找到需要操作 HTML 元素。

例如：

```
var x = document.getElementById ("intro");
```

可以获取 id = "intro" 的 HTML 标签对象

✲ 知识点：JavaScript 对象及其属性和方法

在 JavaScript 中是基于对象的编程，而不是完全的面向对象的编程。通俗的说，对象是变量的集合体，对象提供对于数据一致性的组织手段，描述了一类事物的共同属性。

在 JavaScript 中，可以使用以下几种对象：

① JavaScript 的内置对象。包括同基本数据类型相关的对象（如 String、Boolean、Number）、允许创建用户自定义和组合类型的对象（如 Object、Array）和其他能简化 JavaScript 操作的对象（如 Math、Date、RegExp、Function）。

② 由浏览器根据 Web 页面的内容自动提供的对象。包括不属于 JavaScript 语言本身但被绝大多数浏览器所支持的对象，如控制浏览器窗口和用户交互界面的 Window 对象、提供客户端浏览器配置信息的 Navigator 对象。

③ 服务器上的固有对象。

④ 用户自定义的对象。

JavaScript 中的对象是由属性和方法两个基本的元素的构成的。对象的属性是指对象的背景色、长度、名称等。对象的方法是指对属性所进行的操作，就是一个对象自己所属的函数，如对对象取整、使对象获得焦点、使对象获得个随机数等等一系列操作。

举个例子来说，将汽车看成是一个对象，汽车的颜色、大小、品牌等叫做属性，而发动、刹车、拐弯等就叫做方法。

可以采用这样的方法来访问对象的属性：对象名称．属性名称，如：

```
mycomputer.year = 1996
mycomputer.owner = "me"
```

可以采用这样的方法，将对象的方法同函数联系起来：对象．方法名字 = 函数名字或对象．属性．方法名，如：this．display = display，document．writeln（“this is method”）。

✲ 知识点：document 对象方法

（1）getElementById（）方法。

定义：getElementById（）方法可返回对拥有指定 ID 的第一个对象的引用。

语法：`document.getElementById (id)`

说明：在操作文档的一个特定的标签元素时，如果给该元素一个 id 属性，然后就可以用 getElementById（）获取到想要的元素。

例如：`x = document. getElementById ("tagid");`

（2）getElementsByName（）方法。

定义：getElementsByName（）方法可返回带有指定名称的对象的集合。

语法：`document. getElementsByName (name)`

说明：该方法与 getElementById（）方法相似，但是它查询元素的 name 属性，而不是 id 属性。此外，一个文档中的 name 属性有可能不唯一，如表单中的单选按钮通常具有相同的 name 属性，因此 getElementsByName（）方法返回的是元素的数组，而不是一个元素。

例如：x = document. getElementsByName ("username");

（3）getElementsByTagName（）。

定义：getElementsByTagName（）方法可返回带有指定标签名的对象的集合。

语法：document. getElementsByTagName (tagname)

说明：getElementsByTagName（）方法返回元素的顺序是它们在文档中的顺序。如果把特殊字符串“*”传递给 getElementsByTagName（）方法，它将返回文档中所有元素的列表，元素排列的顺序就是它们在文档中的顺序。

例如：tables = document. getElementsByTagName ("table");

（4）write（）方法。

定义：write（）方法可向文档写入 HTML 表达式或 JavaScript 代码。

语法：document. write (exp)

说明：通常按照两种的方式使用 write（）方法：一是在使用该方在文档中输出 HTML，另一种是在调用该方法的的窗口之外的窗口、框架中产生新文档。在第二种情况中，可使用 close（）方法来关闭文档。

例如：document. write ("Hello World!");

【技能实战训练】

参照以上任务操作过程，编程实现以下导航栏特效。要求使用 MyEclipse 创建一个“Web Project”，在“index. jsp”页面编程实现该特效，如图 3－17 所示。

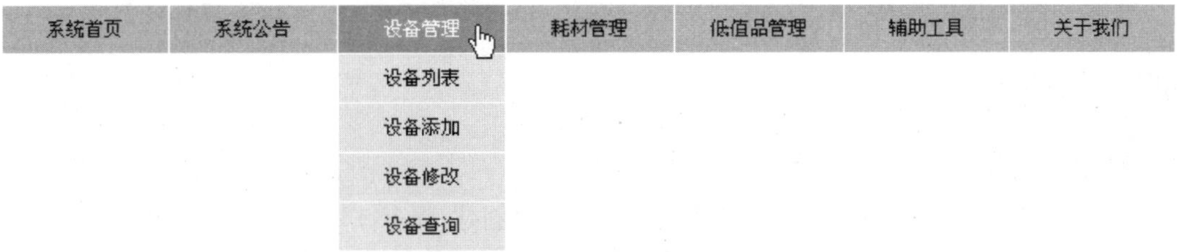

图 3－17　导航栏特效训练任务

任务 3－3　菜单栏特效编程

一、任务目标

能熟练使用 JavaScript 语言编程实现 Web 系统的菜单栏特效。

二、任务描述

本任务将讲解如何使用 HTML + CSS + JavaScript 编程实现一个左侧菜单栏的设计与

制作。

任务效果如图 3－18 所示。

图 3－18　左侧菜单栏任务效果

三、任务分析

菜单栏实际是一种树型结构，为软件的大多数功能提供一个入口链接。点击以后，即可显示出菜单项。在 Web 系统中，菜单栏常位于页面左侧，一般链接 Web 系统右侧工作区域的具体操作内容。

菜单栏的实现一般先使用 HTML + CSS 实现整体菜单栏目设计，然后使用 JavaScript 语言编程实现菜单项的弹出效果。

四、任务实施

操作步骤如下：

（1）如图 3－19 所示，选中“任务 3－1”所创建 project3 项目中的“WebRoot”文件夹，点击鼠标右键，在弹出的右键菜单中选择“New”→“JSP（Advanced Templates)”，启动“Create a new JSP page”对话框。

图 3-19　启动“Create a new JSP page”对话框

(2) 如图 3-20 所示，在“Create a new JSP page”对话框中，输入 File Name：“leftmenubardemo”，点击“Finish”按钮，创建一个“leftmenubardemo.jsp”页面文件。

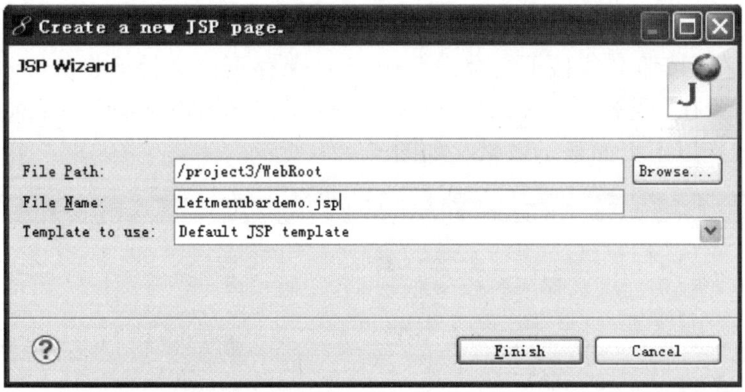

图 3-20　创建“leftmenubardemo.jsp”页面文件

(3) 在打开的“leftmenubardemo.jsp”页面文件中的 <body>…</body> 标签里输入以下 HTML 代码。

```
        <div id = "tree"
    onClick = "document.all.tree2.style.display = (document.all.tree2.
```

```
style.display = ='none')?'':'none'" > + 设备管理</div>
        <div id="tree2" style="display: none">
        <ul>
        <li><a href="#"> - 设备列表</a></li>
        <li><a href="#"> - 设备添加</a></li>
        <li><a href="#"> - 设备查询</a></li>
        <li><a href="#"> - 设备修改</a></li>
        </ul>
        </div>
        <div id="_tree"
  onClick = "document.all.tree_2.style.display = (document.all.tree_
2.style.display = ='none')?'': 'none'" > + 耗材管理 </div>
        <div id="tree_2" style="display: none">
        <ul>
        <li><a href="#"> - 耗材列表</a></li>
        <li><a href="#"> - 耗材添加</a></li>
        <li><a href="#"> - 耗材查询</a></li>
        <li><a href="#"> - 耗材修改</a> </li>
        </ul>
        </div>
```

（4）由于代码中含有中文，要将 JSP 页面编码设置为"pageEncoding = gb2312"，否则添加的代码将不能保存。

```
<%@ page language="java" import="java.util.*" pageEncoding="gb2312"% >
```

（5）点击保存按钮（或按下组合键 Ctrl + S）保存页面文件。将 project3 项目发布到 Tomcat 服务器中，在浏览器地址输入"http://localhost:8080/project3/leftmenubardemo.jsp"后回车，可以看到以下页面显示效果，如图 3 – 21 所示。

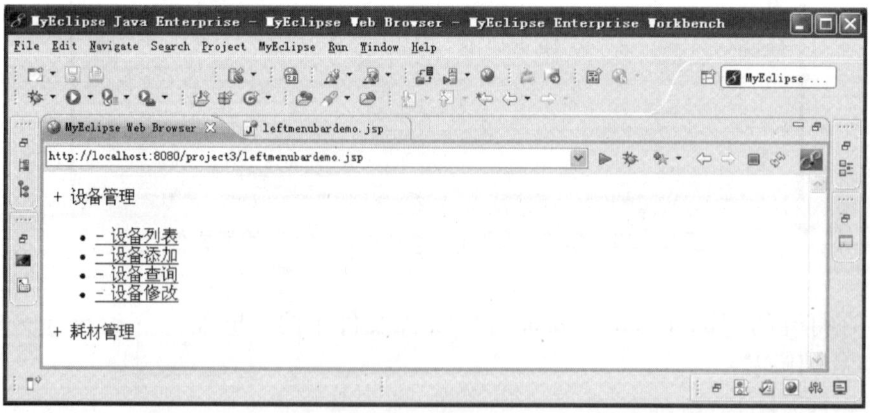

图 3 – 21　页面显示效果

（6）在<head>…</head>标签里输入以下 CSS 代码。

```
<style>
ul {
    padding: 0;
    margin: 0;
}
#tree, #_tree {
    width: 100px;
    height: 28px;
    line-height: 28px;
    padding-left: 5px;
    background: #ccc;
    cursor: pointer;
    border-bottom: 1px solid #fff;
}
#tree2, #tree_2 {
    width: 105px;
    background: #eee;
}
#tree2 ul li, #tree_2 ul li {
    padding-left: 5px;
    border-bottom: 1px solid #fff;
    line-height: 180% ;
}
#tree2 ul li a, #tree_2 ul li a {
    color: #666;
}
</style>
```

（7）点击保存按钮（或按下组合键“Ctrl + S”）保存页面文件，完成编码。测试页面效果，将 project3 项目发布到 Tomcat 服务器中，在浏览器地址输入“http://localhost:8080/project3/leftmenubardemo.jsp”后回车，看到以下页面显示效果，如图 3－22 所示。

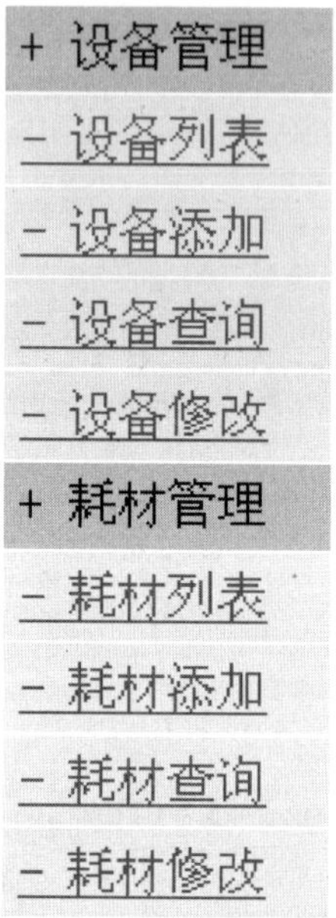

图 3－22　测试页面运行效果

【必要知识点】

✲ 知识点：认识 JavaScript 事件

JavaScript 脚本中的事件是指用户载入目标页面直到该页面被关闭期间浏览器的动作及该页面对用户操作的响应。事件的复杂程度大不相同，简单的如鼠标的移动、当前页面的关闭、键盘的输入等，复杂的如拖曳页面图片或单击浮动菜单等。

事件处理器是与特定的文本和特定的事件相联系的 JavaScript 脚本代码，当该文本发生改变或者事件被触发时，浏览器执行该代码并进行相应的处理操作，而响应某个事件并进行的处理过程称为事件处理。

✲ 知识点：JavaScript 常用事件介绍

（1）一般事件。

onClick——鼠标点击事件，多用在某个对象控制的范围内的鼠标点击。

onDblClick——鼠标双击事件。

onMouseDown——鼠标上的按钮被按下了。

onMouseUp——鼠标按下后，松开时激发的事件。

onMouseOver——当鼠标移动到某对象范围的上方时触发的事件。

onMouseMove——鼠标移动时触发的事件。

onMouseOut——当鼠标离开某对象范围时触发的事件。

onKeyPress——当键盘上的某个键被按下并且释放时触发的事件（注意：页面内必须有被聚焦的对象）。

onKeyDown——当键盘上某个按键被按下时触发的事件（注意：页面内必须有被聚焦的对象）。

onKeyUp——当键盘上某个按键被按下后，松开时触发的事件（注意：页面内必须有被聚焦的对象）。

（2）页面相关事件。

onAbort——图片在下载时被用户中断。

onBeforeUnload——当前页面的内容将要被改变时触发的事件。

onError——捕抓当前页面因为某种原因而出现的错误，如脚本错误与外部数据引用的错误。

onLoad——页面内空完成传送到浏览器时触发的事件，包括外部文件引入完成。

onMove——浏览器的窗口被移动时触发的事件。

onResize——当浏览器的窗口大小被改变时触发的事件。

onScroll——浏览器的滚动条位置发生变化时触发的事件。

onStop——浏览器的停止按钮被按下或者正在下载的文件被中断时触发的事件。

onUnload——当前页面将被改变时触发的事件。

（3）表单相关事件。

onBlur——当前元素失去焦点时触发的事件（鼠标与键盘的触发均可）。

onChange——当前元素失去焦点并且元素的内容发生改变而触发的事件（鼠标与键盘的触发均可）。

onFocus——当某个元素获得焦点时触发的事件。

onReset——当表单中 RESET 的属性被激发时触发的事件。

onSubmit——一个表单被递交时触发的事件。

（4）滚动字幕事件。

onBounce——在 Marquee 内的内容移动至 Marquee 显示范围之外时触发的事件。

onFinish——当 Marquee 元素完成需要显示的内容后触发的事件。

onStart——当 Marquee 元素开始显示内容时触发的事件。

【技能实战训练】

参照以上任务操作过程，编程实现以下菜单栏特效。要求使用 MyEclipse 创建一个“Web Project”，在“index. jsp”页面编程实现该特效，如图 3 – 23 所示。

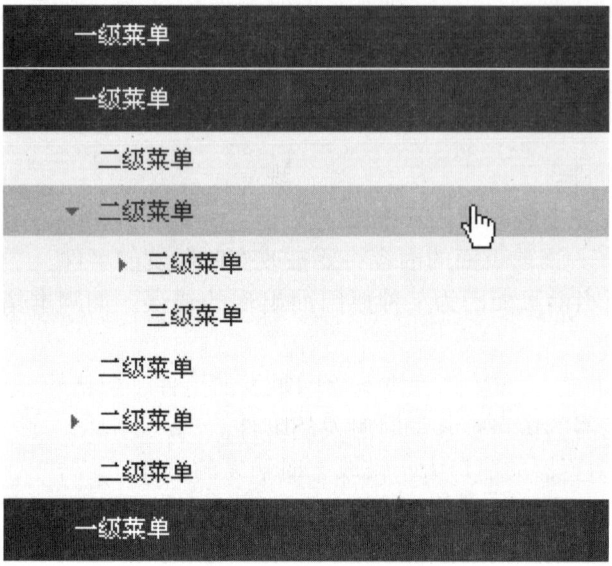

图 3－23　菜单栏特效训练任务

任务 3－4　表格特效编程

一、任务目标

能熟练使用 JavaScript 语言编程实现 Web 系统中的表格显示特效。

二、任务描述

本任务将讲解如何使用 HTML + CSS + JavaScript 语言编程实现一个表格特效的设计与制作。

任务效果如图 3－24 所示。

序号	姓名	性别	年龄
1	张三	男	20
2	李四	女	25
3	王五	男	30
4	马六	男	22
5	钱七	男	40
6	赵八	男	35
7	孙九	女	23
8	May	女	32
9	Bob	男	25

图 3－24　表格特效任务

三、任务分析

表格是 Web 系统中常见的数据显示方式。通过 HTML + CSS + JavaScript 技术结合，可以设计和实现华丽完美的表格特效。

表格特效实现一般先使用 HTML + CSS 实现表格总体设计，然后使用 JavaScript 编程实现表格的行列特效。

四、任务实施

操作步骤如下：

（1）选中“任务 3 - 1”所创建 project3 项目中的“WebRoot”文件夹，点击鼠标右键，在弹出的右键菜单中选择“New”→“JSP（Advanced Templates）”，启动“Create a new JSP page”对话框。在“Create a new JSP page”对话框中，输入 File Name：“tabledemo”，点击“Finish”按钮，创建一个“tabledemo. jsp”页面文件，如图 3 - 25 所示。

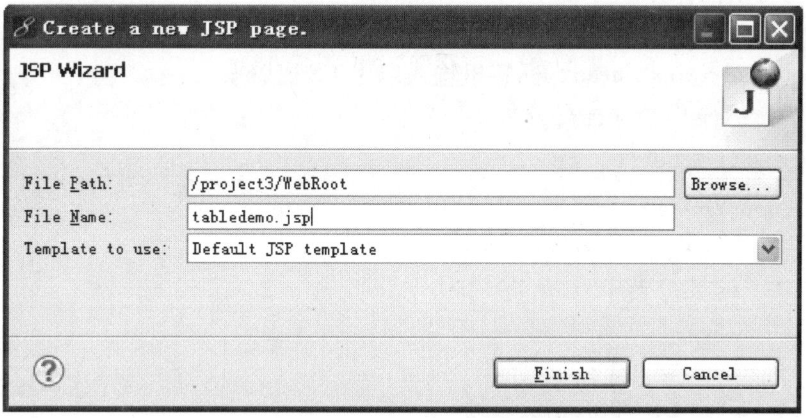

图 3 - 25　创建“tabledemo. jsp”页面文件

（2）在打开的“tabledemo. jsp”页面文件中的 <body>…</body>标签里输入以下 HTML 代码。

```
<table border="0" cellpadding="0" cellspacing="0" id="senfe">
<tr><td>序号</td><td>姓名</td><td>性别</td><td>年龄</td></tr>
<tr><td>1</td><td>张三</td><td>男</td><td>20</td></tr>
<tr><td>2</td><td>李四</td><td>女</td><td>25</td></tr>
<tr><td>3</td><td>王五</td><td>男</td><td>30</td></tr>
<tr><td>4</td><td>马六</td><td>男</td><td>22</td>
```

```
</tr>
    <tr><td>5</td><td>钱七</td><td>男</td><td>40</td>
</tr>
    <tr><td>6</td><td>赵八</td><td>男</td><td>35</td>
</tr>
    <tr><td>7</td><td>孙九</td><td>女</td><td>23</td>
</tr>
    <tr><td>8</td><td>May</td><td>女</td><td>32</td>
</tr>
    <tr><td>9</td><td>Bob</td><td>男</td><td>25</td>
</tr>
    </table>
```

（3）由于代码中含有中文，要将 JSP 页面编码设置为“pageEncoding = gb2312”，否则添加的代码将不能保存。

```
<%@ page language="java" import="java.util.*" pageEncoding="gb2312"%>
```

（4）在 <head>…</head> 标签里输入以下 CSS 代码。

```
<style type="text/css" >
#table_effects {
width: 300px;
border-top: #000 1px solid;
border-left: #000 1px solid;
}
#table_effects td {
border-right: #000 1px solid;
border-bottom: #000 1px solid;
}
</style>
```

（5）在 <head>…</head> 标签中 </style> 标签后输入以下 JavaScript 代码。

```
<script language="javascript">
function table_effects (o, a, b, c, d) {
var t=document. getElementById (o). getElementsByTagName ("tr");
for (var i=1; i<t. length; i++) {
  t [i] .style. backgroundColor= (t [i]. sectionRowIndex%2==0)? a: b;
  t [i] .onclick=function () {
    if (this.x! ="1") {
    this.x="1";
    this.style.backgroundColor=d;
  } else {
```

```
      this. x = "0";
      this. style. backgroundColor = (this. sectionRowIndex% 2 = =0)? a: b;
    }
    }
    t [i]. onmouseover = function () {
      if (this. x!  = "1") this. style. backgroundColor = c;
    }
    t [i]. onmouseout = function () {
      if (this. x!  = "1")
        this. style. backgroundColor =  (this. sectionRowIndex% 2 ==0)? a: b;
      }
    }
  }
  </script>
```

（6）在 <body>… </body> 标签中 </table> 标签后输入以下 JavaScript 代码。

```
  <script language = "javascript" >
 table_effects ("table_effects"," #fff"," #ccc"," #cfc"," #f00");
  </script>
```

（7）点击保存按钮（或按下组合键"Ctrl + S"）保存页面文件，完成编码。测试页面效果，将 project3 项目发布到 Tomcat 服务器中，在浏览器地址输入"http：//localhost：8080/project3/ tabledemo. jsp"后回车。可以看到页面显示效果，如图 3 – 26 所示。

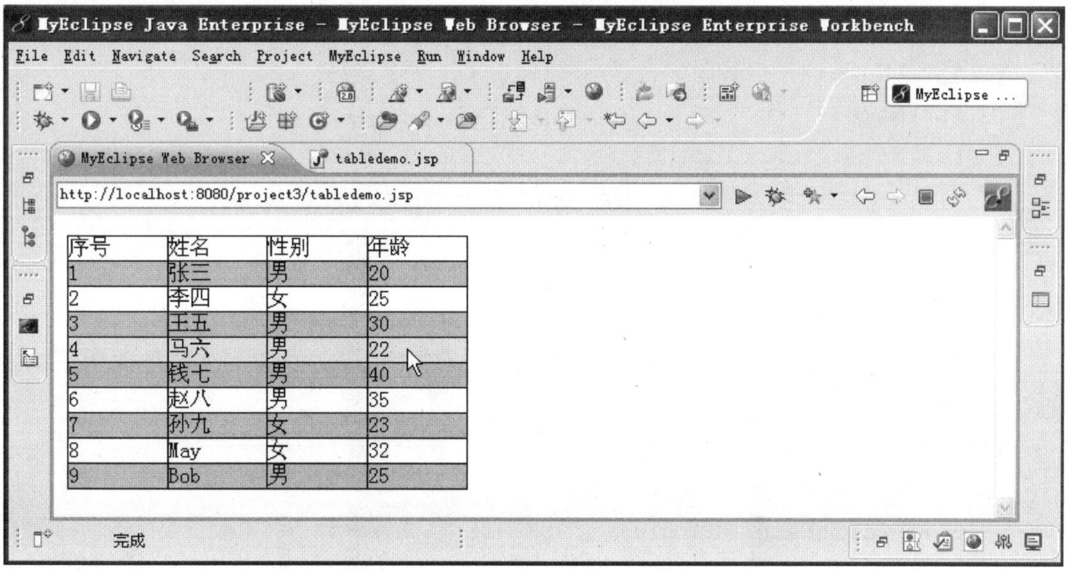

图 3 – 26 "tabledemo. jsp"页面运行效果

【必要知识点】

✲ 知识点：函数定义

函数包含一组语句，它们是 JavaScript 的基础模块单元，用于代码复用、信息隐藏和组合调用。函数用于指定对象的行为。

```
function functionName (parameters) {
  执行的代码
}
```

✲ 知识点：匿名函数

在 JavaScript 定义一个函数一般有如下三种方式：

```
function fnMethodName (x) {alert (x);}
var fnMethodName = function (x) {alert (x);}
var fnMethodName = new Function ('x', 'alert (x); ')
```

上面三种方法定义了同一个方法函数 fnMethodName，第 1 种就是最常用的方法，后两种都是把一个函数复制给变量 fnMethodName，而这个函数是没有名字的，即匿名函数。

✲ 知识点：函数调用模式

（1）作为一个函数调用。例如：

```
function myFunction (a, b) {
    return a * b;
}
myFunction (10, 2);            // myFunction (10, 2) 返回 20
```

（2）函数作为方法调用。在 JavaScript 中可以将函数定义为对象的方法。例如：

```
var myObject = {
    firstName:" John",
    lastName:" Doe",
    fullName: function () {
        return this. firstName + " " + this. lastName;
    }
}
myObject. fullName ();          //返回 " John Doe"
```

（3）使用构造函数调用函数。如果函数调用前使用了 new 关键字，则是调用了构造函数。例如：

```
//构造函数：
function myFunction (arg1, arg2) {
    this. firstName = arg1;
    this. lastName  = arg2;
}
// This creates a new object
```

```
var x = new myFunction ("John","Doe");
x.firstName;                                  //返回 "John"
```

（4）作为函数方法调用函数。例如：

```
function myFunction (a, b) {
    return a * b;
}
myFunction.call (myObject, 10, 2);         //返回 20
```

【技能实战训练】

参照以上任务操作过程，编程实现如图 3－27 所示的表格特效。要求使用 MyEclipse 创建一个“Web Project”，在“index. jsp”页面编程实现该特效。

姓名	性别	年龄	职务
张三	男	25	主管
李四	女	20	文员
MAY	女	22	程序员
王五	男	30	软件架构师

图 3－27 表格特效训练任务

任务 3－5 布局特效编程

一、任务目标

能熟练使用 JavaScript 语言编程实现 Web 系统中主管理页面特效设计。

二、任务描述

本任务将讲解如何使用 HTML + CSS + JavaScript 编程实现一个 Web 系统布局特效的设计与制作。

任务效果如图 3－28 所示。

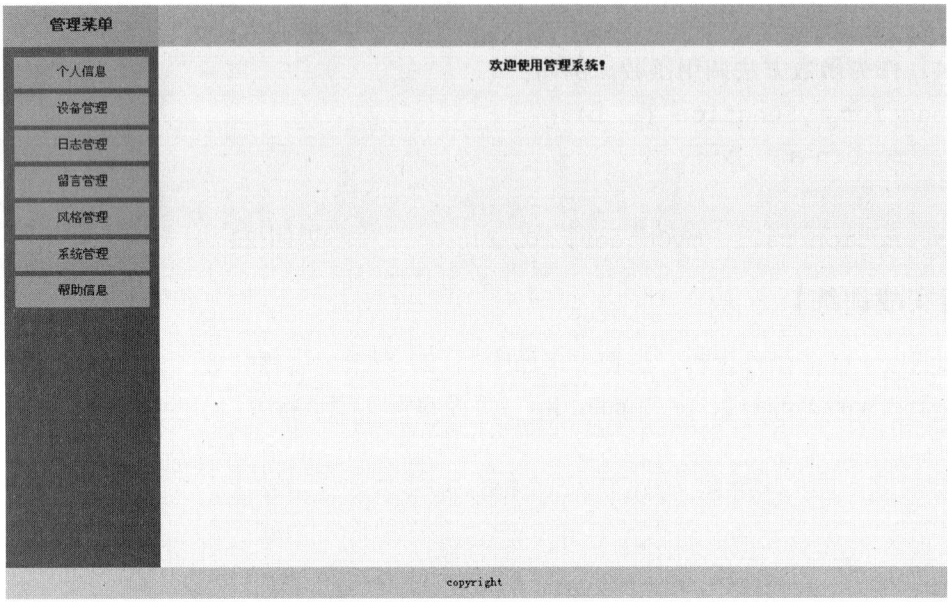

图 3 - 28　布局特效任务

三、任务分析

网页布局是指网页内容在页面上所处位置的设计。网页布局大致可分为“国”字型、拐角型、“T”字型、“L”字型、综合框架型、Flash 型等。网页的整体宽度可分为三种设置形式：百分比、像素、像素 + 百分比，在网站建设中以像素形式最为常用，通常用的是 1366 * 768 和 1600 * 900 的分辨率。掌握页面布局特效，可以制作出具有动态效果、交互效果较好的 WEB 系统页面，从而增强用户体验。

四、任务实施

操作步骤如下：

(1) 选中“任务 3 - 1”中所创建 project3 项目中的“WebRoot”文件夹，点击鼠标右键，在弹出的右键菜单中选择“New”→“JSP (Advanced Templates)”，启动“Create a new JSP page”对话框。在“Create a new JSP page”对话框中，输入 File Name：“layoutdemo”，点击“Finish”按钮，创建一个“layoutdemo. jsp”页面文件，如图 3 - 29 所示。

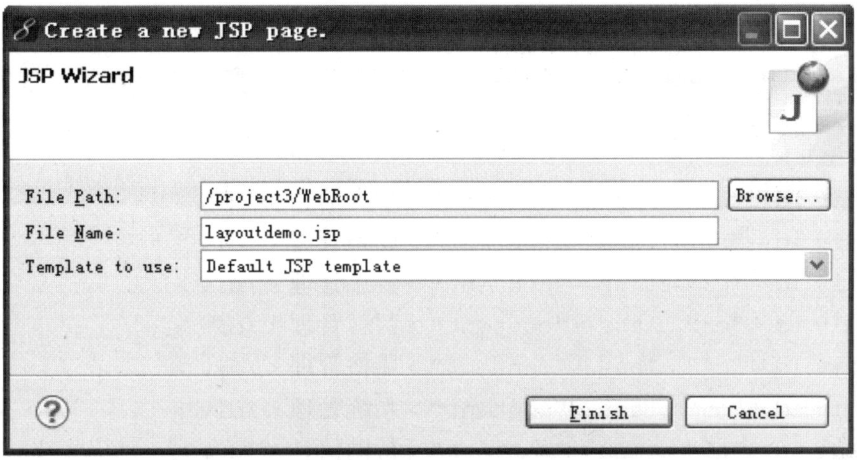

图 3 – 29 创建“layoutdemo. jsp”页面文件

（2）在打开的“layoutdemo. jsp”页面文件中的 <body>… </body> 标签里输入以下 HTML 代码。

```
<div id="top">
<h2>管理菜单</h2>
<div id="topTags">
<ul>
</ul>
</div>
</div>
<div id="main">
<div id="leftMenu">
<ul>
<li>个人信息</li>
<li>设备管理</li>
<li>日志管理</li>
<li>留言管理</li>
<li>风格管理</li>
<li>系统管理</li>
<li>帮助信息</li>
</ul>
</div>
<div id="content">
<div id="welcome" class="content" style="display: block;">
  <div align="center">
```

```
        <p> </p>
        <p><strong>欢迎使用管理系统! </strong></p>
        <p> </p>
        </div>
    </div>
    <div id="c0" class="content">个人信息</div>
    <div id="c1" class="content">设备管理</div>
    <div id="c2" class="content">日志管理</div>
    <div id="c3" class="content">留言管理</div>
    <div id="c4" class="content">风格管理</div>
    <div id="c5" class="content">系统管理</div>
    <div id="c6" class="content">帮助信息</div>
    </div>
    </div>
    <div id="footer">copyright</div>
```

（3）由于代码中含有中文，要将 JSP 页面编码设置为“pageEncoding = gb2312”，否则添加的代码将不能保存。

```
<%@ page language="java" import="java.util.*" pageEncoding="gb2312"%>
```

（4）在 <head>…</head> 标签里输入以下 CSS 代码。

```
<style type="text/css">
body {
    font-size: 12px;
}
ul, li, h2 {
    margin: 0;
    padding: 0;
}
ul {list-style: none;
}
#top {
    width: 900px;
    height: 40px;
    margin: 0 auto;
    background-color: #CCCC00
}
#top h2 {
    width: 150px;
    height: 40px;
```

```
    background-color: #99CC00;
    float: left;
    font-size: 14px;
    text-align: center;
    line-height: 40px;
}
#topTags {
    width: 750px;
    height: 40px;
    margin: 0 auto;
    background-color: #CCCC00;
    float: left
}
#topTags ul li {
    float: left;
    width: 100px;
    height: 25px;
    margin-right: 5px;
    display: block;
    text-align: center;
    cursor: pointer;
    padding-top: 15px;
}
#main {
    width: 900px;
    height: 500px;
    margin: 0 auto;
    background-color: #F5F7E6;
}
#leftMenu {
    width: 150px;
    height: 500px;
    background-color: #009900;
    float: left
}
#leftMenu ul {
    margin: 10px;
}
```

```
#leftMenu ul li {
    width: 130px;
    height: 30px;
    display: block;
    background: #99CC00;
    cursor: pointer;
    line-height: 30px;
    text-align: center;
    margin-bottom: 5px;
}
#leftMenu ul li a {
    color: #000000;
    text-decoration: none;
}
#content {
    width: 750px;
    height: 500px;
    float: left
}
.content {
    width: 740px;
    height: 490px;
    display: none;
    padding: 5px;
    overflow-y: auto;
    line-height: 30px;
}
#footer {
    width: 900px;
    height: 30px;
    margin: 0 auto;
    background-color: #ccc;
    line-height: 30px;
    text-align: center;
}
.content1 {
    width: 740px;
    height: 490px;
```

```
        display: block;
        padding: 5px;
        overflow - y: auto;
        line - height: 30px;
    }
    </style>
```

（5）在 <head>… </head> 标签中 </style> 标签后输入以下 JavaScript 代码。

```
    <script type = "text/javascript" >
    window. onload = function () {
    function $(id) {return document. getElementById (id)}
    var menu = $("topTags"). getElementsByTagName ("ul")  [0]; //顶部菜
单容器
    var tags = menu. getElementsByTagName ("li"); //顶部菜单
    var
ck = $("leftMenu"). getElementsByTagName ("ul") [0]. getElementsBy
TagName ("li"); //左侧菜单
    var j;
    //点击左侧菜单增加新标签
    for (i = 0; i < ck. length; i + + ) {
    ck [i] . onclick = function () {
    $("welcome"). style. display = "none" //欢迎内容隐藏
    //循环取得当前索引
    for (j = 0; j <8; j + + ) {
    if (this = = ck [j]) {
    if ($("p" + j)  = = null) {
    openNew (j, this. innerHTML); //设置标签显示文字
     }
    clearStyle ();
    $("p" + j). style. backgroundColor = "yellow";
    clearContent ();
    $("c" + j). style. display = "block";
      }
    }
    return false;
      }
    }
    //增加或删除标签
    function openNew (id, name) {
```

```
var tagMenu=document.createElement ("li");
tagMenu.id="p"+id;
tagMenu.innerHTML=name+"    "+"<img src='images/pic1.gif'
style='vertical-align: middle'/>";
//标签点击事件
tagMenu.onclick=function (evt) {
clearStyle ();
tagMenu.style.backgroundColor="yellow";
clearContent ();
$("c"+id).style.display="block";
}
//标签内关闭图片点击事件
tagMenu.getElementsByTagName ("img") [0].onclick=function (evt) {
evt=(evt)? evt: ((window.event)? window.event: null);
if (evt.stopPropagation) {evt.stopPropagation ()} //取消 opera 和
Safari 冒泡行为;
this.parentNode.parentNode.removeChild (tagMenu); //删除当前标签
var color=tagMenu.style.backgroundColor;
//设置如果关闭一个标签时，让最后一个标签得到焦点
if (color=="#ffff00" || color=="yellow") //区别浏览器对颜色解释
if (tags.length-1>=0) {
clearStyle ();
tags [tags.length-1].style.backgroundColor="yellow";
clearContent ();
var cc=tags [tags.length-1].id.split ("0p");
$("c"+cc [1]).style.display="block";
}
else {
clearContent ();
$("welcome").style.display="block"
    }
  }
}
menu.appendChild (tagMenu);
}
//清除标签样式
function clearStyle () {
for (i=0; i<tags.length; i++) {
```

```
menu.getElementsByTagName ("li") [i] .style.backgroundColor =" #FFCC00";
  }
}
//清除内容
function clearContent () {
for (i =0; i <7; i + +) {
$("c" +i) . style.display ="none";
  }
}
}
</script>
```

（6）点击保存按钮（或按下组合键“Ctrl + S”）保存页面文件，完成编码。从代码中看出，布局特效需要一个图片文件“pic1. gif”（如图 3 – 30 所示）。

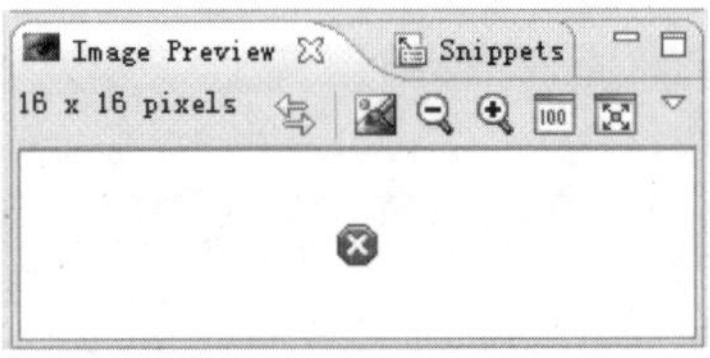

图 3 – 30　图片 pic1. gif

（7）选择“WebRoot”文件夹，点击鼠标右键，在右键菜单中选择“New”→“Folder”，启动“New Folder”对话框，如图 3 – 31 所示。

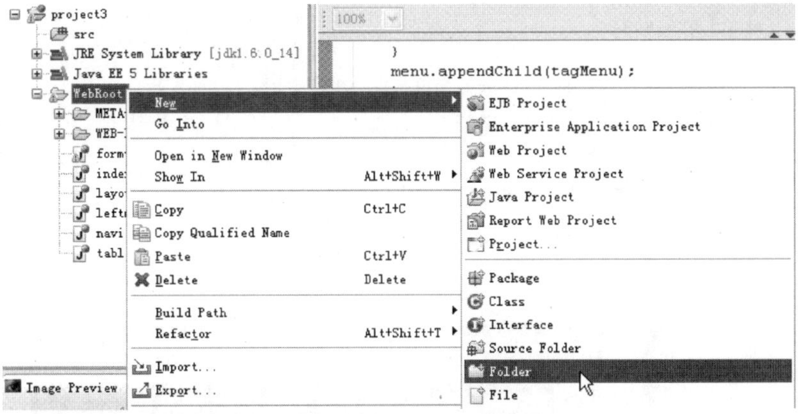

图 3 – 31　启动“New Folder”对话框

（8）在弹出的“New Folder”对话框中输入 Folder name（文件夹名）：“images”。点击“Finish”按钮，如图 3 – 32 所示。

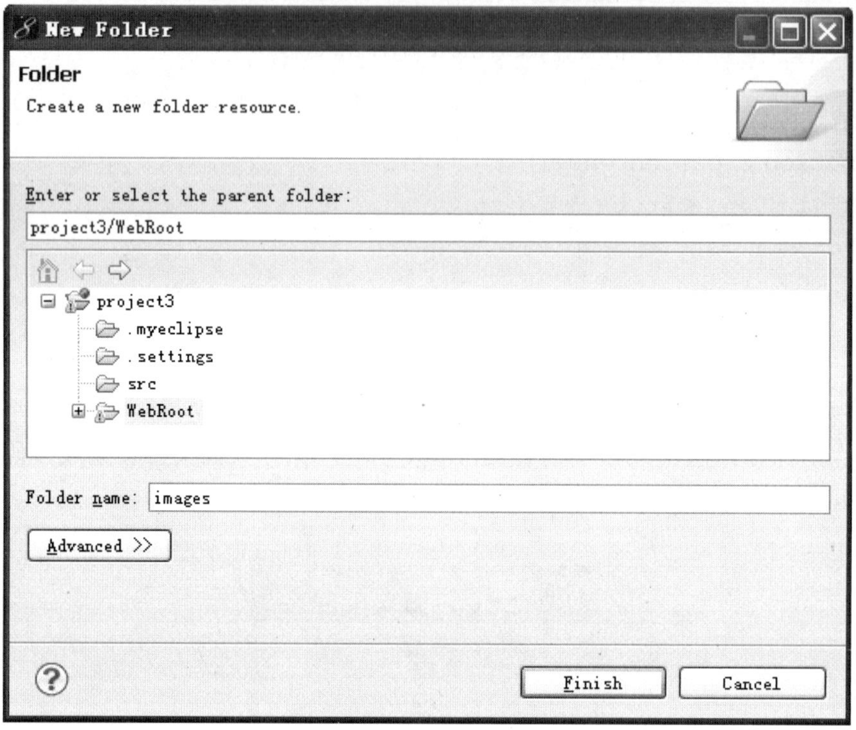

图 3－32　输入 Folder name

（9）这时在“WebRoot”文件夹下看见新建了一个文件夹“images”。将图片文件“pic1. gif”复制并粘贴到新建的文件夹“images”中，如图 3－33 和图 3－34 所示。

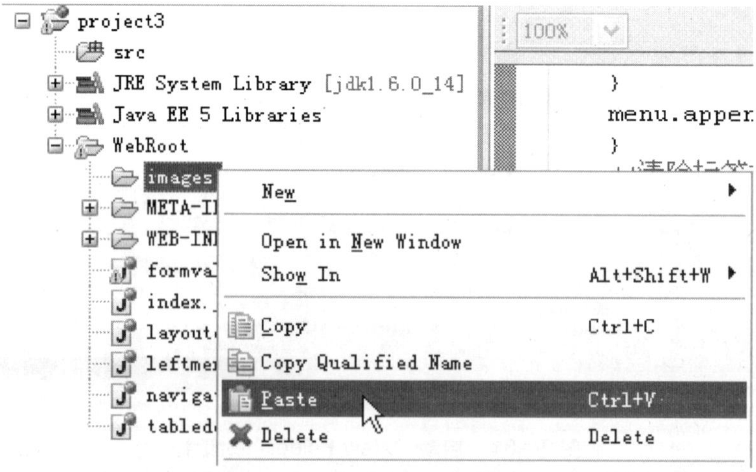

图 3－33　将文件“pic1. gif”粘贴到文件夹“images”中

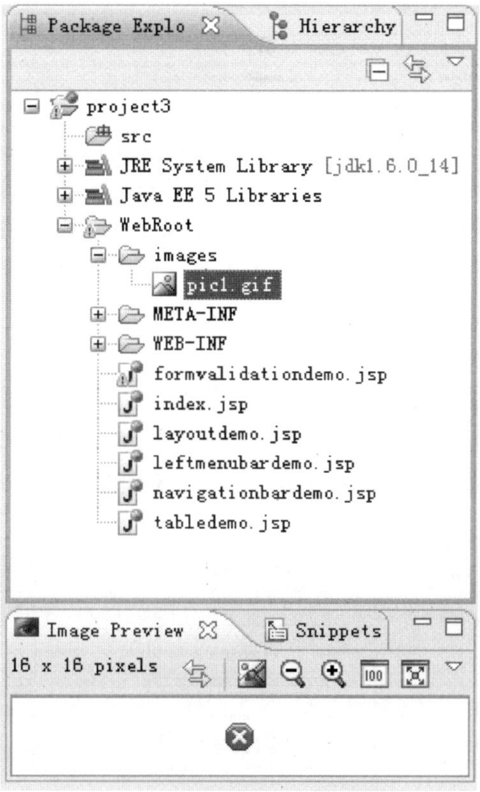

图 3－34 粘贴完成后的效果

（10）测试页面效果，将 project3 项目发布到 Tomcat 服务器中，在浏览器地址输入"http：//localhost：8080/project3/layoutdemo.jsp"后回车。可以看到页面显示效果，如图 3－35 所示。

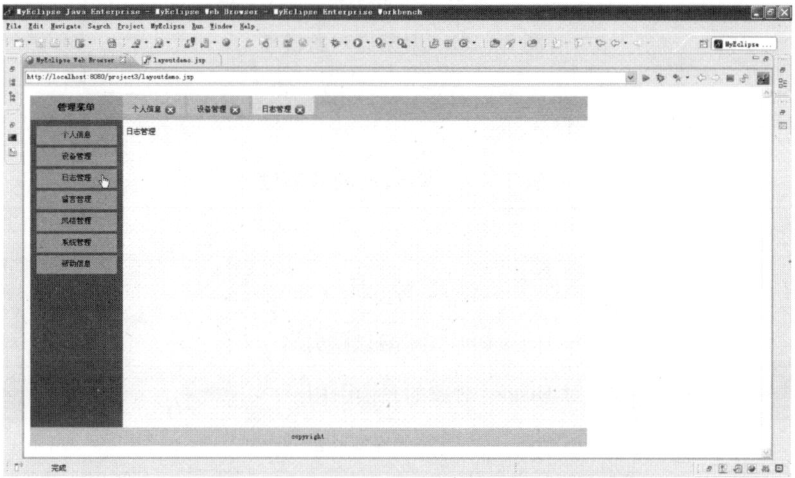

图 3－35 "layoutdemo.jsp"页面运行效果

【必要知识点】

✲ 知识点：浏览器对象模型

浏览器对象模型提供了一些访问窗口对象的一些方法，可以用它来移动窗口位置，改变窗口大小，打开新窗口和关闭窗口，弹出对话框，进行导航以及获取客户的一些信息如：浏览器品牌版本，屏幕分辨率。此外，浏览器对象模型还提供了一个访问 HTML 页面的一入口——document 对象，可以通过这个入口来操作 DOM 对象。

例如：`Window. document. write ("Welcome!");`

✲ 知识点：Window 对象

Window 对象是浏览器对象模型的顶层对象，所有对象都是通过它延伸出来的。Window 对象是浏览器对象模型中所有对象的核心。Window 对象表示整个浏览器窗口，可用于移动浏览器或调整浏览器的大小 Window 对象模型如图 3－36 所示。

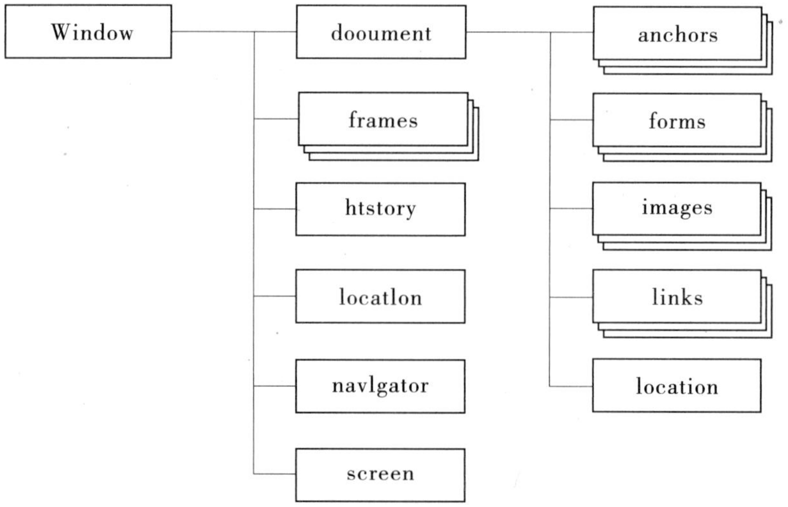

图 3－36　浏览器对象模型

Window 对象属性见表 3－1。

表 3－1　Window 对象属性

属性值	描　　述
closed	返回窗口是否已被关闭
document	对 Document 对象的只读引用
history	对 History 对象的只读引用
location	用于窗口或框架的 Location 对象
name	设置或返回窗口的名称

续上表

属性值	描　　述
Navigator	对 Navigator 对象的只读引用
opener	返回对创建此窗口的窗口的引用
parent	返回父窗口
Screen	对 Screen 对象的只读引用
self	返回对当前窗口的引用
status	设置窗口状态栏的文本

Window 对象方法见表 3－2。

表 3－2　Window 对象方法

方　法	描　　述
alert（）	显示带有一段消息和一个确认按钮的警告框
blur（）	把键盘焦点从顶层窗口移开
close（）	关闭浏览器窗口
confirm（）	显示带有一段消息以及确认按钮和取消按钮的对话框
focus（）	把键盘焦点给予一个窗口
moveBy（）	可相对窗口的当前坐标把它移动指定的像素
moveTo（）	把窗口的左上角移动到一个指定的坐标
open（）	打开一个新的浏览器窗口或查找一个已命名的窗口
print（）	打印当前窗口的内容
prompt（）	显示可提示用户输入的对话框
resizeBy（）	按照指定的像素调整窗口的大小
resizeTo（）	把窗口的大小调整到指定的宽度和高度
scrollBy（）	按照指定的像素值来滚动内容
scrollTo（）	把内容滚动到指定的坐标

✲ 知识点：Navigator 对象

Navigator 对象包含有关浏览器的信息。Navigator 对象包含的属性描述了正在使用的浏览器。可以使用这些属性进行平台专用的配置。这个对象的名称来源于 Netscape 的 Navigator 浏览器，但其他实现了 JavaScript 的浏览器也支持这个对象。Navigator 对象的实例是唯一的，可以用 Window 对象的 navigator 属性来引用它。

Navigator 对象属性见表 3－3。

表 3－3　Navigator 对象属性

属性值	描　述
appCodeName	返回浏览器的代码名
appMinorVersion	返回浏览器的次级版本
appName	返回浏览器的名称
appVersion	返回浏览器的平台和版本信息
browserLanguage	返回当前浏览器的语言
cookieEnabled	返回指明浏览器中是否启用 cookie 的布尔值
cpuClass	返回浏览器系统的 CPU 等级
onLine	返回指明系统是否处于脱机模式的布尔值
platform	返回运行浏览器的操作系统平台
systemLanguage	返回 OS 使用的默认语言

✲ 知识点：Screen 对象

Screen 对象包含有关客户端显示屏幕的信息。每个 Window 对象的 screen 属性都引用一个 Screen 对象。Screen 对象中存放着有关显示浏览器屏幕的信息。JavaScript 程序将利用这些信息来优化它们的输出，以达到用户的显示要求。例如，一个程序可以根据显示器的尺寸选择使用大图像还是使用小图像，它还可以根据显示器的颜色深度选择使用 16 位色还是使用 8 位色的图形。另外，JavaScript 程序还能根据有关屏幕尺寸的信息将新的浏览器窗口定位在屏幕中间。Screen 对象属性见表 3－4。

表 3－4　Screen 对象属性

属性值	描　述
availHeight	返回显示屏幕的高度（除 Windows 任务栏之外）
availWidth	返回显示屏幕的宽度（除 Windows 任务栏之外）
height	返回显示屏幕的高度
width	返回显示器屏幕的宽度

✲ 知识点：Location 对象

Location 对象包含有关当前 URL 的信息。Location 对象是 Window 对象的一个部分，可通过 window. location 属性来访问。Location 对象存储在 Window 对象的 Location 属性中，表示那个窗口中当前显示的文档的 Web 地址。它的 href 属性存放的是文档的完整 URL，其他属性则分别描述了 URL 的各个部分。这些属性与 Anchor 对象（或 Area 对象）

的 URL 属性非常相似。当一个 Location 对象被转换成字符串，href 属性的值被返回。这意味着可以使用表达式 location 来替代 location. href。Location 对象属性见表 3 –5。

表 3 – 5 Location 对象属性

属性值	描　　述
host	设置或返回主机名和当前 URL 的端口号
hostname	设置或返回当前 URL 的主机名
href	设置或返回完整的 URL
pathname	设置或返回当前 URL 的路径部分
port	设置或返回当前 URL 的端口号
protocol	设置或返回当前 URL 的协议
search	设置或返回从问号（?）开始的 URL（查询部分）

【技能实战训练】

参照以上任务操作过程，编程实现以下布局特效。要求使用 MyEclipse 创建一个"Web Project"，在"index. jsp"页面编程实现该特效，如图 3 –37 所示。

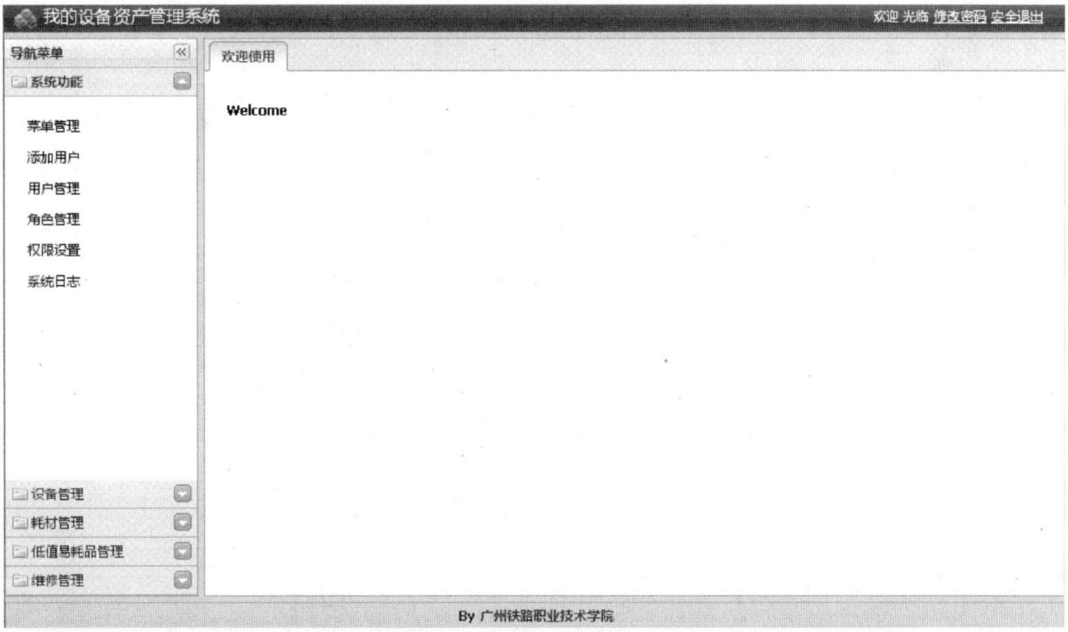

图 3 –37　布局特效训练任务

项目小结

本项目简要介绍了 JavaScript 语言这个 Web 系统常用页面特效技术。为了便于初学者后续进行 Java Web 系统开发实践，着重介绍了 Java Web 系统的表单验证、导航栏、菜单栏、表格特效等开发技术、技巧和方法。

项目重点：熟练掌握 JSP 页面编写 JavaScript 语言的技巧和方法。熟悉使用 MyEclipse 创建和运行 Java Web 表单验证、导航栏、菜单栏、表格、布局等特效的技巧和方法。

考核评价

在本项目教学和实施过程中，教师和学生可以根据以下考核评价表对各项任务进行考核评价，见表 3 - 6。考核主要针对学生在技术内容、技能情况、技能实战训练的掌握程度和完成效果进行评价。

表 3 - 6 考核评价表

评价内容	评价标准									
	技术内容		技能情况		技能训练		完成效果		总体评价	
	个人评价	教师评价	个人评价	教师评价	个人评价	教师评价	个人评价	教师评价	个人评价	教师评价
任务 3 - 1										
任务 3 - 2										
任务 3 - 3										
任务 3 - 4										
任务 3 - 5										
存在问题与解决办法（应对策略）										
学习心得与体会分享										

实训与讨论

一、实训题

完成一套 Web 设备管理系统的演示页面（包括页面设计与用户界面特效），要求：创建一个独立的“Web Project”，在 JSP 页面中完成 Web 系统页面和特效的设计与编码。

二、讨论题

1. 常用的页面特效有哪些？
2. 目前主流的页面特效开发技术有哪些？

项目 4
Java Web 数据库编程

学习目标

○ 认识 MySQL 及其应用
○ 了解 SQL 查询技术
○ 熟悉 Java 编程连接数据库的方法与技巧
○ 掌握 Java 编程实现对数据表的增删改查操作技术

技能目标

○ 懂得 Java 编程连接 MySQL 数据库的方法与技巧
○ 能运用 Java 编程实现对数据表的增删改查操作
○ 能熟练使用 Java 语言编写 DTO 类和 DAO 类，实现对 MySQL 数据库中数据表操作

任务 4－1　MySQL 安装与使用

一、任务目标

能熟练安装和使用 MySQL 数据库管理软件。

二、任务描述

本任务将讲解如何安装与使用 MySQL。

三、任务分析

MySQL 是一个关系型数据库管理系统，由瑞典 MySQL AB 公司开发，现在属于 Oracle 旗下公司，是目前在 Web 应用方面最好的 RDBMS（Relational Database Management System，关系型数据库管理系统）应用软件之一。MySQL 将数据保存在不同的表中，而不是将所有数据放在一个大仓库内，这样就增加了速度并提高了灵活性。MySQL 使用

SQL 标准化查询语言访问数据库。由于 MySQL 体积小、速度快、总体拥有成本低，尤其是开放源码这一特点，一般中小型网站和 Web 系统的开发都选择 MySQL 作为数据库。

四、任务实施

操作步骤如下：

1. MySQL 下载

登录 MySQL 的官方网站（http：//dev. mysql. com/downloads/），如图 4 - 1 所示，找到 MySQL 软件所需版本后，直接点击“Download”即可下载。

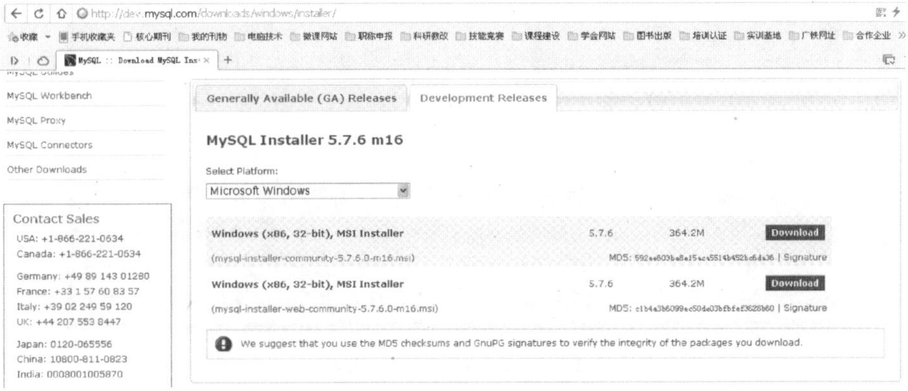

图 4 - 1　MySQL 的下载地址

2. MySQL 安装

（1）双击打开下载的 MySQL 安装文件“mysql - 5. 0. 27 - win32. msi”，启动 MySQL 安装向导界面，按“Next”继续，如图 4 - 2 所示。

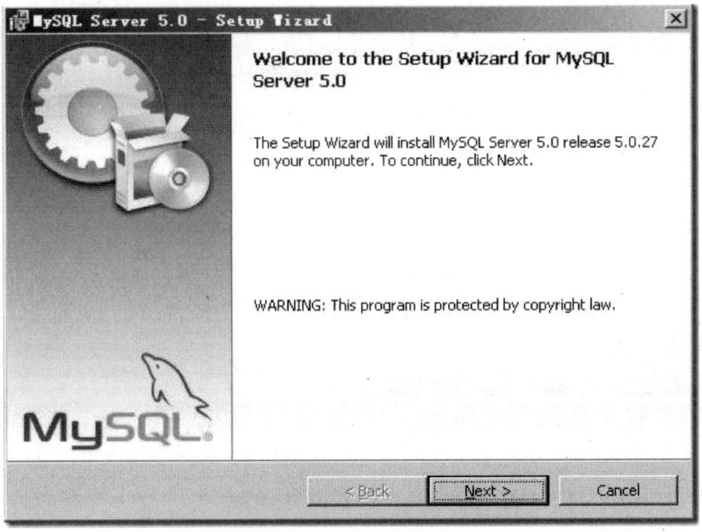

图 4 - 2　启动 MySQL 安装向导

（2）选择安装类型，有“Typical（默认）”“Complete（完全）”“Custom（用户自定义）”三个选项，可以选择“Typical”，按“Next”继续，如图 4－3 所示。

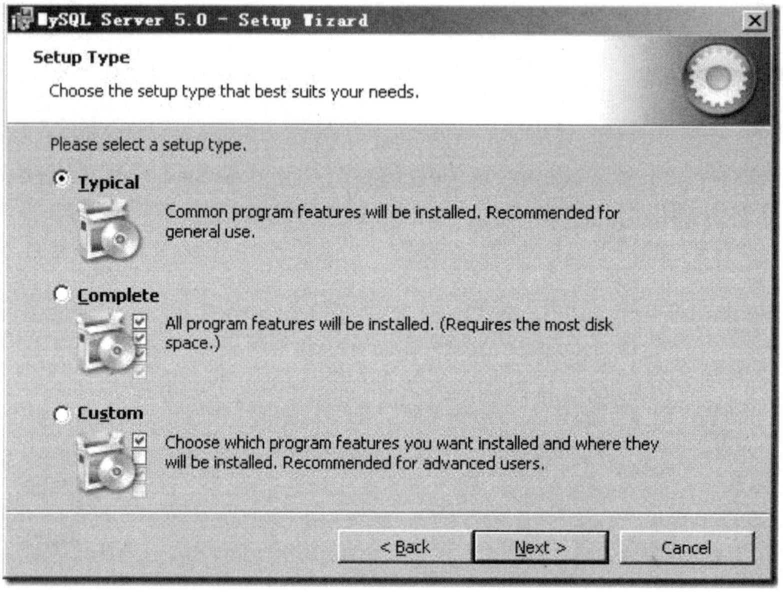

图 4－3　选择安装类型

（3）选择安装目录，可以选择默认路径“C：\ Program Files \ MySQL \ MySQL Server 5.01”，按“OK”继续，如图 4－4 所示。

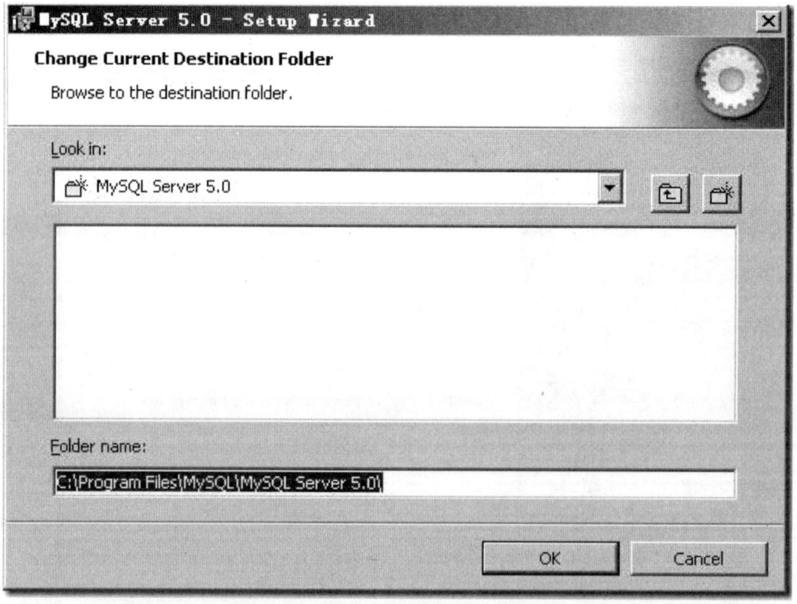

图 4－4　选择安装目录

(4) 确认之前的安装设置，如果有误，按“Back”返回重做。如果无误，按“Install”开始安装，如图 4 – 5 所示。

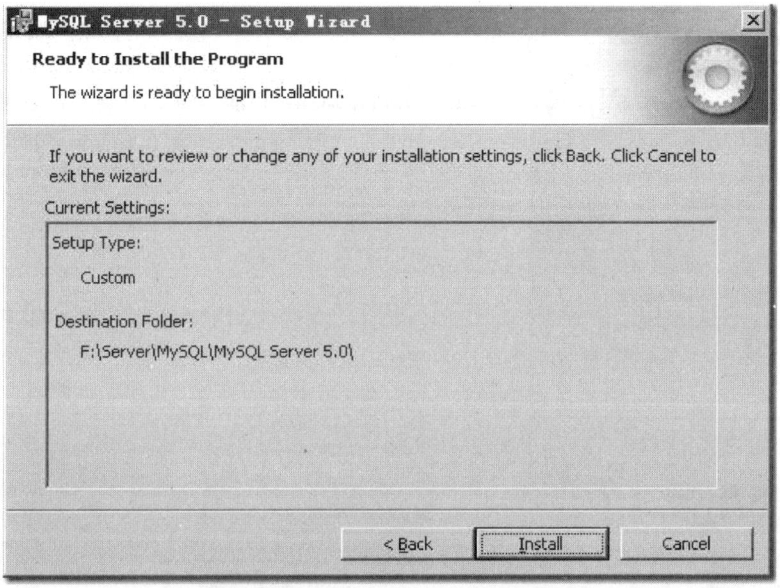

图 4 –5　按“Install”按钮开始安装

(5) 安装完成后，出现以下的界面，将“Configure the MySQL Server now”前面的勾选上，点击“Finish”结束 MySQL 安装并启动 MySQL 配置向导，如图 4 – 6 所示。

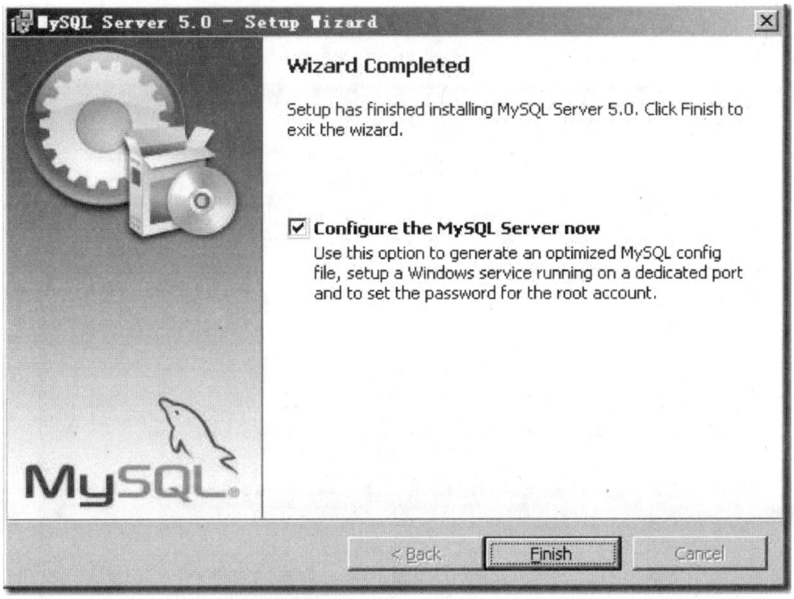

图 4 –6　安装完成

3. MySQL 配置

（1）启动 MySQL 配置向导界面，按“Next”继续，如图 4－7 所示。

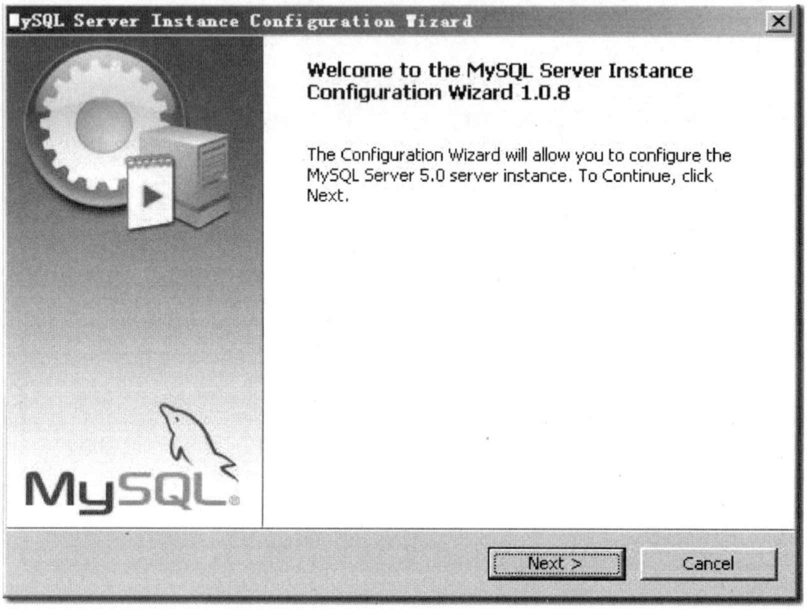

图 4－7　MySQL 配置向导界面

（2）选择配置方式，有“Detailed Configuration（手动精确配置）”“Standard Configuration（标准配置）”两个选项，可以选择“Detailed Configuration”，点击“Next”继续，如图 4－8 所示。

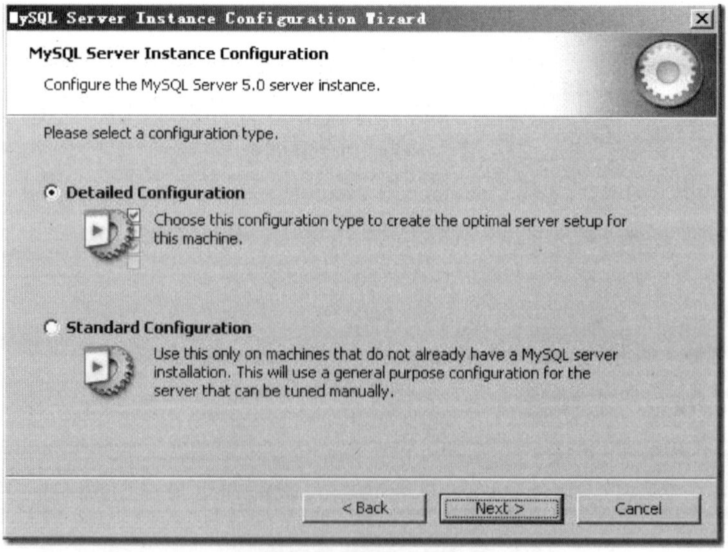

图 4－8　选择配置方式

(3) 选择服务器类型，有“Developer Machine（开发测试类，MySQL 占用很少资源）”“Server Machine（服务器类型，MySQL 占用较多资源）”“Dedicated MySQL Server Machine（专门的数据库服务器，MySQL 占用所有可用资源）”三个选项，这里选“Server Machine”，点击“Next”继续，如图4－9所示。

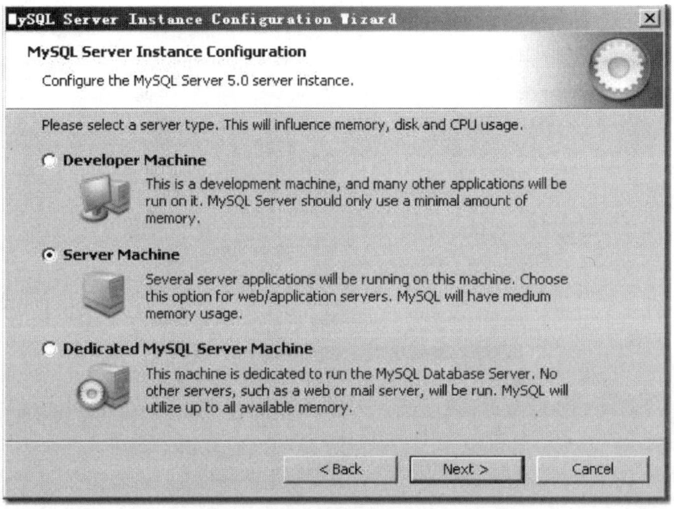

图4－9 选择服务器类型

(4) 选择 MySQL 数据库的大致用途，有“Multifunctional Database（通用多功能型，好）”“Transactional Database Only（服务器类型，专注于事务处理，一般）”“Non－Transactional Database Only（非事务处理型，较简单，主要做一些监控、记数用）”，这里选择“Transactional Database Only”，按“Next”继续，如图4－10所示。

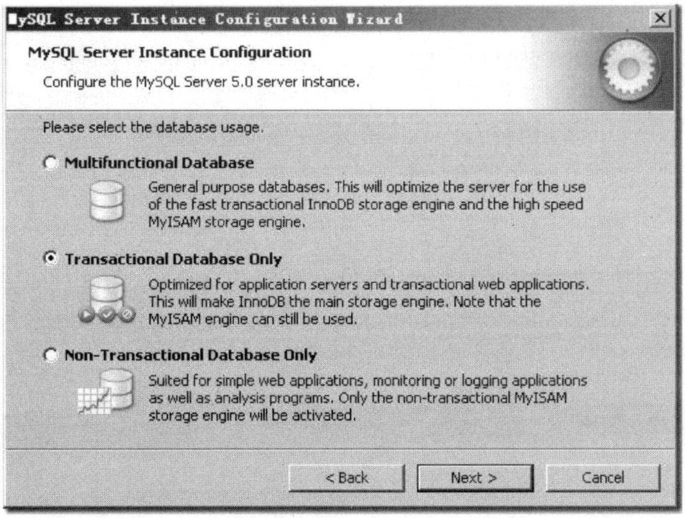

图4－10 选择 MySQL 数据库的用途

（5）对 InnoDB Tablespace 进行配置，就是为 InnoDB 数据库文件选择一个存储空间，如果修改了，要记住位置，重装的时候要选择一样的地方，否则可能会造成数据库损坏。使用默认位置，直接按“Next”继续，如图 4－11 所示。

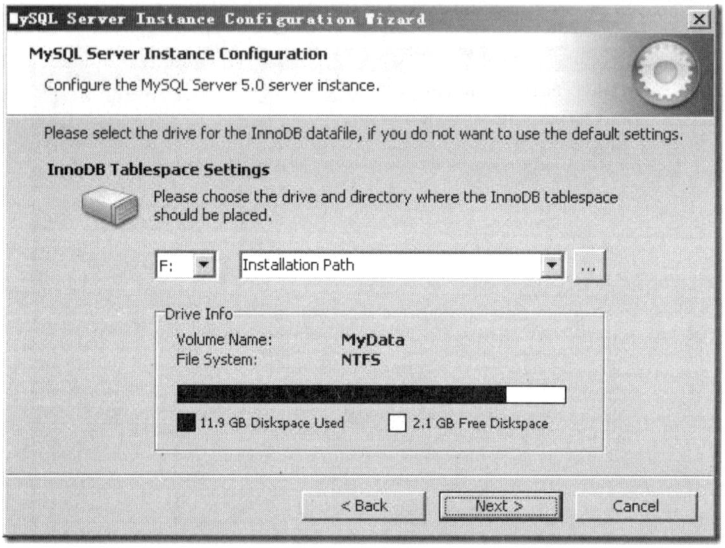

图 4－11　对 InnoDB Tablespace 进行配置

（6）设置服务器的访问量，即同时连接的数目，有“Decision Support（DSS）/OLAP（20 个左右）”“Online Transaction Processing（OLTP）（500 个左右）”“Manual Setting（手动设置，自己输入一个数值）”三个选项，这里选“Manual Setting”，按“Next”继续，如图 4－12 所示。

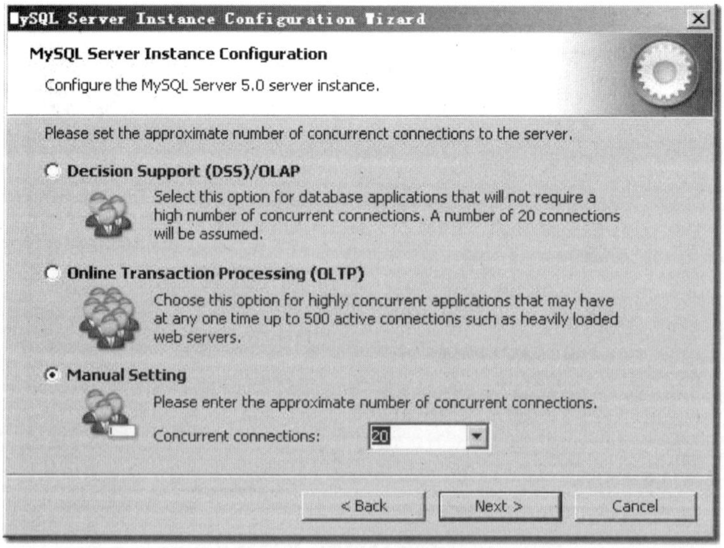

图 4－12　设置服务器的访问量

（7）设置 TCP/IP 连接端口“Enable TCP/IP Networking”（如果不启用，就只能在自己的机器上访问 MySQL 数据库了）。这里选择启用，把前面的勾打上，Port Number：3306。选择“启用标准模式”（Enable Strict Mode），按“Next”继续，如图 4－13 所示。

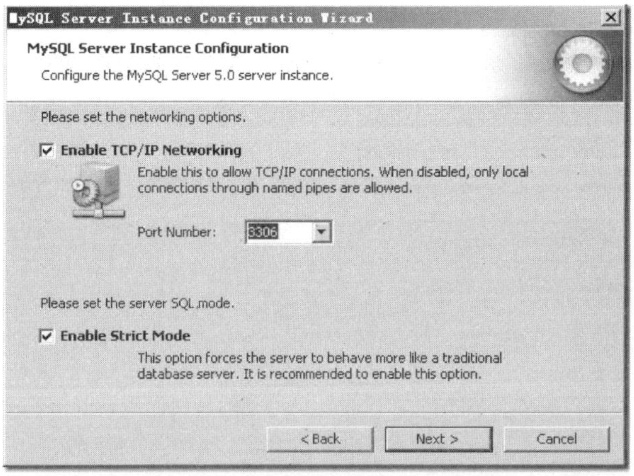

图 4－13　设置 TCP/IP 连接端口

（8）设置 MySQL 默认数据库字符集。第一个是西文 Latin1 字符集，第二个是多字节的通用 UTF8 字符集，第三个是自定义选择字符集。这里可以选择第三个，然后在 Character Set 那里选择或填入“gbk”，当然也可以用“gb2312”（二者的区别就是 gbk 的字库容量大，包括了 gb2312 的所有汉字，并且加上了繁体字）。使用 MySQL 的时候，在执行数据操作命令之前运行一次“SET NAMES GBK;”（运行一次即可，GBK 可以替换为其他值，视这里的设置而定），就可以正常地使用汉字（或指定的其他文字）了，否则不能正常显示汉字。按“Next”继续，如图 4－14 所示。

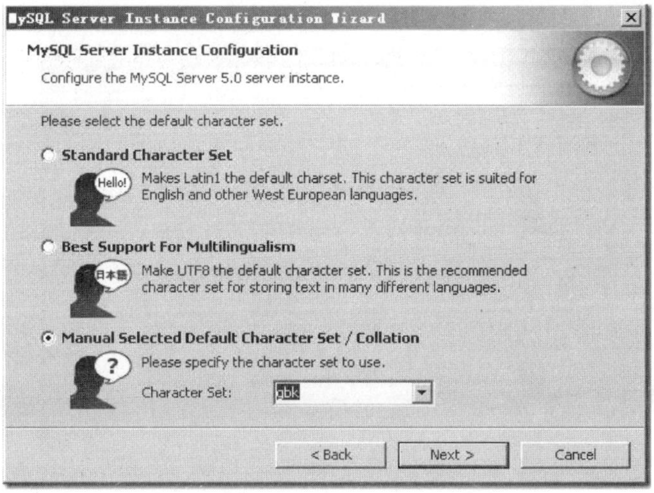

图 4－14　设置 MySQL 默认数据库字符集

（9）选择是否将 MySQL 安装为 Windows 服务，还可以指定 Service Name（服务标识名称），是否将 MySQL 的 bin 目录加入到 Windows PATH（加入后，就可以直接使用 bin 下的文件，而不用指出目录名，比如连接，“mysql. exe －username －password;”就可以了，不用指出 mysql. exe 的完整地址），这里全部打上了勾，Service Name 不变。按“Next”继续，如图 4－5 所示。

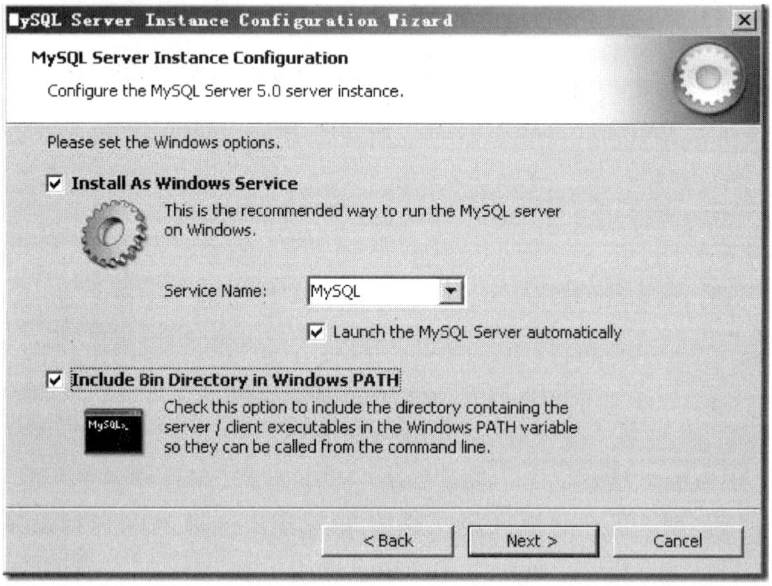

图 4－15　配置 MySQL 的用途

（10）设置默认用户 root（超级管理员）的密码（默认为空），如图 4－16 所示，设置完毕后，按“Next”继续。

图 4－16　设置默认 root 用户的密码

小提示

MySQL 默认的超级管理用户账号为“root”。“New root password”是设置超级管理用户账号“root”的密码。如果要修改，就在此填入新密码，“Confirm（再输一遍）”内再填一次，防止输错。“Enable root access from remote machines（允许 root 用户在其他的机器上登陆。如果不允许，就不要勾上；如果允许，就勾上它）”。最后“Create An Anonymous Account（新建一个匿名用户，匿名用户可以连接数据库，不能操作数据，包括查询）”，一般不用勾选。

（11）确认设置信息是否完整无误。如果有误，按“Back”返回检查修改，如果无误，按“Execute”执行配置，如图4－17所示。

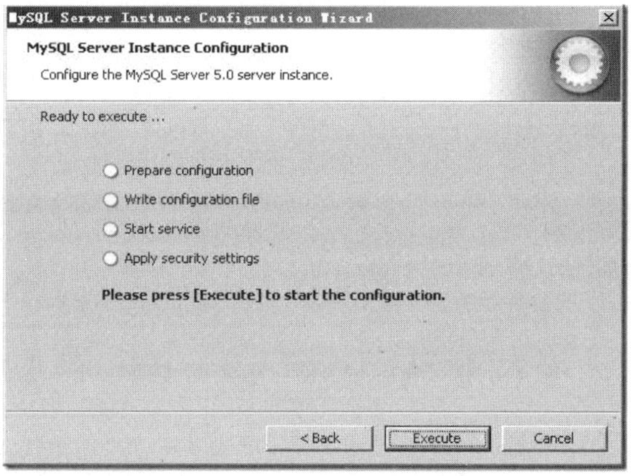

图4－17　按“Execute”执行配置

（12）出现以下界面，则 MySQL 数据库顺利设置完毕，按“Finish”结束 MySQL 的安装与配置，如图4－18所示。

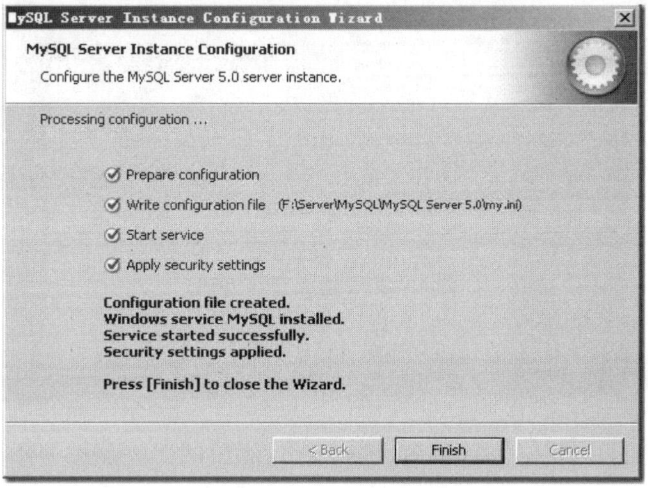

图4－18　完成配置

小提示

这里有一个比较常见的错误，就是“Start service”出现一个红叉，一般出现在以前安装过 MySQL 的服务器上。解决的办法是：先保证以前安装的 MySQL 服务器彻底卸载掉了；不行的话，检查是否按上面一步所说，之前的密码是否有修改，照上面的操作；如果依然不行，将 MySQL 安装目录下的 data 文件夹备份，然后删除，在安装完成后，将安装生成的 data 文件夹删除，备份的 data 文件夹移回来，再重启 MySQL 服务就可以了。这种情况下，需要将数据库检查一下，然后修复一次，防止数据出错。

4. MySQL 的使用

（1）登录 MySQL 数据库。

第一步，启动 MySQL。点击“开始菜单”，在“MySQL”选项组中选择“MySQL Command Line Client”，进入 MySQL 命令行模式，如图 4－19 所示。

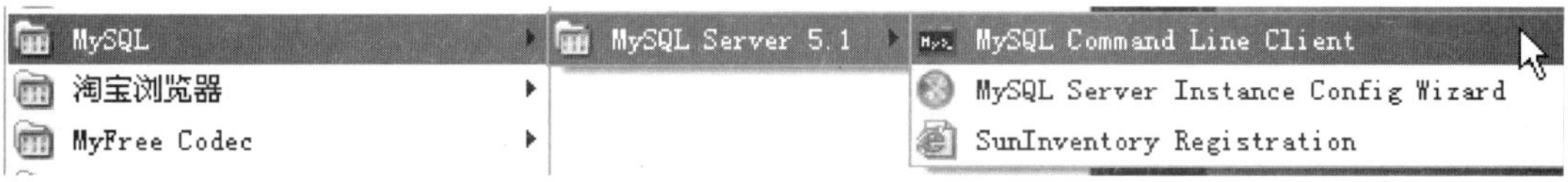

图 4－19 启动 MySQL 数据库管理软件

第二步，输入登录密码。在 MySQL 命令行下输入超级管理员账号“root”的密码，回车后即可登录，如图 4－20 所示。

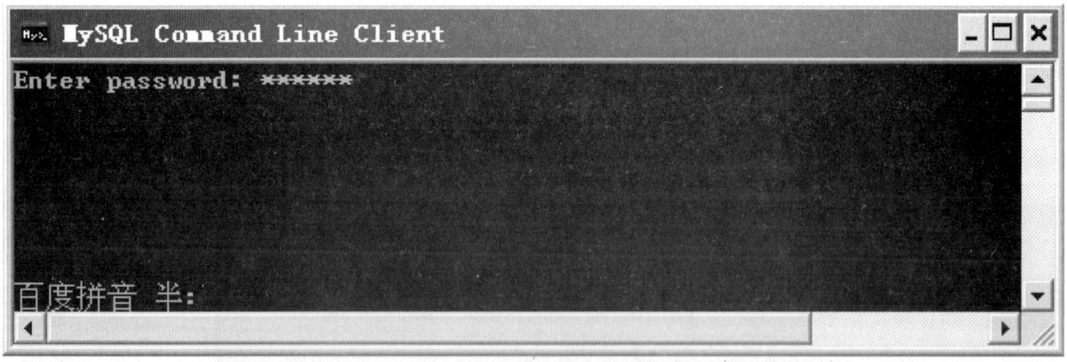

图 4－20 输入登录密码

（2）显示数据库。

格式：show databases;

在 MySQL 命令行中输入“show databases;”，然后回车。显示 MySQL 中的数据库。

（3）创建数据库。

格式：create database 数据库名；

在 MySQL 命令行中输入“create database test;”，然后回车。创建一个名字为 test 的数据库。

（4）删除数据库。

格式：drop database 数据库名；

在 MySQL 命令行中输入“drop database test;”，然后回车。使用“show databases;”查看，发现 test 数据库已被删除。

（5）切换当前数据库。

格式：use 数据库名；

在 MySQL 命令行中输入“create database test;”后回车，创建数据库“test”。然后输入“use test;”后回车，显示“Database changed”，表示数据库切换成功。

（6）显示数据库中数据表。

格式：show tables；

在 MySQL 命令行中输入“use test;”后回车，切换至数据库“test”。然后输入“show tables;”显示 test 中的所有数据表。如果出现“Empty set”表示当前数据库中没有数据表。

【必要知识点】

✲ 知识点：SQL

SQL 是结构化查询语言（Structured Query Language）的简称，是一种数据库查询语言，用于存取数据以及查询、更新和管理关系型数据库系统。SQL 语言程序可以保存为数据库脚本文件，该文件的扩展名为“. sql”。

✲ 知识点：使用 SQL 语句创建数据表

语法格式：

CREATE TABLE“表名”（字段名 1 数据类型 约束条件，字段名 2 数据类型 约束条件，……）

例如：在 MySQL 命令行中输入“CREATE TABLE 'person' ('id' bigint (20) primary key not null, 'age' int (11) default NULL, 'firstname' varchar (255) default NULL, 'lastname' varchar (255) default NULL)”，然后回车。可以在当前数据库中创建一个 person 数据表。

✲ 知识点：使用 SQL 语句删除数据表

语法格式：drop table 表名

例如：在 MySQL 命令行中输入“drop table person”，回车后即删除数据表 person。

✲ 知识点：使用 SQL 语句添加数据表记录

语法格式：

insert into 表名（字段 1，字段 2，……）values（'值 1'，'值 2'，……）

例如：insert into person (id, firstname, lastname, age) values ('1', 'testfirst1', 'testlast1', '17')

```
insert into person (firstname, age) values ('testfirst2', '18')
insert into person (id, firstname, lastname) values ('3', 'testfirst3', 'testlast3')
insert into person (firstname, lastname, age) values ('testfirst4', 'testlast4', '20')
```

✲ 知识点：使用 SQL 语句查询数据表记录

语法格式：

```
select [ all | distict ] <字段表达式1 [. <字段表达式2 [. -]
from <表名1>. <表名2> [. -] [where <筛选择条件表达式>]
[group by <分组表达式> [having <分组条件表达式>]]
[order by <字段> [asc | desc]]
```

例如：

```
select id from person where firstname = 'testlast4'
select per. id from person as per where per. firstname = 'testlast4'
select * from person
```

✲ 知识点：使用 SQL 语句修改数据表的记录

格式：update 数据表 set 字段名 = 字段值 where 条件表达式

例如：

```
update person set firstname = 'fallmurderwind' where id = '4';
update person set firstname = 'Tom' where id = '2';
```

✲ 知识点：使用 SQL 语句删除数据表记录

格式：delete from 数据表 where 条件表达式

例如：`delete from person where firstname = 'Tom'`

【技能实战训练】

参照以上任务的操作过程，使用 MySQL 创建一个数据库“userdb”。并在“userdb”里创建数据表“userinfo”，数据表“userinfo”的具体内容如表 4－1 所示。

表 4－1 数据表“userinfo”

字段	名称	数据类型	P	U	F	I	C	备注
id	自编号	INTEGER	√	√		√		
username	用户账号	VARCHAR						
password	用户密码	VARCHAR						
usertype	用户类别	VARCHAR						
age	年龄	INTEGER						

任务4-2　Java连接数据库编程

一、任务目标

能熟练使用Java语言编写程序实现MySQL数据库的连接。

二、任务描述

本任务将讲解如何使用Java编程实现连接MySQL数据库。

三、任务分析

Java数据库连接（Java Database Connectivity，简称JDBC）是Java语言中用来规范客户端程序如何来访问数据库的应用程序接口，提供了查询和更新数据库中数据的方法。Java数据库连接（JDBC）由一组用Java编程语言编写的类和接口组成。JDBC为工具/数据库开发人员提供了一个标准的API（Application Programming Inter face，应用程度接口），使他们能够用纯Java API来编写数据库应用程序。然而各个接口提供商的所提供的接口不尽相同，所以开发环境的变化会带来一定的配置变化。

四、任务实施

操作步骤如下：

（1）启动MyEclipse，创建一个“Web Project”项目，命名为“project4”，如图4-21所示。

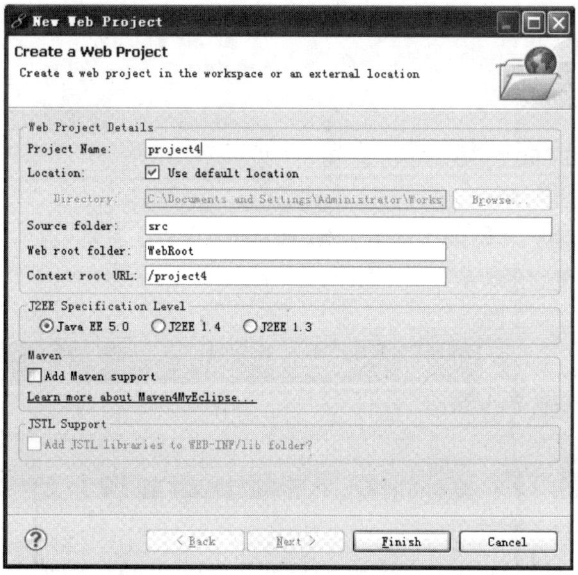

图4-21　创建项目“project4”

（2）选择 project4 项目，点击鼠标右键，在弹出的右键菜单中选择“New”→“Folder”，创建一个文件夹“lib”，如图 4－22 所示。

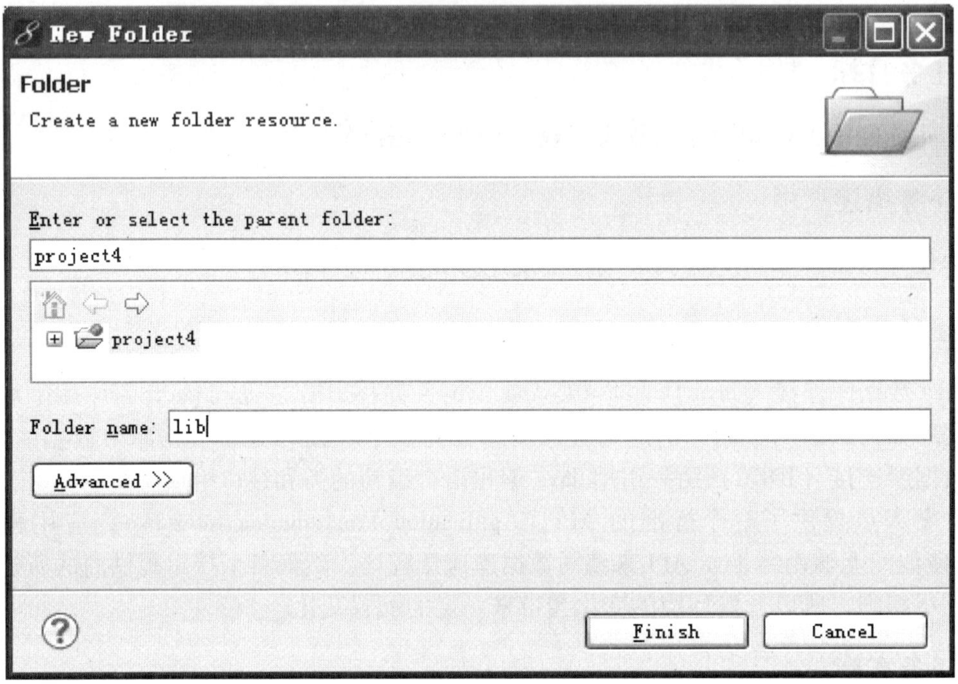

图 4－22　创建文件夹“lib”

（3）将 MySQL 数据库驱动程序复制到“lib”文件夹，如图 4－23 所示。

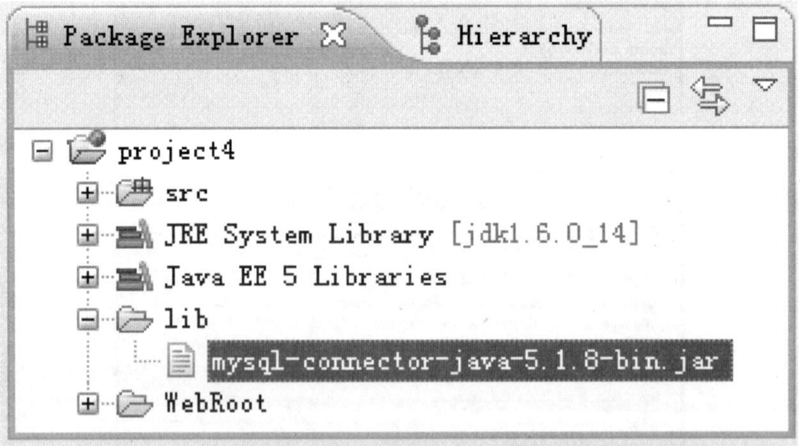

图 4－23　复制 MySQL 数据库驱动程序到“lib”文件夹

（4）选择“project4”项目，点击鼠标右键，在弹出的右键菜单中选择“Properties”，启动“Properties for project4”对话框。在对话框中左侧栏选择“Java Build Path”，在右侧出现的选项卡中选择 “Libraries”，点击 “Add JARs” 按钮。在弹出的 “JAR Selection” 对话框中选择 MySQL 数据库驱动程序 “mysql – connector – java – 5. 1. 8 – bin. jar”，点击 “OK” 按钮，如图 4 – 24 所示。

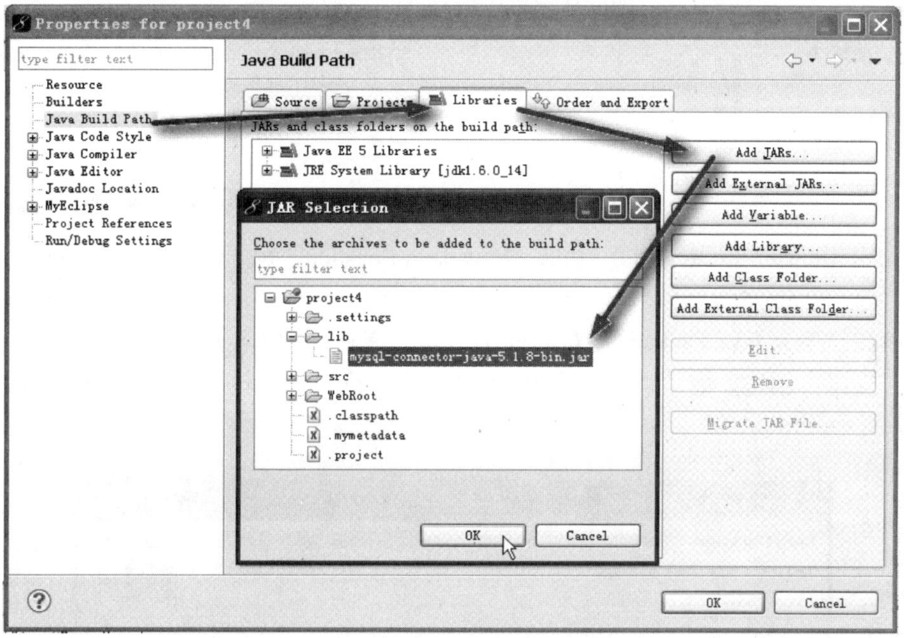

图 4 – 24　在项目中载入 MySQL 数据库驱动

（5）这时 “Properties for project4” 对话框右侧 “Libraries” 选项卡中显示 “mysql – connector – java – 5. 1. 8 – bin. jar” 已载入成功。点击 “OK” 按钮完成 MySQL 数据库驱动的载入，如图 4 – 25 所示。

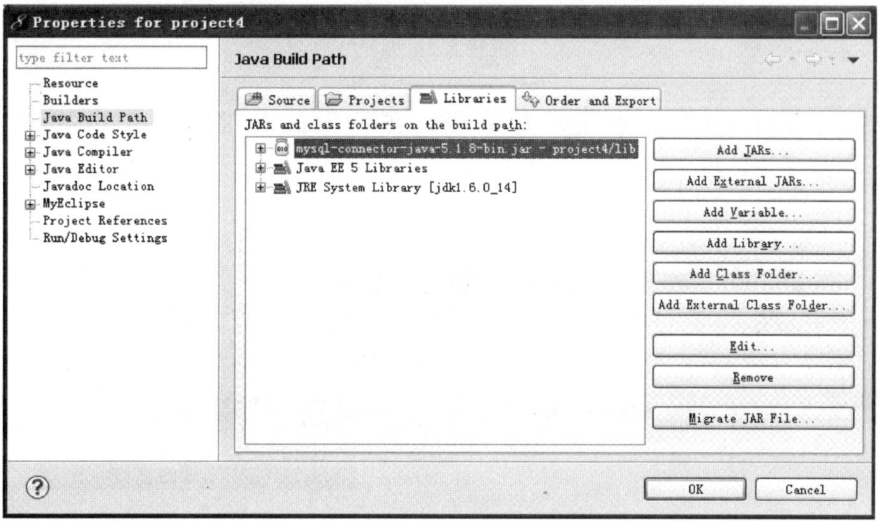

图 4 – 25　完成 MySQL 数据库驱动的载入

（6）在“project4”项目中的“src”文件夹，点击鼠标右键，在弹出的右键菜单中选择“New”→“Package”，启动“New Java Package”对话框，如图4－26所示。

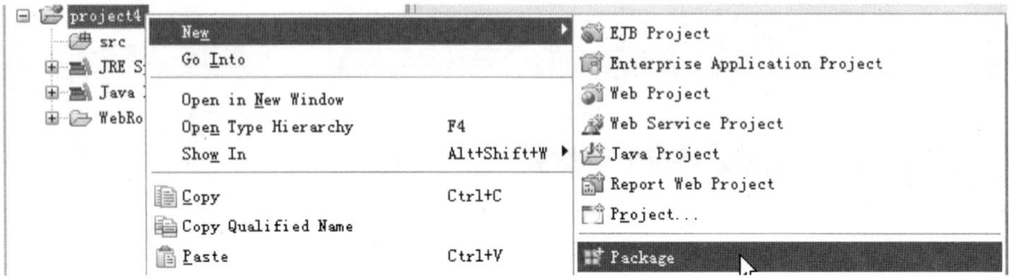

图4－26 启动“New Java Package”对话框

（7）在“New Java Package”对话框中，输入Name（包名）：“com. common”，点击“Finish”按钮，创建2个“Package”：com和common（其中common包含在com里），如图4－27所示。

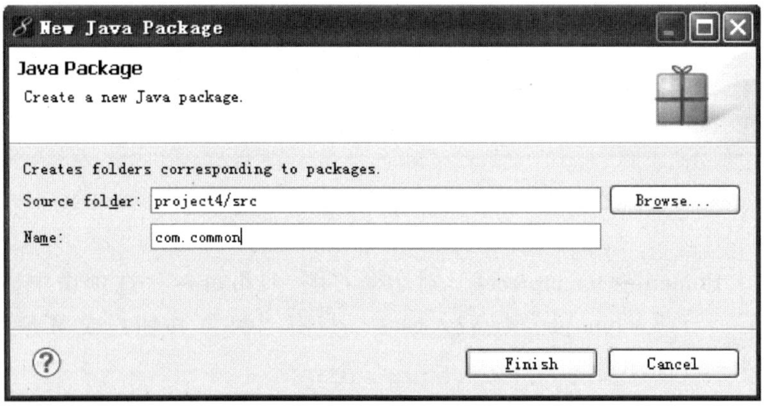

图4－27 创建com和common包

（8）选中common包，点击鼠标右键，在弹出的右键菜单中选择“New”→“Class”，启动“New Java Class”对话框，如图4－28所示。

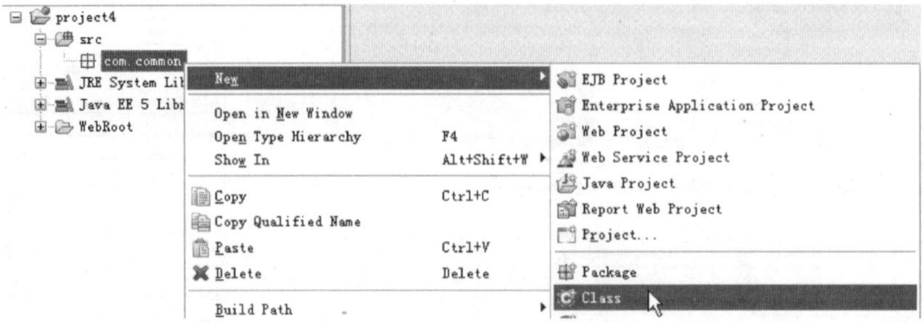

图4－28 启动“New Java Class”对话框

（9）在“New Java Class”对话框中输入 Name（类名）：“DBConnection”，勾选“public static void main（String［］args）”，点击“Finish”按钮，如图 4－29 所示。

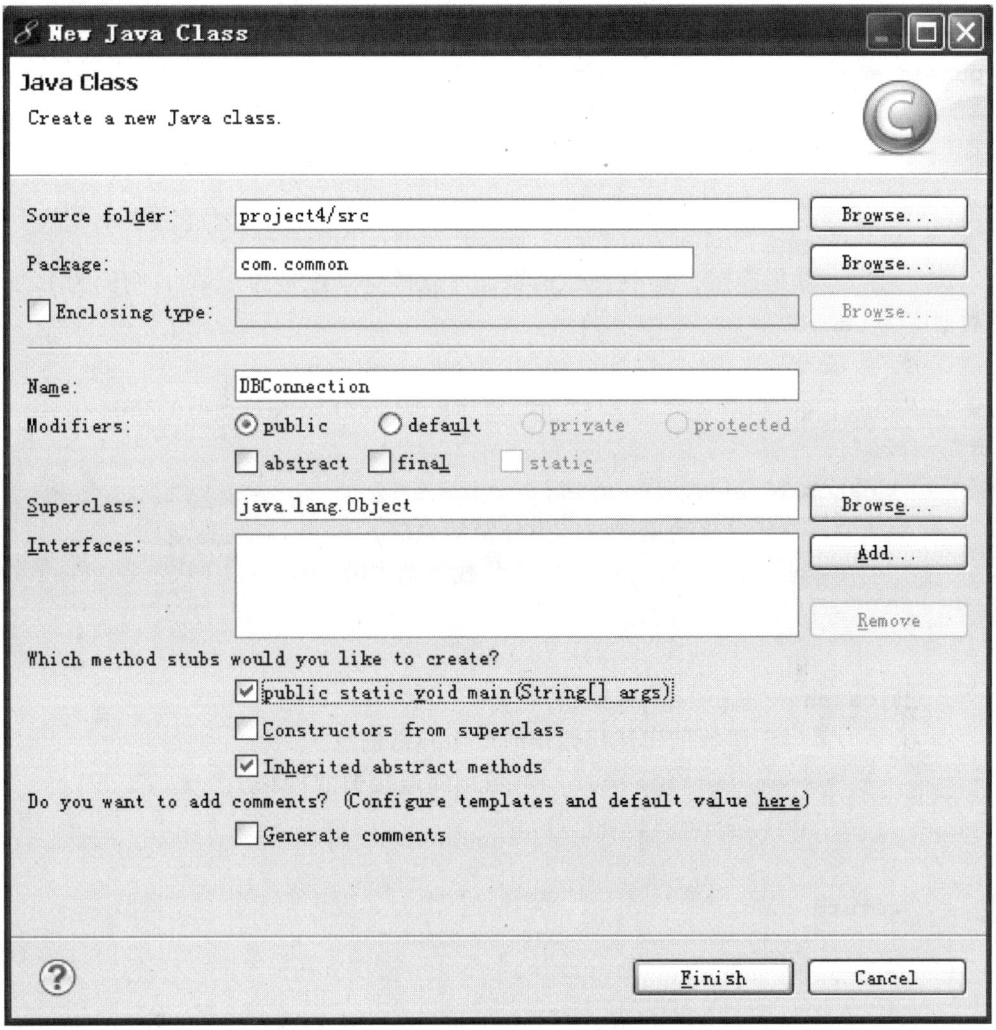

图 4－29　创建“DBConnection.java”

（10）打开 DBConnection.java，输入以下 Java 代码。

```
package com.common;
import java.sql.Connection;
import java.sql.DriverManager;
import java.sql.PreparedStatement;
import java.sql.ResultSet;
import java.sql.SQLException;
public class DBConnection {
```

```
    /* *
     * 获得连接
     * @ return
     * /
    public static Connection getConnection () {
        Connection conn = null;
        try {
            // 装载驱动
            Class. forName ("com. mysql. jdbc. Driver");
            //获得连接，其中 MySQL 数据库软件登录账号为 root，密码为 123，连
接的数据库为 userdb
            conn =
DriverManager. getConnection ("jdbc: mysql: //localhost: 3306/userdb",
"root", "123");
        } catch (ClassNotFoundException e) {
            // 当装载驱动错误时产生异常信息
            System. out. println (" 装载驱动失败!");
            e. printStackTrace ();

        } catch (SQLException e) {
            // 当创建数据库连接错误时产生异常信息
            System. out. println (" 数据库连接失败!");
            e. printStackTrace ();
        }
        return conn;
    }
    /* *
     * 释放资源
     * @ param conn
     * @ param st
     * @ param rs
     * /
    public static void clear (Connection conn, PreparedStatement ps,
ResultSet rs) {
        if (rs ! = null) {
            try {
                rs. close ();
            } catch (SQLException e) {
```

```
                e.printStackTrace ();
            }
        }
        if (ps ! = null) {
            try {
                ps.close ();
            } catch (SQLException e) {
                e.printStackTrace ();
        }
    }
        if (conn ! = null) {
            try {
                conn.close ();
            } catch (SQLException e) {
                e.printStackTrace ();
            }
        }
    }
    /* *
     * 测试连接
     * @ param args
     * /
    public static void main (String [] args) {
        // 测试数据库连接是否成功
        System.out.println (DBConnection. getConnection ());
    }
}
```

（11）保存文件，编译并运行 DBConnection. java。运行结果如下：

```
com.mysql.jdbc.JDBC4Connection@ 9fef6f
```

小提示

@符号后面几位字符随着不同机器不一定相同。只要程序运行结果不为空，都可以说明数据库已经连接成功。

【必要知识点】

✲ 知识点：JDBC 连接方式

（1）JDBC－ODBC 桥。

这种类型的驱动把所有 JDBC 的调用传递给 ODBC，再让后者调用数据库本地驱动代码。

（2）本地 API 驱动。

这种类型的驱动通过客户端加载数据库厂商提供的本地代码库（C/C＋＋等）来访问数据库，而在驱动程序中则包含了 Java 代码。

（3）网络协议驱动。

这种类型的驱动给客户端提供了一个网络 API，客户端上的 JDBC 驱动程序使用套接字（Socket）来调用服务器上的中间件程序，再将其请求转化为所需的具体 API 调用。

✲ 知识点：JDBC API

JDBC API 用于直接调用 SQL 命令。在这方面它的功能极佳，并比其它的数据库连接 API 易于使用，但它同时也被设计为一种基础接口，在它之上可以建立高级接口和工具。越来越多的开发人员在使用基于 JDBC 的工具，以使程序的编写更加容易。

JDBC API 主要位于 JDK 中的 java. sql 包中（之后扩展的内容位于 javax. sql 包中），主要包括以下一些 API 类：

DriverManager：负责加载各种不同驱动程序（Driver），并根据不同的请求，向调用者返回相应的数据库连接（Connection）。

Driver：驱动程序，会将自身加载到 DriverManager 中去，处理相应的请求并返回相应的数据库连接（Connection）。

Connection：数据库连接，负责与进行数据库间通讯，SQL 执行以及事务处理都是在某个特定 Connection 环境中进行的。可以产生用以执行 SQL 的 Statement。

Statement：用以执行 SQL 查询和更新（针对静态 SQL 语句和单次执行）。

PreparedStatement：用以执行包含动态参数的 SQL 查询和更新（在服务器端编译，允许重复执行以提高效率）。

✲ 知识点：JDBC 操作流程

（1）加载数据库驱动程序：把 . jar 配置到项 Java 开发项目中。

（2）连接数据库。

（3）使用语句更新和查询数据库。

（4）关闭数据库连接：关闭连接释放资源。

✲ 知识点：JDBC 操作步骤

（1）加载数据库驱动，使用 Class 类的 forName 方法。

（2）通过 DriverManager 获取数据连接。

DriverManager. getConnection（String url，String user，String pass）

url 写法：`jdbc：mysql：//hostname：port/databasename`

(3) 通过 Connection 对象创建 Statement 对象，创建 Statement 方法。

(4) 使用 Statement 执行 SQL 语句。

execute ()：可以执行任何 SQL 语句，但比较麻烦。

executeUpdate ()：执行 DML 和 DDL 语句。

executeQuery ()：只能执行查询语句。

(5) 操作结果集。

next、previous、first、last、beforeFirst、afterLast、absolute 等移动记录指针的方法。

getXXX 方法获取记录指针指向行，特定列的值，使用列索引做参数性能更好，也可使用列名做参数增加可读性。

(6) 回收数据库资源，关闭 ResultSet、Statement、Connection 等资源。

【技能实战训练】

参照以上任务的操作过程，使用 MySQL 软件创建一个数据库 db。启动 MyEclipse 创建一个 Java Project，命名为“dbdemo”，在“src”文件夹中创建一个 DBConnection 类实现对 MySQL 中数据库的连接。

任务 4－3 Java 编程实现对数据的添加

一、任务目标

能熟练使用 Java 语言编写程序实现向指定数据表中添加数据。

二、任务描述

本任务将讲解如何使用 Java 编程实现对指定数据表进行数据添加操作。

三、任务分析

连接上数据库后，就可以对数据库中的数据表记录进行增、删、改、查操作。对数据表进行数据录入是基本的操作之一，也是 Web 系统进行数据操作的常见功能。例如新用户注册、用户信息的录入等都属于数据表的数据添加操作。

四、任务实施

操作步骤如下：

(1) 在项目“project4”的“src”文件夹中创建一个新的 Package，命名为“dto”，如图 4－30 所示。

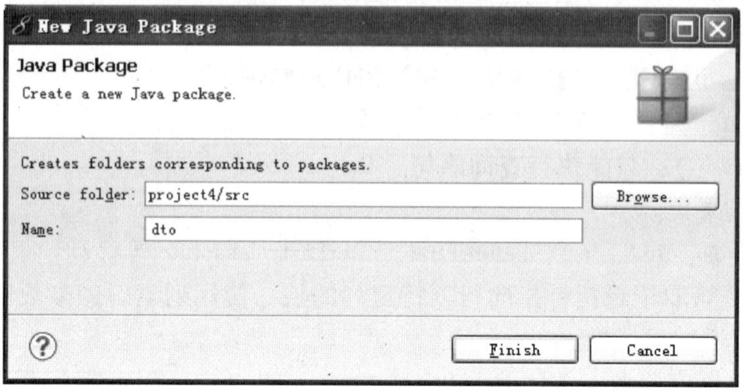

图 4－30　创建“dto”包

（2）在“dto”中创建一个 Class，命名为“UserInfoDto. java”，如图 4－31 所示。

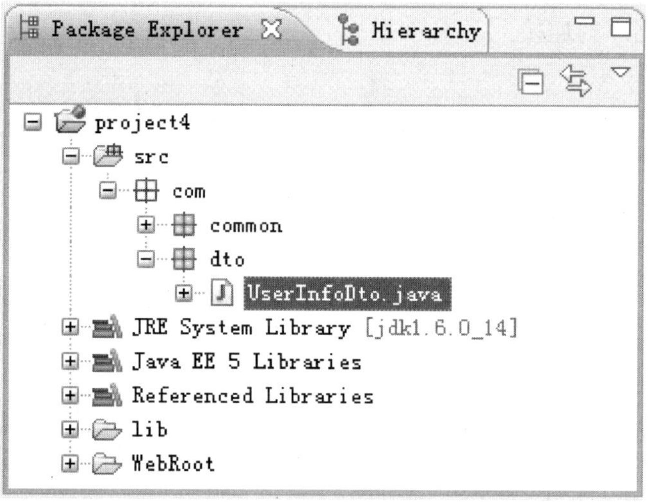

图 4－31　创建“UserInfoDto. java”

（3）打开“UserInfoDto. java”文件，输入以下 Java 代码并保存文件。

```
package com. dto;
  public class UserInfoDto {
  private int id;
  private String username;
  private String password;
  private String usertype;
  private int age;
  public int getId () {
      return id;
```

```
    }
    public void setId (int id) {
        this.id = id;
    }
    public String getUsername () {
        return username;
    }
    public void setUsername (String username) {
        this.username = username;
    }
    public String getPassword () {
        return password;
    }
    public void setPassword (String password) {
        this.password = password;
    }
    public String getUsertype () {
        return usertype;
    }
    public void setUsertype (String usertype) {
        this.usertype = usertype;
    }
    public int getAge () {
        return age;
    }
    public void setAge (int age) {
          this.age = age;
    }
}
```

（4）在项目“project4”的“src”文件夹中再创建一个新的 Package，命名为“dao”，并在“dao”包中创建一个 Class，命名为“UserInfoDao. java”，如图 4 – 32 所示。

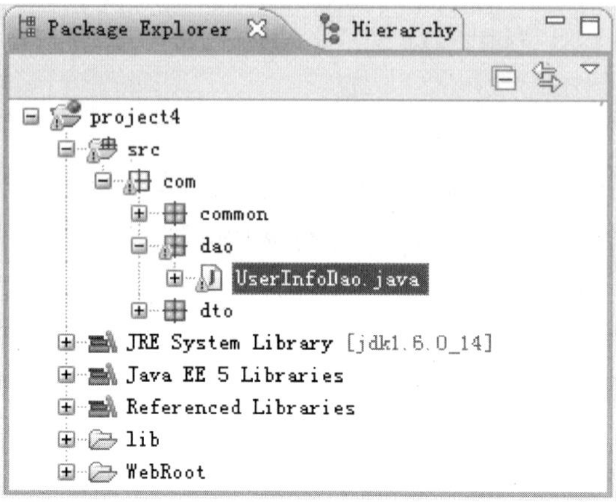

图 4－32　创建 dao 和 UserInfoDao. java

（5）打开“UserInfoDao. java”文件，输入以下 Java 代码并保存文件。

```
package com.dao;
import java.sql.Connection;
import java.sql.PreparedStatement;
import java.sql.ResultSet;
import java.sql.SQLException;
import com.common.DBConnection;
import com.dto.UserInfoDto;
public class UserInfoDao {
  Connection conn = null;
  PreparedStatementps = null;
  ResultSetrs = null;
  public void insert (UserInfoDto userinfodto) {
      try {
          conn = DBConnection. getConnection ();
          ps = conn. prepareStatement (" insert into userinfo (username,
password, usertype, age) values (?,?,?,?)");
          ps.setString (1, userinfodto. getUsername ());
          ps.setString (2, userinfodto. getPassword ());
          ps.setString (3, userinfodto. getUsertype ());
          ps.setInt (4, userinfodto. getAge ());
          ps.executeUpdate ();
      } catch (SQLException e) {
          e.printStackTrace ();
```

```
        } finally {
            DBConnection.clear (conn, ps, rs);
        }
    }
    public static void main (String [] args) {
        UserInfoDto userinfodto = new UserInfoDto ();
        userinfodto.setUsername ("tom");
        userinfodto.setPassword ("123");
        userinfodto.setUsertype ("admin");
        userinfodto.setAge (25);
        UserInfoDao userinfodao = new UserInfoDao ();
        userinfodao.insert (userinfodto);
    }
}
```

（6）编译并运行“UserInfoDao.java”文件，查看运行效果。

【必要知识点】

✲ 知识点：Statement

数据库成功连接后，如果进行数据库操作，可以使用 Statement 接口完成，此接口可以使用 Connection 接口中提供的 createStatement（）方法进行实例化。常用方法如下：

- int executeUpdate（String sql）：执行数据库更新 SQL 语句，返回更新记录数。
- ResultSet executeQuery（String sql）：执行查询操作，返回一个结果集对象。
- void addBatch（String sql）：增加一个待执行的 SQL 语句。
- int [ ] executeBatch（）：批量执行 SQL 语句。
- void close（）：关闭 Statement。
- boolean execute（String sql）：执行 SQL 语句。

注：以上方法均会抛出 SQLException 异常。

✲ 知识点：PreparedStatement

在 JDBC 数据库操作中，常以 PreparedStatement 代替 Statement。这是因为：

（1）用 PreparedStatement 来代替 Statement 虽然会使代码多些，但其代码的可读性和可维护性都比用 Statement 要好。

（2）PreparedStatement 是预编译过的，会提高性能。每种数据库都会尽最大努力对预编译语句提供最大的性能优化。因为预编译语句有可能被重复调用，所以语句在被 DB 的编译器编译后的执行代码被缓存下来，那么下次调用时只要是相同的预编译语句就不需要编译，只要将参数直接传入编译过的语句执行代码中。

（3）提高了安全性。使用预编译语句，传入的任何内容就不会和原来的语句发生任何匹配的关系，只要全使用预编译语句，就不用对传入的数据做任何过滤。

小提示

在使用 PreparedStatement 时，SQL 语句与 Statement 完全相同，但是具体内容采用“?”作为占位符形式出现，后面设置时按照“?”占位符的顺序设置具体的内容。

PreparedStatment 常用方法如下：

- int executeUpdate（）：执行设置的预处理 SQL 语句。
- ResultSet executeQuery（）：执行数据库查询操作，返回 ResultSet。
- void setInt（int parameterIndex，int x）：指定要设置的索引编号，设置整数内容。
- void setFloat（int parameterIndex，Float x）：指定要设置的索引编号，设置浮点数内容。
- void setString（int parameterIndex，String x）：指定要设置的索引编号，设置字符串内容。
- void setDate（int parameterIndex，Date x）：指定要设置的索引编号，设置 java. sql. Date 型内容。

【技能实战训练】

参照以上任务的操作过程，使用 MySQL 软件创建一个数据库“studentdb”。并在“studentdb”中创建一个数据表“studentinfo”，数据表的字段如表 4－2 所示。要求使用 MyEclipse 创建一个“Web Project”，在“src”中创建一个 StudentInfoDto 类和 StudentInfoDao 类，并在 StudentInfoDao 类中编程实现对数据表“studentinfo”的数据添加。

表 4－2　数据表“studentinfo”

字段	名称	数据类型	P	U	F	I	C	备注
id	自编号	INTEGER	√	√		√		
name	姓名	VARCHAR						
gender	性别	VARCHAR						
age	年龄	INTEGER						

任务 4－4　Java 编程实现对数据的修改

一、任务目标

能熟练使用 Java 语言编写程序实现对数据表指定数据的修改更新。

二、任务描述

本任务将讲解如何修改数据表中的数据。

三、任务分析

对数据表的记录进行修改，是 Web 系统里的常见功能。例如修改密码、用户个人信息等，都涉及数据表记录数据的修改或更新。因此在掌握对数据表的添加数据操作后，接下来要学会使用 Java 编程实现对数据的修改或更新操作。

四、任务实施

操作步骤如下：

（1）打开项目“project4”中的“UserInfoDao. java”文件，在 UserInfoDao 类中新建一个方法 update（），在 update（）方法里添加以下 Java 代码。

```
public void update (UserInfoDto userinfodto) {
    try {
        conn = DBConnection. getConnection ();
        ps = conn. prepareStatement ("update user_info set username
=?, password=?, usertype=?, age=? where id=?");
        ps. setString (1, userinfodto. getUsername ());
        ps. setString (2, userinfodto. getPassword ());
        ps. setString (3, userinfodto. getUsertype ());
        ps. setInt (4, userinfodto. getAge ());
        ps. setInt (5, userinfodto. getId ());
        ps. executeUpdate ();
    } catch (SQLException e) {
        e. printStackTrace ();
    } finally {
        DBConnection. clear (conn, ps, rs);
    }
}
```

（2）在 UserInfoDao 类的 main () 方法里添加以下 Java 代码并保存文件。

```
public static void main (String [] args) {
    UserInfoDto userinfodto = new UserInfoDto ();
    userinfodto. setId ("1");
    userinfodto. setUsername ("bob");
    userinfodto. setPassword ("456");
    userinfodto. setUsertype ("guest");
    userinfodto. setAge (30);
    UserInfoDao userinfodao = new UserInfoDao ();
  userinfodao. update (userinfodto);
}
```

(3) 编译运行“UserInfoDao. java”文件，查看运行效果。

【技能实战训练】

参照以上任务的操作过程，在“UserInfoDao. java”类中创建一个新的方法“updateByName ( )”，在该方法中编程实现通过查询“username”字段来修改数据表中对应的记录。

任务 4-5 Java 编程实现对数据的删除

一、任务目标

能熟练使用 Java 语言编程实现删除数据表中指定的记录。

二、任务描述

本任务将讲解如何删除数据表中的记录。

三、任务分析

对数据表的记录进行删除，也是 Web 系统里的常见功能。因此在掌握对数据表的添加、修改数据操作后，接下来要学会使用 Java 编程实现对数据的删除操作。

四、任务实施

操作步骤如下：

(1) 打开“UserInfoDao. java”文件，在 UserInfoDao 类中新建一个方法 delete ( )，在 delete ( ) 方法里添加以下 Java 代码。

```
public void delete (UserInfoDto userinfodto) {
    try {
        conn = DBConnection. getConnection ();
        ps = conn. prepareStatement (" delete from userinfo where id=?");
        ps. setInt (1, userinfodto. getId ());
        ps. executeUpdate ();
    } catch (SQLException e) {
        e. printStackTrace ();
    } finally {
        DBConnection. clear (conn, ps, rs);
    }
}
```

(2) 在 UserInfoDao 类的 main ( ) 方法里添加以下 Java 代码并保存文件。

```
    public static void main (String [] args) {
        UserInfoDto userinfodto = new UserInfoDto ();
        userinfodto. setId (" 1");
        UserInfoDao userinfodao = new UserInfoDao ();
        userinfodao. update (userinfodto);
    }
```

（3）编译运行 UserInfoDao. java 文件，查看运行效果。

【技能实战训练】

参照以上任务的操作过程，在“UserInfoDao. java”类中创建一个新的方法“deleteByName（）”，在该方法中编程实现通过查询“username”字段来删除数据表中对应的记录。

任务 4－6　Java 编程实现对数据的查询

一、任务目标

能熟练使用 Java 语言编程实现对数据表中数据的查询并显示查询结果。

二、任务描述

本任务将讲解如何查询数据表中的记录。

三、任务分析

对数据表的记录进行查询，是 Web 系统里的常用功能。因此在掌握对数据表的添加、修改、删除数据操作后，接下来要学会使用 Java 编程实现对数据的查询操作。

四、任务实施

操作步骤如下：

（1）打开“UserInfoDao. java”文件，在 UserInfoDao 类中新建一个方法 query（），在 query（）方法里添加以下 Java 代码。

```
    public UserInfoDto query (UserInfoDto userinfodto) {
        try {
            conn = DBConnection. getConnection ();
            ps = conn. prepareStatement ("select *  from user_info where
id = ?");
            ps. setInt (1, userinfodto. getId ());
            rs = ps. executeQuery ();
```

```
        while (rs.next ()) {
            userinfodto. setId (rs. getInt ("id"));
            System.out.println (userinfodto.getId ());
            userinfodto.setUsername (rs.getString ("username"));
            System.out.println (userinfodto.getUsername ());
            userinfodto.setPassword (rs.getString ("password"));
            System.out.println (userinfodto.getPassword ());
            userinfodto.setUsertype (rs.getString ("usertype"));
            System.out.println (userinfodto.getUsertype ());
            userinfodto.setAge (rs.getInt ("age"));
            System.out.println (userinfodto.getAge ());
        }
    } catch (SQLException e) {
        e.printStackTrace ();
    } finally {
        DBConnection. clear (conn, ps, rs);
    }
    return userinfodto;
    }
```

（2）在 UserInfoDao 类的 main（）方法里添加以下 Java 代码并保存文件。

```
    public static void main (String [] args) {
        UserInfoDto userinfodto = new UserInfoDto ();
        userinfodto. setId (2);
        UserInfoDao userinfodao = new UserInfoDao ();
        userinfodao. query (userinfodto);
    }
```

（3）编译运行 UserInfoDao. java 文件，查看运行效果。

【必要知识点】

✲ 知识点：ResultSet

使用 select 语句可以查询要找条件给定的结果，数据库的查询记录使用 ResultSet 进行接收，使用 ResultSet 会将结果保存在内存中，需注意如果查询数据总量过大，系统可能会出现问题。

进行数据库的查询，需要使用 Statement 接口的 executeQuery（）方法，将结果作为一个 ResultSet 对象进行返回，其中存放了所有的查询结果。

ResultSet 的常用方法如下：

- boolean next（）：将指针移动到下一行。
- int getInt（int colunmIndex）：以整数形式按列的编号获取指定列的内容。

- int getInt（String colunmName）：以整数形式按列名称获取指定列的内容。
- Float getFloat（int colunmIndex）：以浮点数形式按列的编号获取指定列的内容。
- Float getFloat（String colunmName）：以浮点数形式按列名称获取指定列的内容。
- String getString（int colunmIndex）：以字符串形式按列的编号获取指定列的内容。
- String getString（String colunmName）：以字符串形式按列名称获取指定列的内容。
- Date getDate（int colunmIndex）：以 Date 形式按列的编号获取指定列的内容。
- Date getDate（String colunmName）：以 Date 形式按列名称获取指定列的内容。

✲ 知识点：查询多条记录

在数据库查询中，往往查询结果不只一条记录，使用上面编写的 query（）方法只能获取一条记录。如果要获取多条记录，可以使用以下 Java 代码。

```
public List<UserInfoDto> queryAll () {
    List<UserInfoDto> list = new ArrayList<UserInfoDto> ();
    conn = DBConnection.getConnection ();
    String sql = "select *  from user_info";
    try {
        UserInfoDto userinfodto ;
        ps = conn.prepareStatement (sql);
        rs = ps.executeQuery ();
        while (rs.next ()) {
            userinfodto =  new UserInfoDto ();
            userinfodto.setId (rs.getInt ("id"));
            userinfodto.setUsername (rs.getString ("username"));
            userinfodto.setPassword (rs.getString ("password"));
            userinfodto.setUsertype (rs.getString ("usertype"));
            userinfodto.setAge (rs.getInt ("age"));
            list.add (userinfodto);
        }
    } catch (SQLException e) {
        e.printStackTrace ();
    } finally {
        DBConnection.clear (conn, ps, rs);
    }
    return list;
}
```

✲ 知识点：List 和 ArrayList

List 是 Collection 下的子接口，List 接口中可以存放任意的数据，而且在 List 接口中内容是允许重复的。ArrayList 是 List 的常用子类之一。由于 List 是一个接口，不能实例化，因此需要用 ArrayList 进行实例化。如：List list = new ArrayList（）；

应用示例：

```
import java.util.ArrayList;
import java.util.List;
public class ArrayListDemo {
    public static void main (String args []) {
        List<String> allList = null;
        allList = new ArrayList<String> ();     //指定操作的泛型
为 String
        allList.add ("Hello");    //此方法由 Collection 接口而来
        allList.add (0,"World");      //在第一个位置上添加新的内容
        System.out.println (allList);
    }
}
```

注：

①使用 list.add（任何对象）；就可以添加对象。

②取值的时候用 list.get（索引）；取出来的值都是 Object，使用时需要类型转换。

③可用 Iterator 迭代器对 List 中的元素进行迭代操作。

【技能实战训练】

参照以上任务的操作过程，在 UserInfoDao.java 类中创建一个新的方法 "queryByName ()"，在该方法中编程实现通过查询 "username" 字段来查询数据表中对应的记录。

项目小结

本项目讨论了 Java 连接 MySQL 数据库的技术和方式，内容包括 MySQL 数据库的安装与使用、JDBC 技术、Java 连接数据库的编码、Java 编程实现对数据表的基本操作。

项目重点：Java 连接 MySQL 数据库的编码和对数据表的增删改查操作。

考核评价

在本项目教学和实施过程中，教师和学生可以根据表 4－3 对各项任务进行考核评价。考核主要针对学生在技术内容、技能情况、技能实战训练的掌握程度和完成效果进行评价。

表4－3　考核评价表

评价内容	评价标准									
	技术内容		技能情况		技能训练		完成效果		总体评价	
	个人评价	教师评价	个人评价	教师评价	个人评价	教师评价	个人评价	教师评价	个人评价	教师评价
任务4－1										
任务4－2										
任务4－3										
任务4－4										
任务4－5										
任务4－6										
存在问题与解决办法（应对策略）										
学习心得与体会分享										

实训与讨论

一、实训题

1. 写出 Java 程序中用 Statement 来执行 SQL 查询与更新的语句

2. 设 MySQL 数据库中有 student 表，表中存放学生学号，姓名两个字段，请编写程序输出表中所有记录信息。

二、讨论题

1. JDBC 操作流程有哪些？

2. JDBC 连接数据库的步骤有哪些？

项目 5
Servlet 编程

学习目标

○ 认识 Servlet 及其应用
○ 了解 JSP + JavaBean + Servlet 开发技术
○ 熟悉 Servlet 编程技巧与方法
○ 掌握 JSP + JavaBean + Servlet 实现对数据表的增、删、改、查操作

技能目标

○ 懂使用 JSP + JavaBean + Servlet 技术开发 Web 系统的方法和技巧
○ 会 Servlet 编程实现对数据表的增、删、改、查操作
○ 能熟练使用 JSP + JavaBean + Servlet 技术完成一个简易 Web 系统的设计与编码

任务 5 –1　认识 Servlet

一、任务目标

懂 Servlet 技术，会创建 Servlet 类并懂得怎样编写 Servlet 代码。

二、任务描述

本任务将讲解如何创建一个 Servlet。
任务效果如图 5 –1 所示。

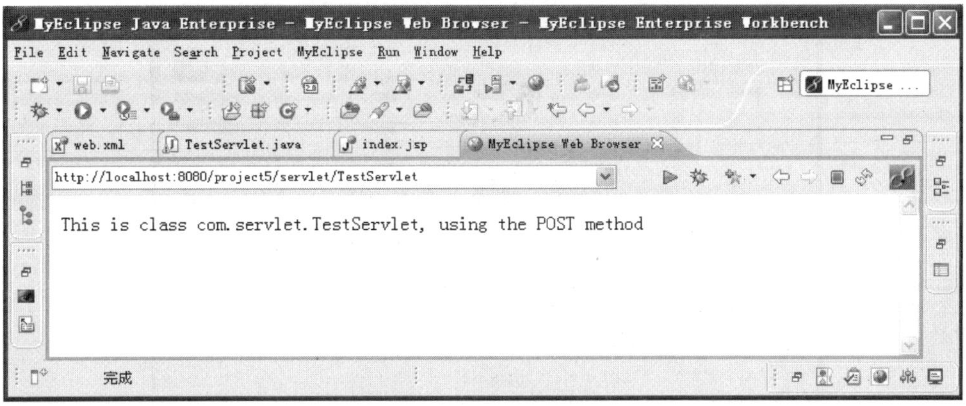

图 5－1　任务效果

三、任务分析

Servlet（Server Applet）是用 Java 编写的服务器端程序。Servlet 是 Java 语言编写的一个接口，其主要功能是能够交互式地浏览和修改数据，生成动态 Web 内容。一般情况下，可以通过编写一个 Servlet 接口的实现类来响应用户的请求和对数据库的操作。Servlet 可以运行于支持 Java 的应用服务器中。从实现上讲，Servlet 可以响应任何类型的请求，但绝大多数情况下 Servlet 只用来扩展基于 HTTP 协议的 Web 服务器。以下通过创建一个 Servlet 类来认识和了解一下 Servlet 类的使用和编写技巧。

四、任务实施

操作步骤如下：

（1）启动 MyEclipse，选择“File”→“New”→“Web Project”，启动“New Web Project”对话框，如图 5－2 所示。

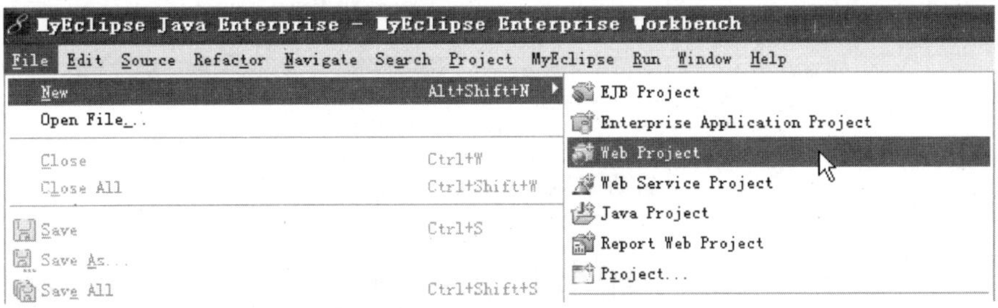

图 5－2　启动“New Web Project”对话框

（2）在弹出的“New Web Project”对话框中输入 Project Name：“project5”，点击“Finish”按钮，创建一个“project5”项目，如图 5－3 所示。

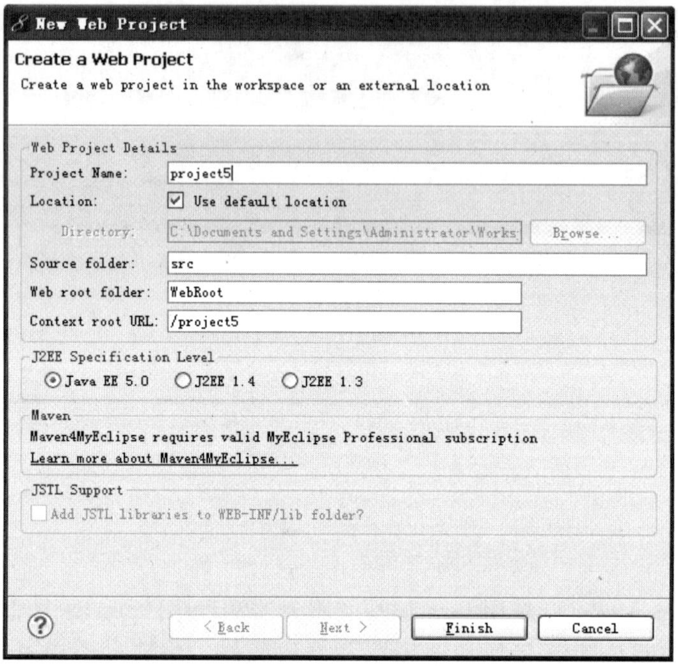

图5－3　创建一个“project5”项目

（3）选中所创建“project5”项目中的“src”文件夹，点击鼠标右键，在弹出的右键菜单中选择“New”→“Package”，启动“New Java Package”对话框，如图5－4所示。

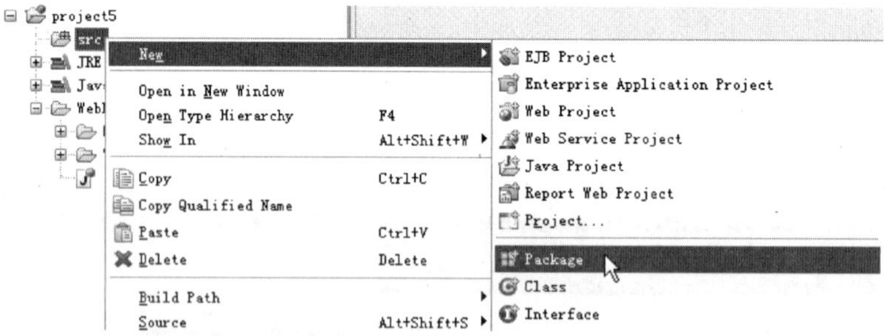

图5－4　启动“New Java Paokage”对话框

（4）在“New Java Package”对话框中，输入Name（包名）：“com. servlet”，点击“Finish”按钮，创建2个“Package”：com和servlet（其中servlet包含在com里），如图5－5所示。

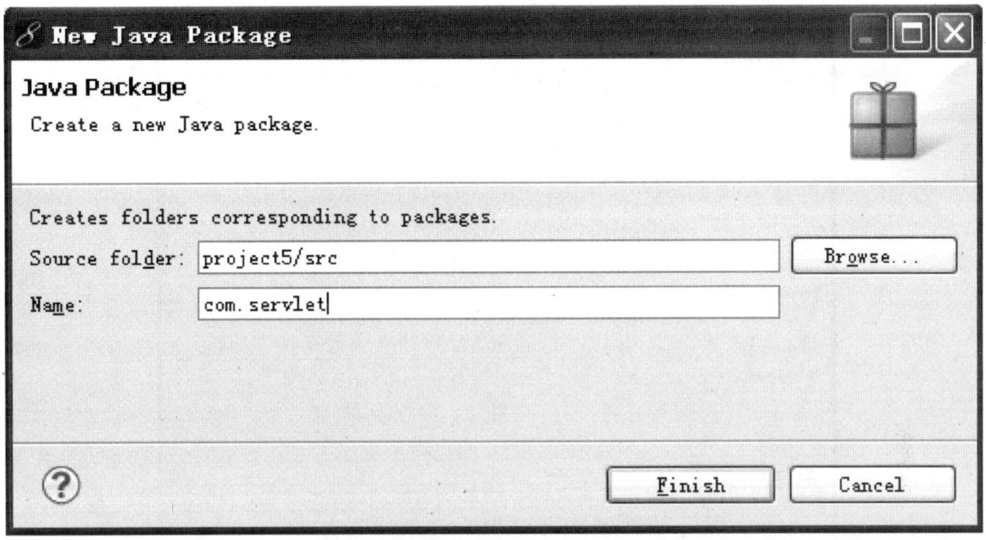

图 5－5　创建 com 和 servlet 包

（5）选中“servlet”包，点击鼠标右键，在弹出的右键菜单中选择“New”→“Servlet”，启动“Create a new Servlet”对话框，如图 5－6 所示。

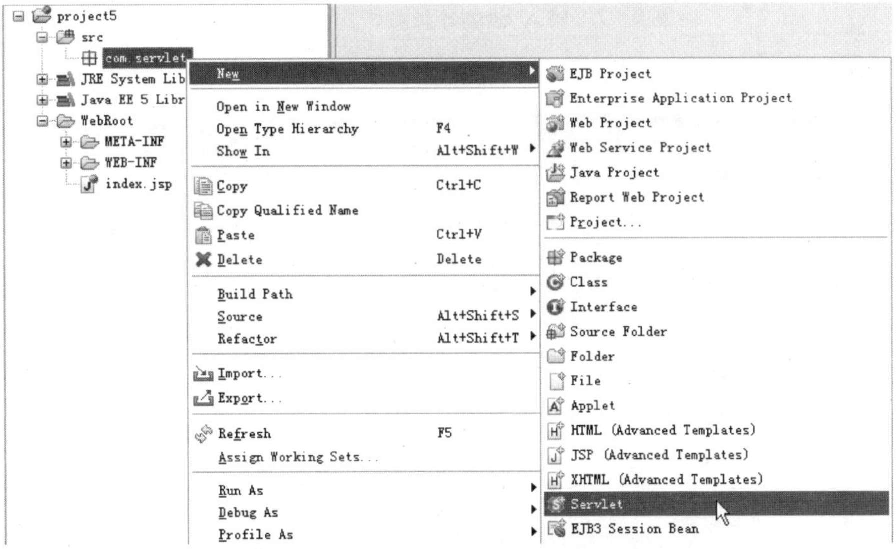

图 5－6　启动“Create a new Servlet”对话框

（6）在“Create a new Servlet”对话框中输入 Name（Servlet 类名）：“TestServlet”点击“Next”按钮，如图 5－7 所示。这时对话框显示要创建的 TestServlet 类信息，如图 5－8所示，点击“Finish”按钮完成创建任务。

图 5－7　输入 Servlet 类名“TestServlet”

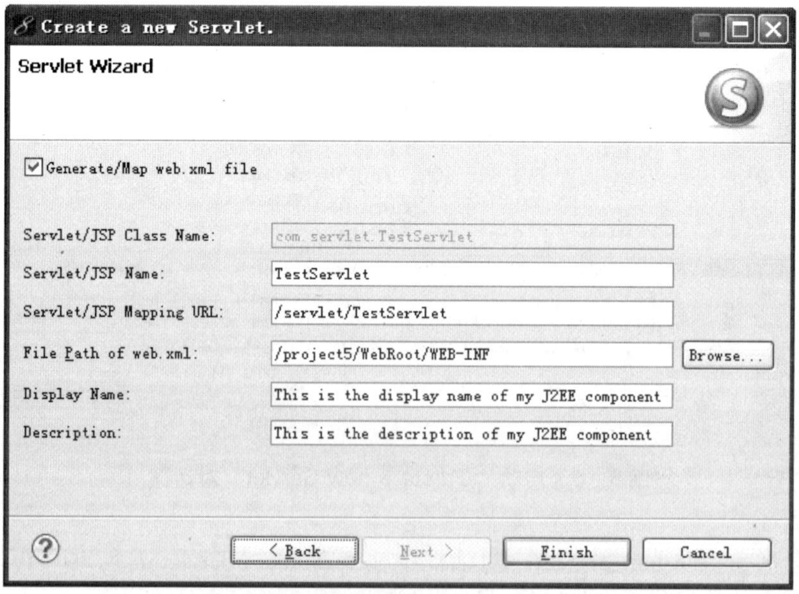

图 5－8　显示要创建的 TestServlet 类信息

（7）这时候在代码编辑区显示所创建的 TestServlet 类代码如下（注释部分没有列出）。

```
package com.servlet;
import java.io.IOException;
import java.io.PrintWriter;
import javax.servlet.ServletException;
import javax.servlet.http.HttpServlet;
import javax.servlet.http.HttpServletRequest;
import javax.servlet.http.HttpServletResponse;
public class TestServlet extends HttpServlet {
  public TestServlet () {
      super ();
  }
  public void destroy () {
        super.destroy ();
  }
   public void doGet (HttpServletRequest request, HttpServletResponse
response)
              throws ServletException, IOException {
         response.setContentType (" text/html");
         PrintWriter out = response.getWriter ();
         out.println ("<! DOCTYPE HTML PUBLIC \" -//W3C//DTD HTML 4.01
Transitional//EN \" >");
         out.println ("<HTML>");
         out.println ("   <HEAD><TITLE>A Servlet</TITLE></HEAD>");
         out.println ("   <BODY>");
         out.print ("     This is ");
         out.print (this.getClass ());
         out.println (", using the GET method");
         out.println ("   </BODY>");
         out.println ("</HTML>");
         out.flush ();
         out.close ();
   }
   public void doPost (HttpServletRequest request, HttpServletResponse
response)
              throws ServletException, IOException {
```

```
            response.setContentType ("text/html");
            PrintWriter out = response.getWriter ();
            out.println ("<! DOCTYPE HTML PUBLIC \" -//W3C//DTD HTML 4.01Transitional//EN \" >");
            out.println ("<HTML>");
            out.println ("  <HEAD><TITLE>A Servlet</TITLE></HEAD>");
            out.println ("  <BODY>");
            out.print ("    This is ");
            out.print (this.getClass ());
            out.println (", using the POST method");
            out.println ("  </BODY>");
            out.println ("</HTML>");
            out.flush ();
            out.close ();
        }
        public void init () throws ServletException {
        }
    }
```

(8) 打开“WebRoot”文件夹中 index.jsp 页面文件，在 <body>…</body> 标签中输入以下 HTML 代码并保存。

```
<form action="servlet/TestServlet" method="get">
    <input type="submit" value="跳转到 TestServlet">
</form>
```

(9) 发布 Web 项目并测试效果。启动 Tomcat，将 project5 项目发布到 Tomcat 服务器中，在浏览器地址输入“http://localhost:8080/project5/index.jsp”后回车。在显示的 index.jsp 页面（如图 5-9 所示）中点击“跳转到 TestServlet”按钮，看看结果是什么。

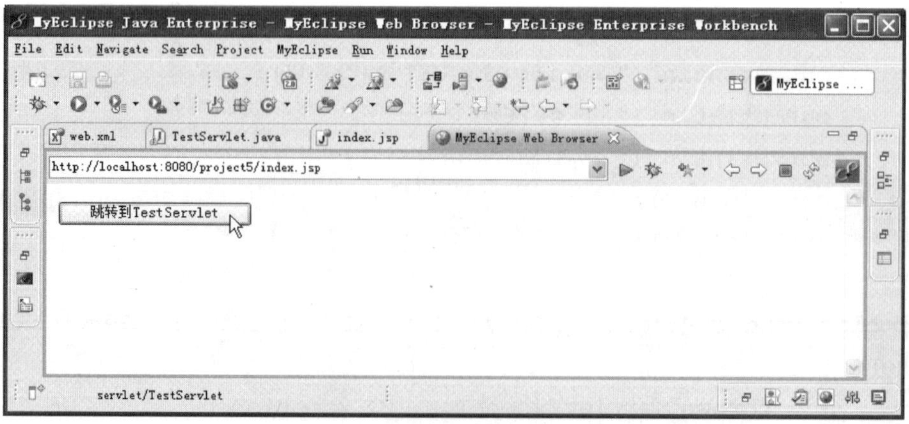

图 5-9　点击“跳转到 TestServlet”按钮

结果如图 5-10 所示。想想为什么？

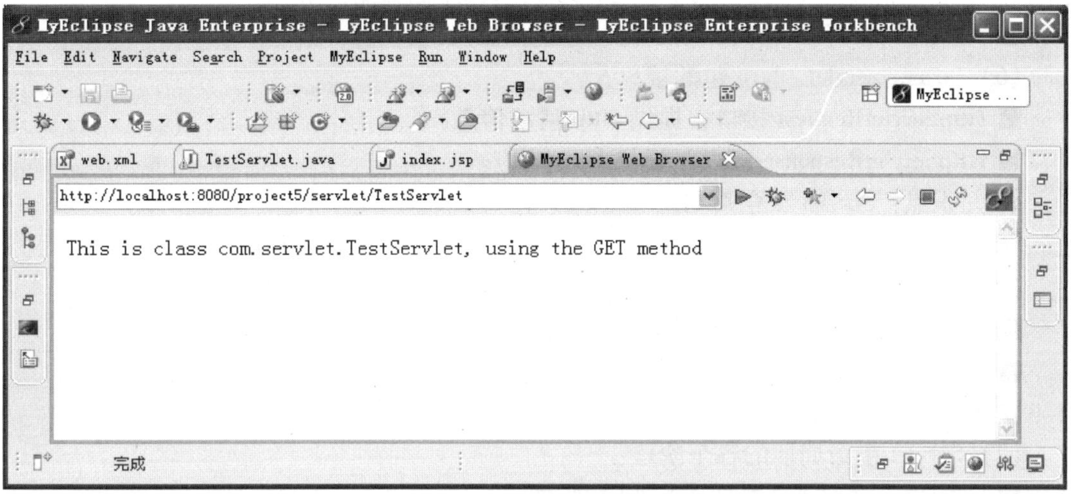

图 5-10　跳转后的结果

【必要知识点】

✻ 知识点：什么是 Servlet？

① Servlet 就是 Java 类。

② Servlet 是一个继承 HttpServlet 类（javax. servlet. http. HttpServlet）的类。

③ Servlet 在服务器端运行，用以处理客户端的请求。

✻ 知识点：Servlet 相关包

（1）javax. servlet. *：存放与 HTTP 协议无关的一般性 Servlet 类；

（2）javax. servlet. http. *：除了继承 javax. servlet. * 之外，还增加与 HTTP 协议有关的功能。

所有的 Servlet 都必须实现 javax. servlet. Servlet 接口（Interface）。

若 Servlet 程序和 HTTP 协议无关，那么必须继承 javax. servlet. GenericServlet 类；

若 Servlet 程序和 HTTP 协议有关，那么必须继承 javax. servlet. http. HttpServlet 类。

（3）HttpServlet：提供了一个抽象类用来创建 HttpServlet。

■ public void doGet（）方法：用来处理客户端发出的 GET 请求。

■ public void doPost（）方法：用来处理 POST 请求。

其他更多的方法请查阅 Java API 帮助文件。

（4）javax. servlet 包：

■ ServletConfig 接口：在初始化的过程中由 Servlet 容器使用。

■ ServletContext 接口：定义 Servlet 用于获取来自其容器的信息的方法。

■ ServletRequest 接口：向服务器请求信息。

■ ServletResponse 接口：响应客户端请求。

（5）javax. servlet 包：

■ ServletInputStream 类：用于从客户端读取二进制数据。

■ ServletOutputStream 类：用于将二进制数据发送到客户端。

（6）javax. servlet. http 包的接口：

■ HttpServletRequest 接口：提供 Http 请求信息。

■ HttpServletResponse 接口：提供 Http 响应。

✲ 知识点：Servlet 生命周期

Servlet 生命周期就是指创建 Servlet 实例后，存在的时间以及何时销毁的整个过程。

（1）Servlet 生命周期有三个方法：

■ init（）方法：Servlet 初始化方法。

■ service（）方法：处理用户的请求。

■ destroy（）方法：Servlet 销毁方法。

（2）Servlet 生命周期的各个阶段：

■ 实例化：Servlet 容器创建 Servlet 实例。

■ 初始化：调用 init（）方法。

■ 服务：如果有请求，调用 service（）方法。

■ 销毁：销毁实例前调用 destroy（）方法。

■ 垃圾收集：销毁实例。

✲ 知识点：Servlet 的基本结构

```
//下面是导入相应的包
import java.io.IOException;
import java.io.PrintWriter;
import javax.servlet.ServletException;
import javax.servlet.http.HttpServlet;
import javax.servlet.http.HttpServletRequest;
import javax.servlet.http.HttpServletResponse;
//创建的 Servlet 类要继承 HttpServlet 类
public class TestServlet extends HttpServlet {
    //用于处理客户端发送的 GET 请求
    public void doGet (HttpServletRequest request, HttpServletResponse
response) throws ServletException, IOException {
    }
    //用于处理客户端发送的 POST 请求
    public void doPost (HttpServletRequest request, HttpServletResponse
response) throws ServletException, IOException {
    }
}
```

✲ 知识点：Servlet的配置与部署

Servlet使用需要在项目配置文件web. xml文件中进行部署，一般在创建Servlet类时，MyEclipse会自动添加相关部署代码。本任务中Servlet部署代码如下：

```
<servlet>
  <servlet-name>TestServlet</servlet-name>
  <servlet-class>com. servlet. TestServlet</servlet-class>
</servlet>
<servlet-mapping>
  <servlet-name>TestServlet</servlet-name>
  <url-pattern>/servlet/TestServlet</url-pattern>
</servlet-mapping>
```

其中：

①上面<servlet>和<servlet - mapping>标签中的两个<servlet - name>命名必须一致。

②<servlet - class>标签中的“com. servlet. TestServlet”是Servlet类的路径。

③<url - pattern>标签中必须是/servlet/Servlet类名。

【技能实战训练】

参照以上任务的操作过程，创建一个LoginServlet类。要求使用MyEclipse创建一个“Web Project”，在“index. jsp”中编程实现一个登录页面，当点击“登录”按钮时跳转到LoginServlet类。

任务5－2　Servlet编程实现登录信息验证

一、任务目标

能熟练编写一个Servlet类完成Web系统登录信息的验证。

二、任务描述

本任务将讲解如何编写一个Servlet类实现Web系统的登录功能。

任务效果如图5－4所示。

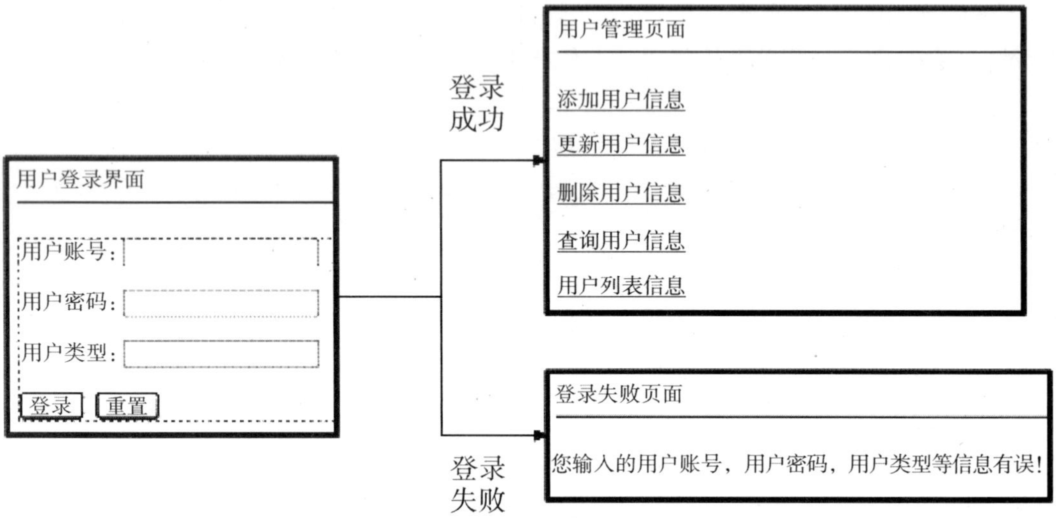

图 5－11　任务效果

三、任务分析

登录信息验证是 Web 系统中常见的操作。登录信息验证一般分为 2 块，一块在客户端进行验证，采用 JavaScript 技术完成，主要帮助用户正确填写登录信息；另一块则在服务器对用户提交信息与数据库中记录是否一致进行判断，是真正的信息验证，验证通过的用户即可获得访问权限。

本任务采用 Servlet 类完成对用户录入信息的验证功能，实际上是在服务器上对用户提交信息与数据库中记录的验证判断。其操作思路与流程是在 Servlet 类中对用户提交的登录信息和数据库中查询得到的用户信息进行比对，如果二者一致则登录成功，否则登录失败，并将结果反馈回用户。

从上面的操作可以看出，登录功能虽然简单，但是涉及的技术和操作比较多，主要包括 JSP 页面技术、数据库与数据表创建、数据库访问操作、Servlet 类编写等。

四、任务实施

操作步骤如下：

1. 创建数据库和数据表

（1）启动 MySQL 数据库软件，创建一个数据库，命名为 userdb。

（2）按表 5－1 在数据库 userdb 中创建一个数据表，命名为 userinfo，见表 5－1。

表 5 - 1 数据表 userinfo

字段	名称	数据类型	P	U	F	I	C	备注
id	自编号	INTEGER	√	√		√		
username	用户账号	VARCHAR (20)						
password	用户密码	VARCHAR (20)						
Usertype	用户类型	VARCHAR (20)						

2. 导入 MySQL 数据库驱动

(1) 在项目 project5 中创建一个 "lib" 文件夹，将 MySQL 数据库驱动文件 "mysql - connector - java - 5. 1. 8 - bin. jar" 复制到该文件夹，如图 5 - 12 所示。

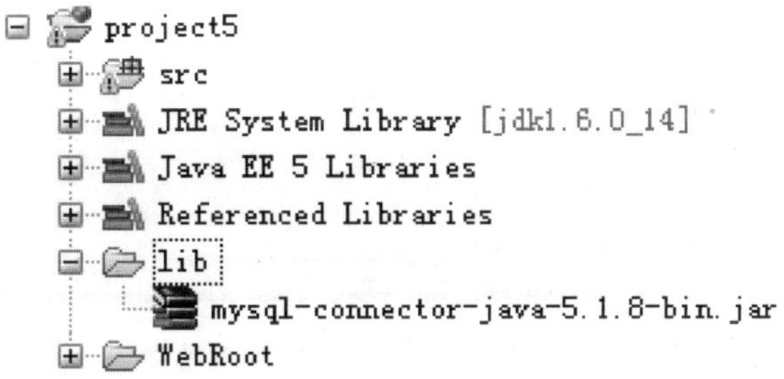

图 5 - 12 复制 MySQL 数据库驱动文件

(2) 选中项目 project5，点击鼠标右键，在弹出的右键菜单中选择 "Properties"，在弹出的 "Properties for project5" 对话框中左侧的树型菜单点击 "Java Build Path" 项，在右侧选项卡中选择 "Libraries"，然后点击 "Add JARs" 按钮，如图 5 - 13 所示。

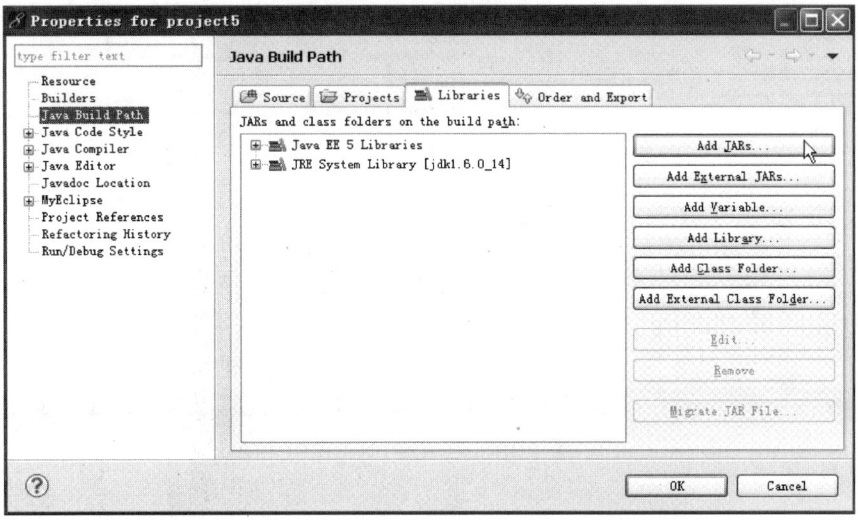

图 5 - 13 添加 MySQL 数据库驱动

（3）在弹出的“JAR Selection”对话框中选择 MySQL 数据库驱动文件“mysql－connector－java－5.1.8－bin.jar”，然后点击“OK”按钮，如图 5－14 所示。

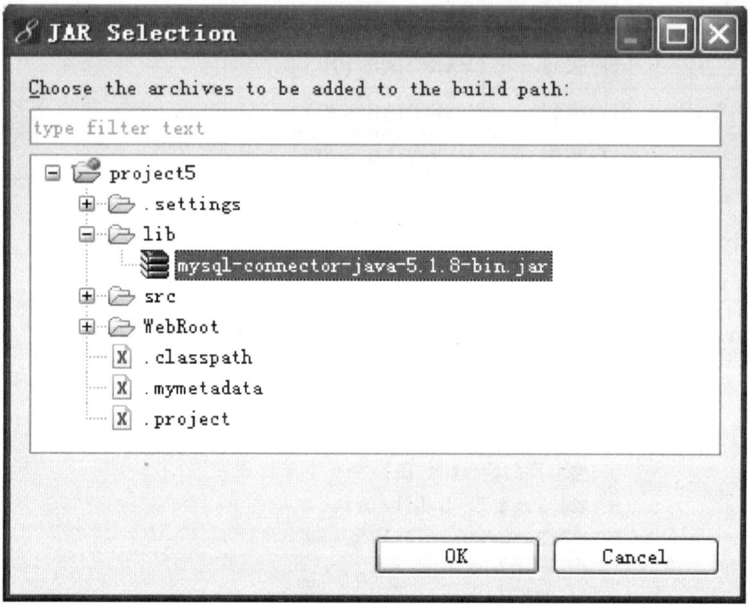

图 5－14　选择 MySQL 数据库驱动文件

（4）这时在“Properties for project5”对话框中的“Libraries”选项卡里可以看到“mysql－connector－java－5.1.8－bin.jar－project5/lib”，点击“OK”按钮完成在项目 project5 中导入 MySQL 数据库驱动文件，如图 5－15 所示。

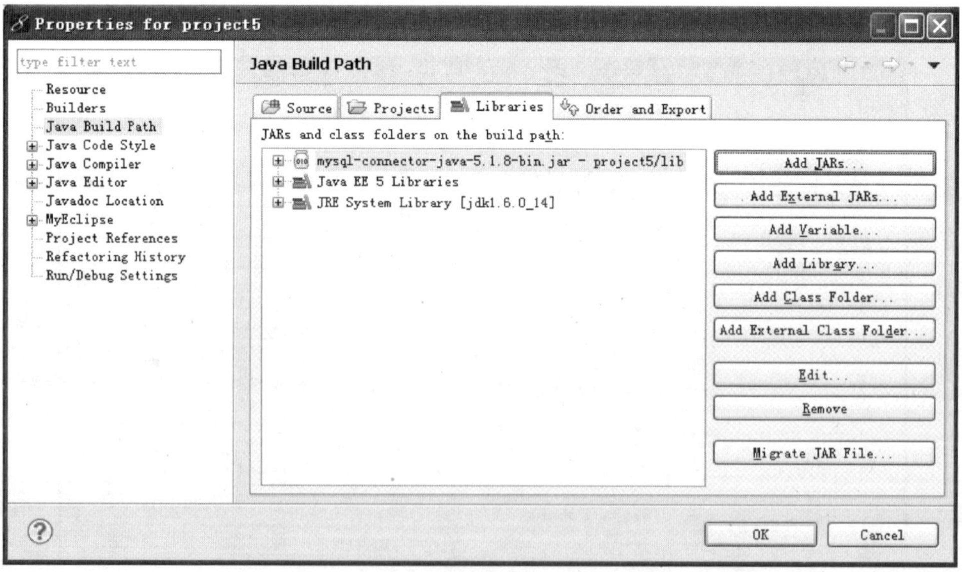

图 5－15　完成导入 MySQL 数据库驱动文件

（5）这时在项目 project5 中的“Referenced Libraries”文件夹里可以看到“mysql - connector - java - 5. 1. 8 - bin. jar”，表明 MySQL 数据库驱动文件已成功导入到项目中，如图 5 - 16 所示。

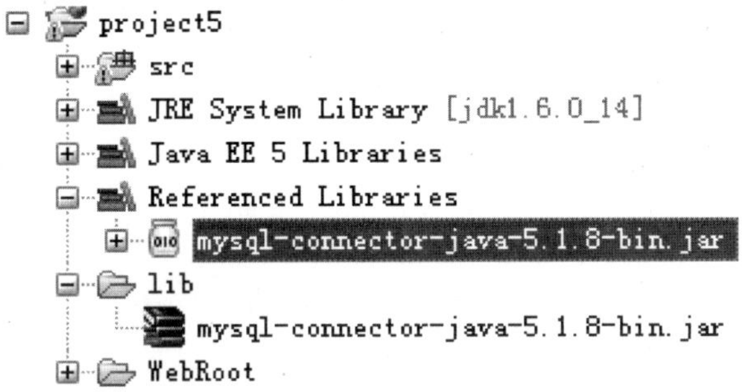

图 5 - 16　成功导入 MySQL 数据库驱动

3. 创建 DBConnection 类

（1）选中项目 project5 中的“src”文件夹，创建 com 包和 common 包，并在 common 包中创建一个 DBConnection 类，如图 5 - 17 所示。

图 5 - 17　创建 DBConnection 类

（2）打开“DBConnection. java”，输入以下 Java 代码并保存。

```
package com.common;
import java.sql.Connection;
import java.sql.DriverManager;
import java.sql.PreparedStatement;
import java.sql.ResultSet;
import java.sql.SQLException;
import java.sql.Statement;
public class DBConnection {
  /**
   * 获得连接
   * @return conn
   */
  public static Connection getConnection () {
```

```
        Connection conn = null;
        try {
            // 装载驱动
            Class.forName ("com.mysql.jdbc.Driver");
            //获得连接
            conn =
DriverManager.getConnection ("jdbc:mysql://localhost:3306/userdb",
"root", "123456");

        } catch (ClassNotFoundException e) {
            // 当装载驱动错误时产生异常信息
            System.out.println (" 装载驱动错误");
            e.printStackTrace ();

        } catch (SQLException e) {
            // 当创建数据库连接错误时产生异常信息
            System.out.println (" 创建数据库连接错误");
            e.printStackTrace ();
        }
        return conn;
      }
      /* *
      * 释放资源
      * @ param conn
      * @ param st
      * @ param rs
      * /
    public static void clear (Connection conn, PreparedStatement ps,
ResultSet rs) {
        if (rs ! = null) {
            try {
                rs.close ();
            } catch (SQLException e) {
            e.printStackTrace ();
            }
        }
        if (ps ! = null) {
            try {
```

```
                ps. close ();
            } catch (SQLException e) {
                e. printStackTrace ();
        }
        }
        if (conn ! = null) {
            try {
                conn. close ();
            } catch (SQLException e) {
                e. printStackTrace ();
            }
        }
    }
    /* *
    * 测试连接
    * @ param args
    * /
    public static void main (String [] args) {
        // 测试数据库连接是否成功
        System. out. println (DBConnection. getConnection ());
    }
}
```

（3）运行测试 DBConnection. java 程序，看看是否能够输出驱动文件信息。若在控制台成功输出信息，则表示数据库连接成功，可以进入下一步编程。

4. 创建 DTO 类

（1）在项目 project5 的 com 包中，创建一个 dto 包，在 dto 包里创建一个 UserInfoDto 类，如图 5－18 所示。

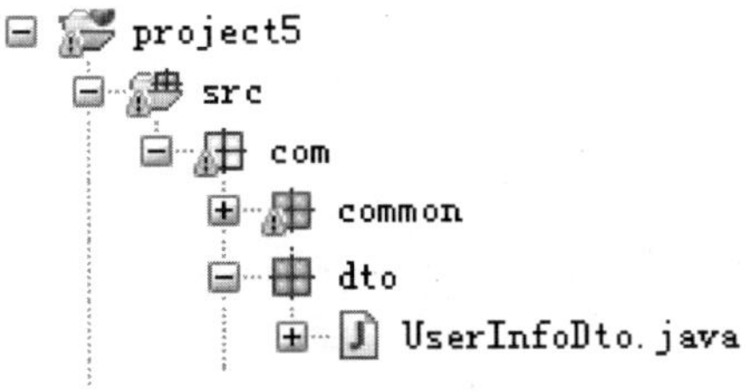

图 5－18 创建 UserInfoDto 类

（2）打开 “UserInfoDto. java”，输入以下 Java 代码并保存。

```
package com. dto;
```

```
public class UserInfoDto {
  private int id;
  private String username;
  private String password;
  private String usertype;
  public int getId () {
      return id;
      }
      public void setId (int id) {
          this. id = id;
      }
      public String getUsername () {
          return username;
      }
      public void setUsername (String username) {
          this. username = username;
      }
      public String getPassword () {
          return password;
      }
      public void setPassword (String password) {
          this. password = password;
      }
      public String getUsertype () {
          return usertype;
      }
      public void setUsertype (String usertype) {
          this. usertype = usertype;
      }
    }
```

5. 创建 DAO 类

（1）在项目 project5 的 com 包中，创建一个 dao 包，在 dao 包里创建一个 UserInfoDao 类，如图 5 – 19 所示。

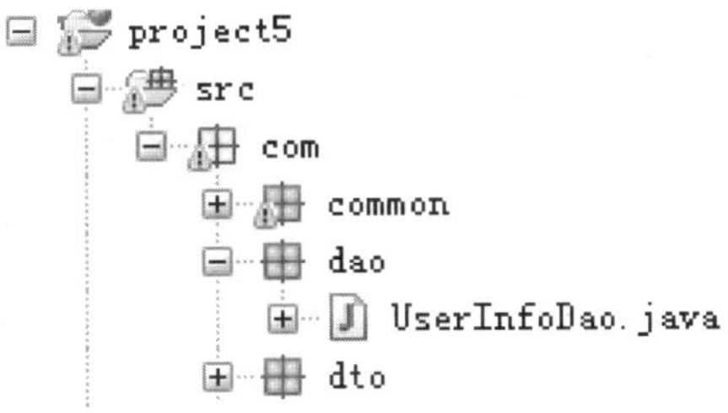

图 5-19 创建一个 UserInfoDao 类

(2) 打开"UserInfoDao. java",输入以下 Java 代码并保存。

```
package com.dao;
import java.sql.Connection;
import java.sql.PreparedStatement;
import java.sql.ResultSet;
import java.sql.SQLException;
import com.common.DBConnection;
import com.dto.UserInfoDto;
public class UserInfoDao {
  Connection conn = null;
  PreparedStatementps = null;
  ResultSetrs = null;
  public boolean login (UserInfoDto userinfodto) {
      boolean flag = false;
      try {
          conn = DBConnection.getConnection ();
          ps = conn.prepareStatement ("select * from userinfo where username = ? and password = ? and usertype = ?");
          ps.setString (1, userinfodto.getUsername ());
          ps.setString (2, userinfodto.getPassword ());
          ps.setString (3, userinfodto.getUsertype ());
          rs = ps.executeQuery ();
          if (rs.next ()) {
              flag = true;
              System.out.println ("登录成功!");
          }
          else {
              flag = false;
              System.out.println ("登录失败!");
```

```
            }
        } catch (SQLException e) {
            // TODO Auto-generated catch block
            e.printStackTrace ();
        }
        return flag;
    }
    public static void main (String [] args) {
        UserInfoDto userinfodto = new UserInfoDto ();
        userinfodto.setUsername ("tom");
        userinfodto.setPassword ("123");
        userinfodto.setUsertype ("admin");
        UserInfoDao userinfodao = new UserInfoDao ();
        userinfodao.login (userinfodto);
        }
}
```

（3）运行“UserInfoDao. java”程序，看看控制台显示的是什么信息。如果显示“登录失败”，分析和讨论一下是什么原因造成的。

6. 编写“index. jsp”页面文件

（1）打开项目 project5 的“WebRoot”文件夹中“index. jsp”，在 <body>… </body>标签里输入以下 HTML 代码。

```
<body>
    用户登录页面 <hr> <br>
    <form action = "#" method = "post">
        用户账号: <input type = "text" name = "username"/> <br/> <br/>
        用户密码: <input type = "password" name = "password"/> <br/> <br/>
        用户类型: <input type = "text" name = "usertype" /> <br/> <br/>
    <input type = "submit" value = "登录" />
    <input type = "reset" value = "重置" />
    </form>
</body>
```

（2）由于代码中含有中文，要将“index. jsp”页面编码设置为“pageEncoding = gb2312”，否则添加的代码将不能保存。

```
<%@ page language = "java" import = "java.util.*" pageEncoding = "gb2312"%>
```

（3）点击保存按钮（或按下组合键“Ctrl + S”）保存文件，完成编码。启动 Tomcat，将 project5 项目发布到 Tomcat，并在浏览器地址栏中输入“http://localhost:8080/project5/index. jsp”后回车，运行测试页面的显示效果。

7. 编写“error. jsp”页面文件

（1）在项目 project5 的“WebRoot”文件夹中创建“error. jsp”文件，如图 5-20 所示。

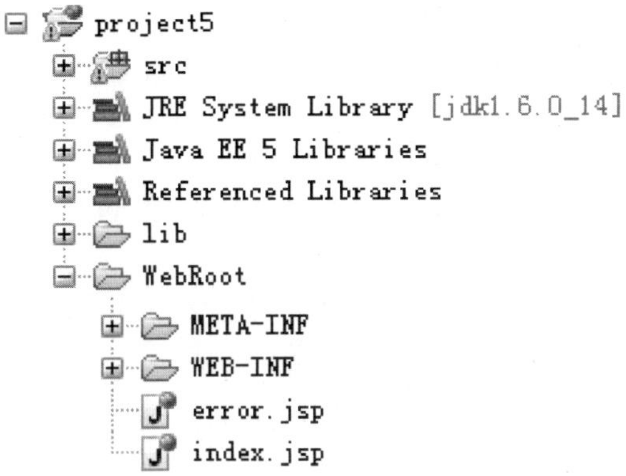

图 5-20 创建“error. jsp”文件

（2）在 <body>… </body>标签里输入以下 HTML 代码。

```
<body>
 登录失败页面<hr/><br>
         您输入的用户账号、用户密码、用户类型等信息有误!
</body>
```

（3）由于代码中含有中文，记得将“error. jsp”页面编码设置为“pageEncoding = gb2312”，否则添加的代码将不能保存。

```
<%@ page language="java" import="java.util.*" pageEncoding="gb2312"%>
```

（4）保存文件，完成编码。将 project5 项目重新发布到 Tomcat，并在浏览器地址栏中输入“http://localhost:8080/project5/error. jsp”后回车，查看页面运行效果。

8. 编写“main. jsp”页面文件

（1）在项目 project5 的“WebRoot”文件夹中创建一个文件夹“admin”，并在该文件夹中创建一个“main. jsp”文件，如图 5-21 所示。

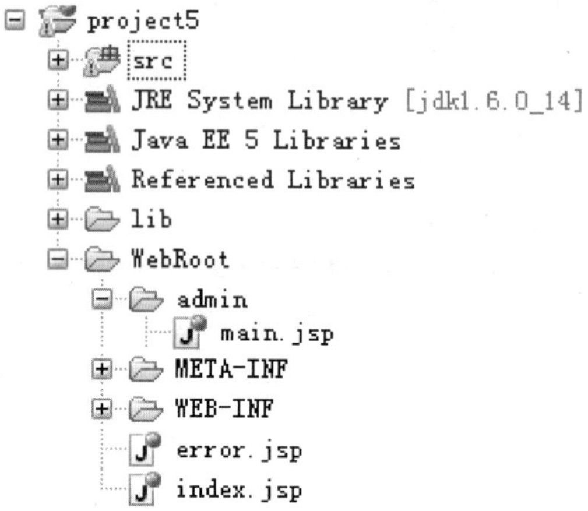

图 5－21　创建“main. jsp”文件

（2）打开“main. jsp”，在 <body>…</body> 标签里输入以下 HTML 代码。

```
<body>
  用户管理页面 <hr><br>
  <a href="admin/userinsert.jsp">添加用户信息</a><br><br>
  <a href="admin/userupdate.jsp">更新用户信息</a><br><br>
  <a href="admin/userdelete.jsp">删除用户信息</a><br><br>
  <a href="admin/userquery.jsp">查询用户信息</a><br><br>
  <a href="servlet/QueryAllServlet">用户列表信息</a><br><br>
</body>
```

（3）由于代码中含有中文，要将“index. jsp”页面编码设置为“pageEncoding = gb2312”，否则添加的代码将不能保存。

```
<%@ page language="java" import="java.util.*" pageEncoding="gb2312"%>
```

（4）保存文件，完成编码。将 project5 项目重新发布到 Tomcat，并在浏览器地址栏中输入“http：//localhost：8080/project5/admin/main. jsp”后回车，查看页面运行效果。

9. 创建 LoginServlet 类

（1）在项目 project5 的“src”文件夹 com 包中创建一个“servlet”包，并在该包中创建一个 Servlet 类：“LoginServlet”，如图 5－22 所示。

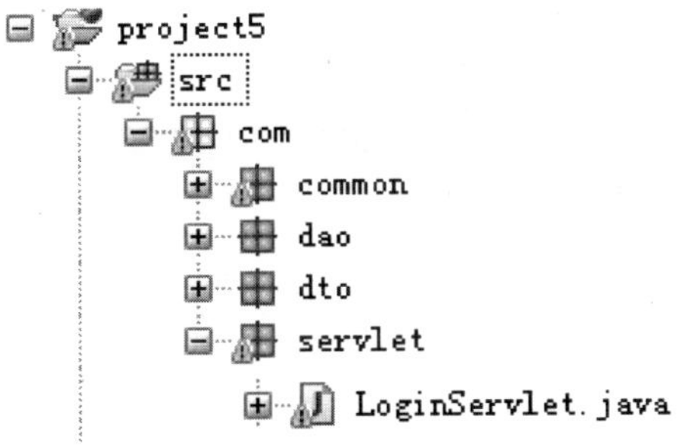

图 5-22 创建 LoginServlet 类

（2）打开“LoginServlet. java”，在 doGet 方法中输入以下 Java 代码。

```
public void doGet (HttpServletRequest request, HttpServletResponse
response) throws ServletException, IOException {
        doPost (request, response);
    }
```

（3）在 doPost 方法中输入以下 Java 代码，保存文件。

```
public void doPost (HttpServletRequest request, HttpServletResponse
response) throws ServletException, IOException {
        String username = request.getParameter (" username");
        String password = request.getParameter (" password");
        String usertype = request.getParameter (" usertype");
        UserInfoDto userinfodto = new UserInfoDto ();
        userinfodto.setUsername (username);
        userinfodto.setPassword (password);
        userinfodto.setUsertype (usertype);
        UserInfoDao userinfodao = new UserInfoDao ();
        boolean flag = userinfodao.login (userinfodto);
        if (flag) {
            // 如果登录成功，跳转到登录成功页面
            response.sendRedirect (" ../admin/main.jsp");
        } else {
            // 如果登录失败，跳转到登录失败页面
            response.sendRedirect (" ../error.jsp");
        }
    }
```

（4）打开项目 project5 的“WebRoot”文件夹中“index. jsp”，修改 <form> 标签的 action 属性值，将“#”改成“servlet/LoginServlet”并保存文件。修改后代码如下：

```
<form action="servlet/LoginServlet" method="post">
```

10. 项目发布及运行效果测试

（1）将 project5 项目重新发布到 Tomcat。

（2）在浏览器地址栏中输入“http://localhost:8080/project5/index.jsp”后回车，看看是否能够正确显示用户登录页面。

（3）在显示的用户登录页面中输入用户账号、用户密码、用户类型等信息，然后点击登录，看看运行效果。

【必要知识点】

✲ 知识点：Servlet 表单数据的获取

从浏览器到 Web 服务器，最终到后台程序，很多情况下，需要传递一些信息。浏览器使用 2 种方法可将这些信息传递到 Web 服务器，分别为 GET 方法和 POST 方法。

GET 方法向页面请求发送已编码的用户信息。页面和已编码的信息中间用 ? 字符分隔。如：http://www.test.com/hello? key1 = value1&key2 = value2

GET 方法是默认的从浏览器向 Web 服务器传递信息的方法，它会产生一个很长的字符串，出现在浏览器的地址栏中。如果您要向服务器传递的是密码或其他的敏感信息，请不要使用 GET 方法。在 Servlet 中，使用 doGet（）方法处理这种类型的请求。

POST 方法是另一个向后台程序传递信息的比较可靠的方法。POST 方法打包信息的方式与 GET 方法基本相同，但是 POST 方法不是把信息作为 URL 中 ? 字符后的文本字符串进行发送，而是把这些信息作为一个单独的消息。消息以标准输出的形式传到后台程序，您可以解析和使用这些标准输出。在 Servlet 中使用 doPost（）方法处理这种类型的请求。

✲ 知识点：HttpServletRequest

HttpServletRequest 是一个公共接口类，用来处理一个对 Servlet 的 HTTP 格式的请求信息。HttpServletRequest 继承自 ServletRequest。客户端浏览器发出的请求被封装成为一个 HttpServletRequest 对象。所有的信息包括请求的地址、请求的参数、提交的数据、上传的文件客户端的 IP 甚至客户端操作系统都包含在内，并提供了与 HTTP 协议有关的方法。

✲ 知识点：HttpServletResponse

HttpServletResponse 对象代表服务器的响应。这个对象中封装了向客户端发送数据、发送响应头、发送响应状态码的方法。查看 HttpServletResponse 的 API，可以看到这些相关的方法。

✲ 知识点：使用 Servlet 读取表单数据

Servlet 处理表单数据，这些数据会根据不同的情况使用不同的方法自动解析。以下是编程常用处理表单数据的方法：

getParameter（）：可以调用 request.getParameter（）方法来获取表单参数的值。

getParameterValues（）：如果参数出现一次以上，则调用该方法，并返回多个值，例如复选框。

getParameterNames ( ): 如果您想要得到当前请求中的所有参数的完整列表，则调用该方法。

【技能实战训练】

参照以上任务操作过程，编程实现以下登录功能。

要求：

使用MySQL创建数据库“admindb”，在该数据库创建一个数据表“admin”，如表5-2所示。

表5-2 数据表admin

字段	名称	数据类型	P	U	F	I	C	备注
id	自编号	INTEGER	√	√		√		
username	用户	VARCHAR (20)						
password	密码	VARCHAR (20)						

- 使用MyEclipse创建一个“Web Project”，在“index.jsp”页面编程实现登录页面。
- 在“WebRoot”下创建管理主页“admin.jsp”。
- 创建LoginServlet类，编程实现当输入正确的用户和密码信息点击登录按钮后，能够跳转到“admin.jsp”。如果输入用户和密码信息不正确，则返回登录页面。

(1) 登录页面“index.jsp”，如图5-23所示。

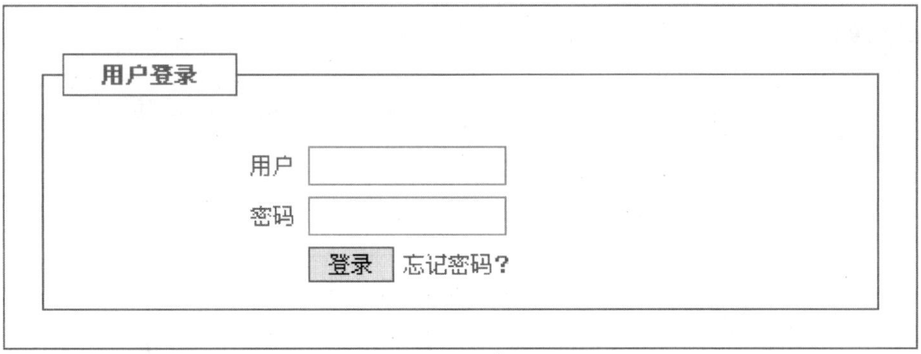

图5-23 登录页面

(2) 管理主页 "admin. jsp", 如图 5 -24 所示。

图 5 -24　管理主页

任务 5 -3　Servlet 编程实现对数据的添加

一、任务目标

能熟练编写 Servlet 程序完成向指定数据表中添加数据。

二、任务描述

本任务将讲解如何编写一个 Servlet 类实现 Web 系统的数据录入功能。

任务效果如图 5 -25 所示。

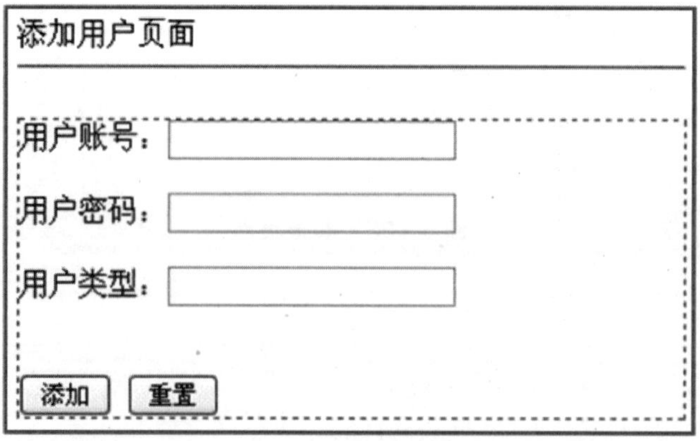

图 5 -25　任务效果

三、任务分析

数据录入功能是 Web 系统中的基本功能。在 Java Web 系统中，通过编写 Servlet 类，可以实现对数据库中对应数据表的数据添加，从而完成数据录入功能。

四、任务实施

操作步骤如下：

1. 在 UserInfoDao 类中添加 insert（）方法

（1）打开“UserInfoDao. java”，在 public class UserInfoDao {} 中输入以下 Java 代码。

```
public class UserInfoDao {
  public boolean insert (UserInfoDto userinfodto) {
      boolean flag = false;
      try {
          conn = DBConnection. getConnection ();
          ps = conn. prepareStatement ("insert into userinfo (username, password, usertype) values (?,?,?)");
          ps. setString (1, userinfodto. getUsername ());
          ps. setString (2, userinfodto. getPassword ());
          ps. setString (3, userinfodto. getUsertype ());
          ps. executeUpdate ();
          System. out. println ("插入成功!");
          flag = true;
      } catch (SQLException e) {
          System. out. println ("插入失败!");
          e. printStackTrace ();
      } finally {
          DBConnection. clear (conn, ps, rs);
      }
      return flag;
    }
  }
```

（2）在 public static void main（String [ ] args）{} 中输入以下 Java 代码并保存。

```
  public static void main (String [] args) {
      UserInfoDto userinfodto = new UserInfoDto ();
      userinfodto. setUsername ("cat");
      userinfodto. setPassword ("456");
      userinfodto. setUsertype ("admin");
```

```
    UserInfoDao userinfodao = new UserInfoDao ();
    userinfodao. insert (userinfodto);
  }
```

（3）保存文件，运行“UserInfoDao. java”程序，看看控制台显示的是什么信息。如果显示“插入失败”，分析和讨论一下是什么原因造成的。

2．编写“userinsert. jsp”页面文件

（1）在项目 project5 的“admin”文件夹中，创建一个“userinsert. jsp”文件，如图 5－26 所示。

图 5－26　创建“userinsert. jsp”文件

（2）打开“userinsert. jsp”，在 <body>…</body> 标签里输入以下 HTML 代码。

```
<body>
  添加用户页面 <hr> <br/>
<form action="servlet/InsertServlet" method="post" >
    用户账号：<input type="text" name="username" /> <br> <br>
    用户密码：<input type="password" name="password" /> <br> <br>
    用户类型：<input type="text" name="usertype" /> <br> <br> <br>
     <input type="submit" value="添加" />
     <input type="reset" value="重置" />
  </form>
</body>
```

（3）由于代码中含有中文，要将“userinsert. jsp”页面编码设置为“pageEncoding ="gb2312"”，否则添加的代码不能保存。

```
<%@ page language="java" import="java.util.*" pageEncoding="gb2312"%>
```

（4）保存文件，完成编码。将 project5 项目重新发布到 Tomcat，并在浏览器地址栏中输入“http://localhost:8080/project5/admin/userinsert. jsp”后回车，查看页面运行效果。

3. 编写“ok. jsp”页面文件

（1）在项目 project5 的“admin”文件夹中，创建一个“ok. jsp”文件，如图 5－27 所示。

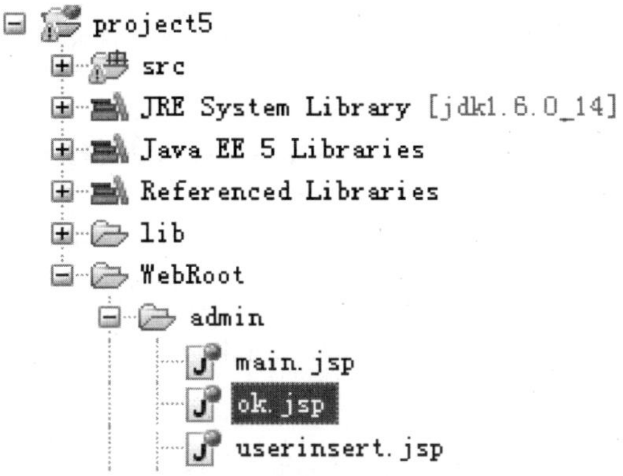

图 5－27　创建“ok. jsp”文件

（2）打开“ok. jsp”，在 <body>…</body> 标签里输入以下 HTML 代码。

```
<body>
    操作成功页面 <hr><br>
    操作成功！ <a href="admin/main.jsp">点击返回</a>
</body>
```

（3）由于代码中含有中文，要将“index. jsp”页面编码设置为“pageEncoding = "gb2312"”，否则添加的代码将不能保存。

```
<%@ page language="java" import="java.util.*" pageEncoding="gb2312"%>
```

（4）保存文件，完成编码。将 project5 项目重新发布到 Tomcat，并在浏览器地址栏中输入“http://localhost:8080/project5/admin/ok. jsp”后回车，查看页面运行效果。

4. 编写“failed. jsp”页面文件

（1）在项目 project5 的“admin”文件夹中，创建一个“failed. jsp”文件，如图 5－28 所示。

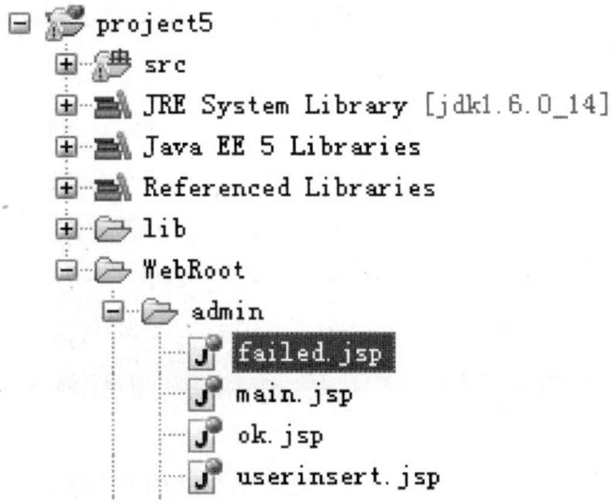

图 5－28　创建“failed. jsp”文件

（2）打开“failed. jsp”，在 <body>… </body> 标签里输入以下 HTML 代码。

```
<body>
    操作失败页面 <hr><br>
    操作失败！ <a href="admin/main.jsp">点击返回</a>
</body>
```

（3）由于代码中含有中文，要将“index. jsp”页面编码设置为“pageEncoding ="gb2312"”，否则添加的代码不能保存。

```
<%@ page language="java" import="java.util.*" pageEncoding="gb2312"%>
```

（4）保存文件，完成编码。将 project5 项目重新发布到 Tomcat，并在浏览器地址栏中输入“http://localhost:8080/project5/admin/failed. jsp”后回车，查看页面运行效果。

5. 创建 InsertServlet 类

（1）在项目 project5 的“servlet”包中创建一个 Servlet 类：“InsertServlet”，如图 5－29 所示。

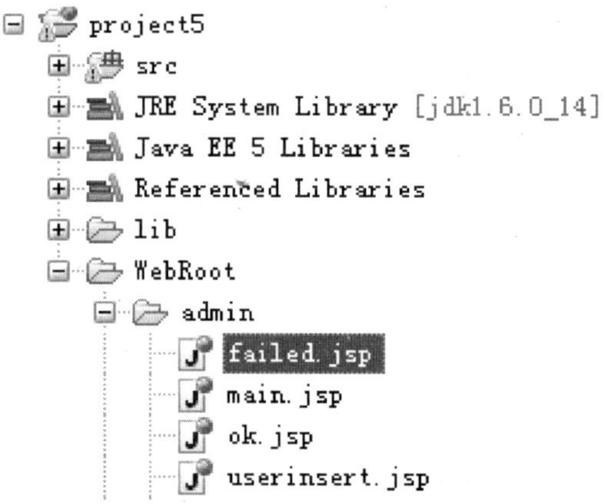

图 5－29 创建“InsertServlet”类

（2）打开“InsertServlet. java”，在 doGet 方法中输入以下 Java 代码。

```
public void doGet (HttpServletRequest request, HttpServletResponse response) throws ServletException, IOException {
        doPost (request, response);
    }
```

（3）在 doPost 方法中输入以下 Java 代码，保存文件。

```
public void doPost (HttpServletRequest request, HttpServletResponse response) throws ServletException, IOException {
        String username = request.getParameter ("username");
        String password = request.getParameter ("password");
        String usertype = request.getParameter ("usertype");
```

```java
    UserInfoDto userinfodto = new UserInfoDto ();
    userinfodto.setUsername (username);
    userinfodto.setPassword (password);
    userinfodto.setUsertype (usertype);
    UserInfoDao userinfodao = new UserInfoDao ();
    boolean flag = userinfodao.insert (userinfodto);
    if (flag) {
        response.sendRedirect ("../admin/ok.jsp");
    } else {
        response.sendRedirect ("../admin/failed.jsp");
    }
}
```

（4）保存文件。重新发布 project5 项目，查看运行效果。

【技能实战训练】

参照以上操作过程，编程实现以下如图 5-30 所示注册页面的数据添加功能。要求使用 MySQL 创建数据库和数据表，使用 MyEclipse 创建一个 Web Project，在 index.jsp 页面实现注册页面，创建一个 Servlet 类完成用户注册功能。

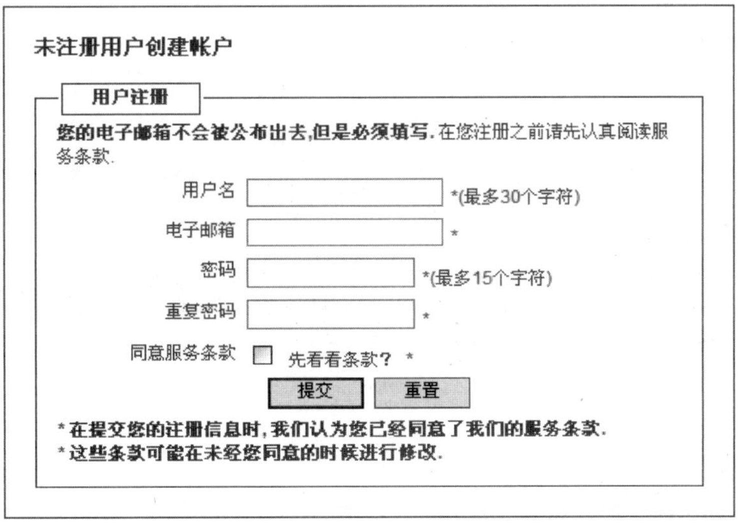

图5-30　用户注册训练任务

任务5-4　Servlet 编程实现对数据的修改

一、任务目标

能熟练编写 Servlet 程序，完成对数据表中记录的修改更新。

二、任务描述

本任务将讲解如何编写一个 Servlet 类，实现 Web 系统的数据修改功能。

任务效果如图 5-31 所示。

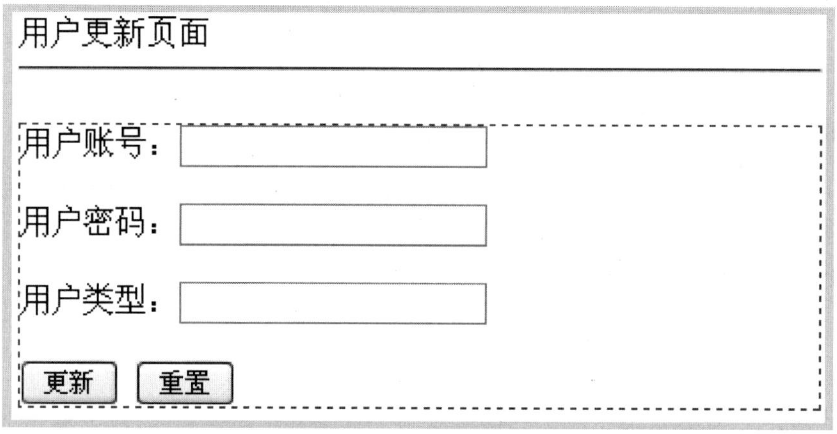

图 5-31　任务效果

三、任务分析

数据修改（或数据更新）功能是 Web 系统的基本功能之一。通过编写 Servlet 类，可以实现对数据库中对应数据表的数据修改。

四、任务实施

操作步骤如下：

1. 在 UserInfoDao 类中添加 update（）方法

（1）打开“UserInfoDao. java”，在 public class UserInfoDao {} 中输入以下 Java 代码。

```
public class UserInfoDao {
  public boolean update (UserInfoDto userinfodto) {
      boolean flag = false;
      try {
          conn = DBConnection.getConnection ();
```

```
            ps = conn.prepareStatement ("update userinfo set password
=?, usertype =? where username =?");
            ps.setString (1, userinfodto.getPassword ());
            ps.setString (2, userinfodto.getUsertype ());
            ps.setString (3, userinfodto.getUsername ());
            ps.executeUpdate ();
            System.out.println ("更新成功!");
            flag = true;
        } catch (SQLException e) {
            System.out.println ("更新失败!");
            e.printStackTrace ();
        } finally {
            DBConnection.clear (conn, ps, rs);
        }
        return flag;
    }
}
```

（2）在 public static void main（String［］args）｛｝中输入以下 Java 代码并保存。

```
public static void main (String [] args) {
    UserInfoDto userinfodto = new UserInfoDto ();
    userinfodto.setUsername ("cat");
    userinfodto.setPassword ("789");
    userinfodto.setUsertype ("student");
    UserInfoDao userinfodao = new UserInfoDao ();
    userinfodao.update (userinfodto);
}
```

（3）保存文件，运行“UserInfoDao. java”程序，看看控制台显示的是什么信息。如果显示“更新失败”，讨论和分析一下是什么原因造成的。

2. 编写“userupdate. jsp”页面文件

（1）在项目 project5 的“admin”文件夹中，创建一个“userupdate. jsp”文件，如图 5－32 所示。

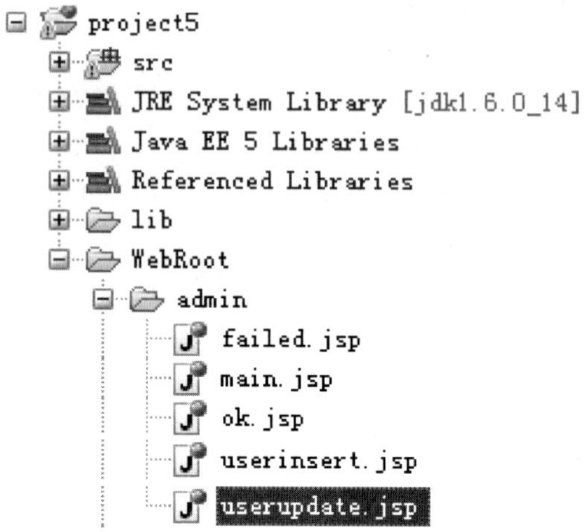

图 5－32　创建“userupdate. jsp”文件

（2）打开“userupdate. jsp”，在 <body>…</body> 标签里输入以下 HTML 代码。

```
<body>
    用户更新页面 <hr> <br>
  <form action="servlet/UpdateServlet" method="post">
    用户账号：<input type="text" name="username"/> <br> <br>
    用户密码：<input type="password" name="password" /> <br> <br>
    用户类型：<input type="text" name="usertype" /> <br> <br>
    <input type="submit" value="更新" />
    <input type="reset" value="重置" />
  </form>
</body>
```

（3）代码中含有中文，要将“userupdate. jsp”页面编码设置为“pageEncoding = "gb2312"”，否则添加的代码不能保存。

```
<%@ page language="java" import="java.util.*" pageEncoding="gb2312"%>
```

（4）保存文件，完成编码。将 project5 项目重新发布到 Tomcat，并在浏览器地址栏中输入“http://localhost:8080/project5/admin/userupdate. jsp”后回车，查看页面运行效果。

3. 创建 UpdateServlet 类

（1）在项目 project5 的 servlet 包中创建一个 Servlet 类，命名为：“UpdateServlet”，如图 5－33 所示。

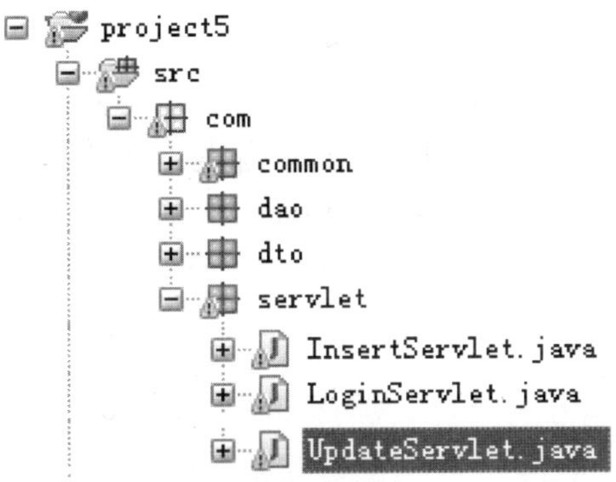

图5－33 创建“UpdateServlet”类

（2）打开“UpdateServlet.java”，在doGet方法中输入以下Java代码。

```
    public void doGet (HttpServletRequest request, HttpServletResponse
response) throws ServletException, IOException {
        doPost (request, response);
    }
```

（3）在doPost方法中输入以下Java代码，保存文件。

```
    public void doPost (HttpServletRequest request, HttpServletResponse
response) throws ServletException, IOException {
        String username = request.getParameter ("username");
        String password = request.getParameter ("password");
        String usertype = request.getParameter ("usertype");
        UserInfoDto userinfodto = new UserInfoDto ();
        userinfodto.setUsername (username);
        userinfodto.setPassword (password);
        userinfodto.setUsertype (usertype);
        UserInfoDao userinfodao = new UserInfoDao ();
        boolean flag = userinfodao.update (userinfodto);
        if (flag) {
            response.sendRedirect ("../admin/ok.jsp");
        } else {
            response.sendRedirect ("../admin/failed.jsp");
        }
    }
```

（4）保存文件。重新发布project5项目，查看运行效果。

【技能实战训练】

参照以上操作过程，编程实现如图 5－34 所示的修改密码页面的数据修改功能。要求根据页面设计使用 MySQL 设计数据库和数据表，使用 MyEclipse 创建一个“Web Project”，在“index. jsp”页面实现密码修改页面，创建一个 Servlet 类完成通过查询账号实现密码修改功能。

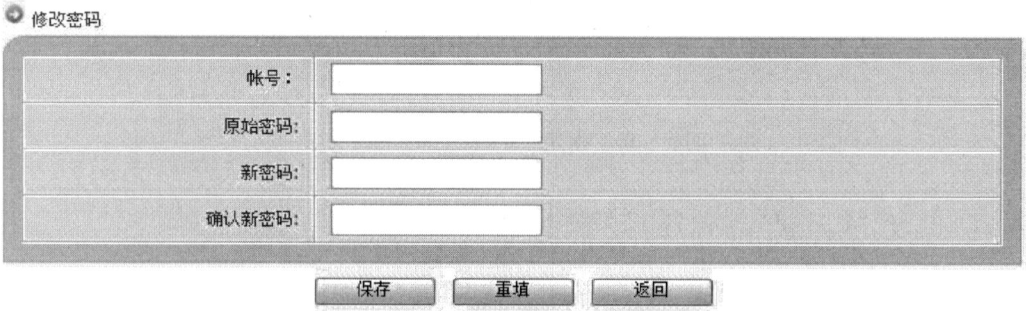

图 5－34　密码修改功能训练任务

任务 5－5　Servlet 编程实现对数据的删除

一、任务目标

能熟练编写 Servlet 程序，完成数据表中数据的删除。

二、任务描述

本任务将讲解如何编写一个 Servlet 类，实现 Web 系统的数据删除功能。
任务效果如图 5－35 所示。

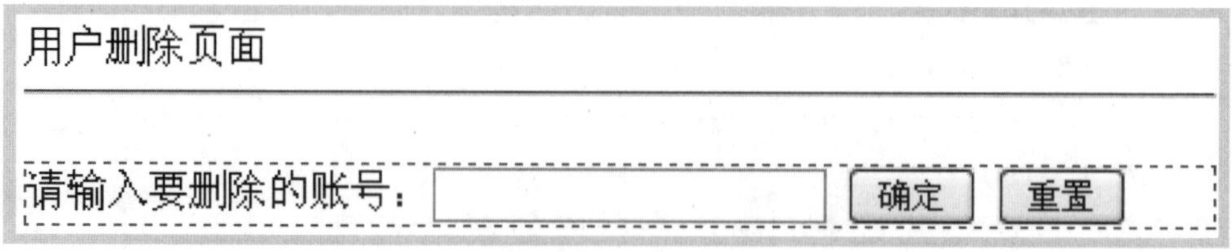

图 5－35　任务效果

三、任务分析

数据删除功能是 Web 系统中常见的基本功能之一。通过 Servlet 类的编程，可以实现对数据库中对应数据表的数据删除。

四、任务实施

操作步骤如下：

1. 在 UserInfoDao 类中添加 delete（）方法

（1）打开“UserInfoDao. java”，在 public class UserInfoDao {} 中输入以下 Java 代码。

```
public class UserInfoDao {
  public boolean delete (UserInfoDto userinfodto) {
      boolean flag = false;
      try {
          conn = DBConnection. getConnection ();
            ps = conn. prepareStatement ("delete from userinfo where
username = ?");
          ps. setString (1, userinfodto. getUsername ());
          ps. executeUpdate ();
          System. out. println ("删除成功!");
          flag = true;
      } catch (SQLException e) {
          System. out. println ("删除失败!");
          e. printStackTrace ();
      } finally {
          DBConnection. clear (conn, ps, rs);
      }
      return flag;
    }
}
```

（2）在 public static void main（String [] args）{} 中输入以下 Java 代码并保存。

```
public static void main (String [] args) {
    UserInfoDto userinfodto = new UserInfoDto ();
    userinfodto. setUsername ("cat");
    UserInfoDao userinfodao = new UserInfoDao ();
    userinfodao. delete (userinfodto);
}
```

（3）保存文件，运行“UserInfoDao. java”程序，看看控制台显示的是什么信息。如果显示“删除失败”，讨论和分析一下是什么原因造成的。

2. 编写“userdelete. jsp”页面文件

（1）在项目 project5 的“admin”文件夹中，创建一个“userdelete. jsp”文件，如图 5－36 所示。

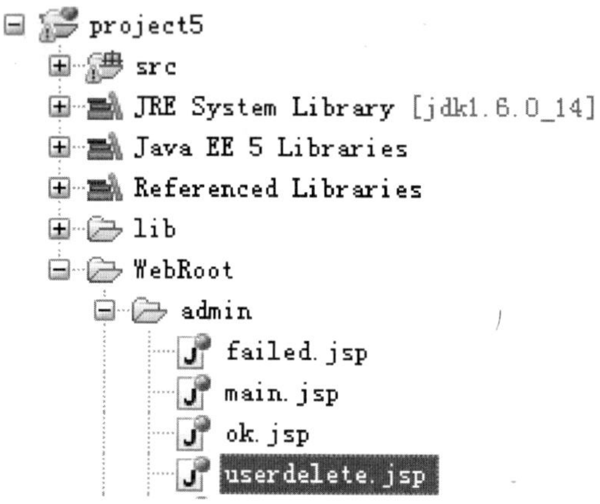

图 5－36　创建“userdelete. jsp”文件

（2）打开“userdelete. jsp”，在 <body>…</body> 标签里输入以下 HTML 代码。

```
<body>
    用户删除页面 <hr> <br>
  <form action="servlet/DeleteServlet" method="post">
   请输入要删除的账号：<input type="text" name="username" />
    <input type="submit" value="确定" />
    <input type="reset" value="重置" />
  </form>
</body>
```

（3）代码中含有中文，要将“userdelete. jsp”页面编码设置为“pageEncoding ="gb2312"”，否则添加的代码不能保存。

```
<%@ page language="java" import=" java.util.* " pageEncoding="gb2312"%>
```

（4）保存文件，完成编码。将 project5 项目重新发布到 Tomcat，并在浏览器地址栏中输入“http://localhost:8080/project5/admin/userdelete. jsp”后回车，查看页面运行效果。

3. 创建 DeleteServlet 类

（1）在项目 project5 的 servlet 包中创建一个 Servlet 类，命名为：“DeleteServlet”。

（2）打开“DeleteServlet. java”，在 doGet 方法中输入以下 Java 代码。

```
    public void doGet (HttpServletRequest request, HttpServletResponse
response) throws ServletException, IOException {
```

```
        doPost (request, response);
    }
```

（3）在 doPost 方法中输入以下 Java 代码，保存文件。

```
    public void doPost (HttpServletRequest request, HttpServletResponse
response) throws ServletException, IOException {
        String username = request.getParameter (" username");
        UserInfoDto userinfodto = new UserInfoDto ();
        userinfodto.setUsername (username);
        UserInfoDao userinfodao = new UserInfoDao ();
        boolean flag = userinfodao.delete (userinfodto);
        if (flag) {
            response.sendRedirect (" ../admin/ok.jsp");
        } else {
            response.sendRedirect (" ../admin/failed.jsp");
        }
    }
```

（4）保存文件。重新发布 project5 项目，查看运行效果。

【技能实战训练】

参照以上操作过程，编程实现如图 5－38 的注册/删除用户功能。要求根据页面设计使用 MySQL 设计数据库和数据表，使用 MyEclipse 创建一个“Web Project”，在“index. jsp”页面实现密码修改页面，创建 2 个 Servlet 类分别完成用户的注册和删除功能。

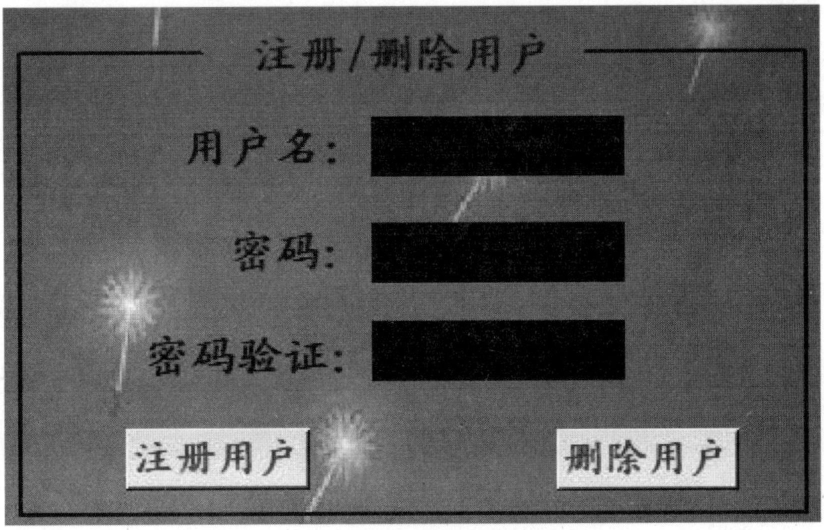

图 5－38　用户注册/删除功能训练任务

任务 5－6　Servlet 编程实现对数据的查询

一、任务目标

能熟练编写 Servlet 程序，完成对数据表中记录的查询。

二、任务描述

本任务将讲解如何编写一个 Servlet 类实现 Web 系统的数据删除功能。

任务效果如图 5－39 所示。

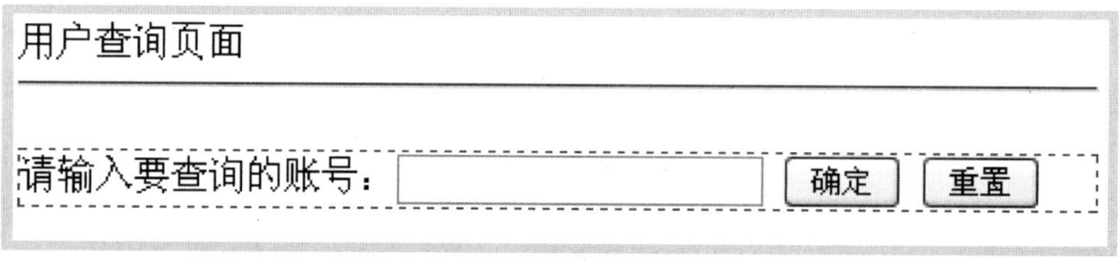

图 5－39　任务效果

三、任务分析

查询功能是 Web 系统中常见的基本功能之一，也是变化较多的功能。通过 Servlet 类的编程，可以实现对数据库中对应数据表的各种查询。

四、任务实施

操作步骤如下：

1. 在 UserInfoDao 类中添加 query（）方法

（1）打开“UserInfoDao. java”，在 public class UserInfoDao {} 中输入以下 Java 代码。

```
public class UserInfoDao {
  public UserInfoDto query (UserInfoDto userinfodto) {
      try {
          conn = DBConnection. getConnection ();
          ps  =  conn. prepareStatement  (" select *  from userinfo where username = ?");
          ps. setString (1, userinfodto. getUsername ());
          rs  = ps. executeQuery ();
          while (rs. next ()) {
              userinfodto. setId (rs. getInt (" id"));
```

```
                System.out.println(userinfodto.getId());
                userinfodto.setUsername(rs.getString("username"));
                System.out.println(userinfodto.getUsername());
                userinfodto.setPassword(rs.getString("password"));
                System.out.println(userinfodto.getPassword());
                userinfodto.setUsertype(rs.getString("usertype"));
                System.out.println(userinfodto.getUsertype());
            }
            System.out.println("查询成功!");

        } catch (SQLException e) {
            System.out.println("查询失败!");
            e.printStackTrace();
        } finally {
            DBConnection.clear(conn, ps, rs);
        }
        return userinfodto;
    }
}
```

（2）在 public static void main（String [ ] args）{} 中输入以下 Java 代码并保存。

```
public static void main(String[] args) {
    UserInfoDto userinfodto = new UserInfoDto();
    userinfodto.setUsername("tom");
    UserInfoDao userinfodao = new UserInfoDao();
    userinfodao.query(userinfodto);
}
```

（3）保存文件，运行“UserInfoDao. java”程序，看看控制台显示的是什么信息。如果显示“查询失败”，讨论和分析一下是什么原因造成的。

2. 编写“userquery. jsp”页面文件

（1）在项目 project5 的“admin”文件夹中，创建一个“userquery. jsp”文件，如图 5－40 所示。

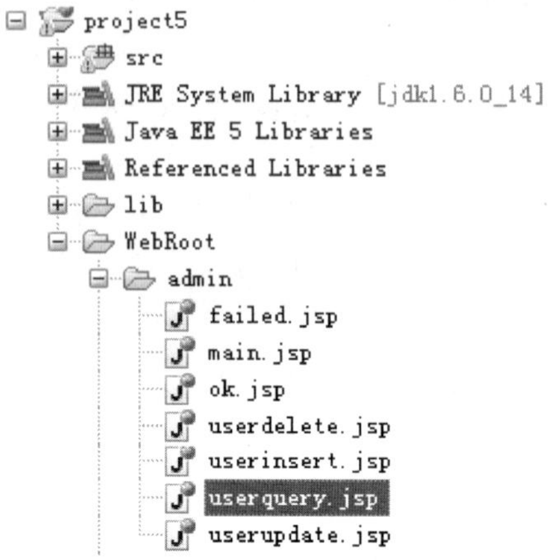

图 5－40　创建“userquery. jsp”文件

（2）打开“userquery. jsp”，在 <body>… </body> 标签里输入以下 HTML 代码。

```
<body>
    用户查询页面 <hr> <br>
    <form action="servlet/QueryServlet" method="post" >
        请输入要查询的账号：<input type="text" name="username" />
        <input type="submit" value="确定" />
        <input type="reset" value="重置" />
  </form>
</body>
```

（3）代码中含有中文，要将“userquery. jsp”页面编码设置为“pageEncoding ="gb2312"”，否则添加的代码不能保存。

```
<%@ page language="java" import="java.util.*" pageEncoding="gb2312"%>
```

（4）保存文件，完成编码。将 project5 项目重新发布到 Tomcat，并在浏览器地址栏中输入“http://localhost:8080/project5/admin/userquery. jsp”后回车，查看页面运行效果。

3．编写“userinfoquery. jsp”页面文件

（1）在项目 project5 的“admin”文件夹中，创建一个“userinfoquery. jsp”文件，如图 5－41 所示。

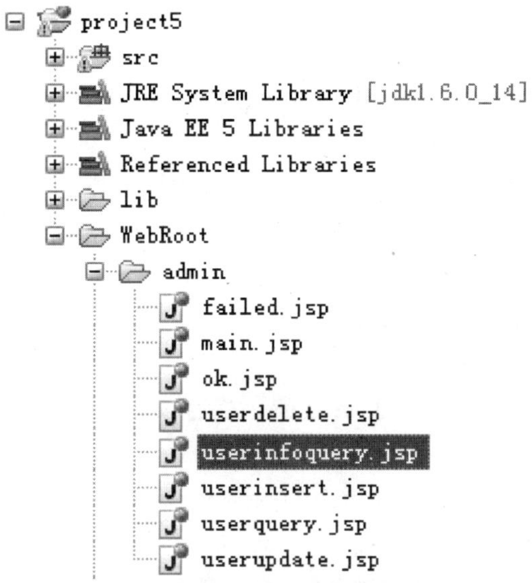

图5-41　创建“userinfoquery.jsp”文件

（2）打开“userinfoquery.jsp”，在<body>…</body>标签里输入以下HTML代码。

```
<body>
  用户查询结果 <hr><br>
  <table>
  <tr>
  <th>ID</th>
  <th>用户账号</th>
  <th>用户密码</th>
  <th>用户类型</th>
  </tr>
  <tr>
  <td>${id} </td>
  <td>${username} </td>
  <td>${password} </td>
  <td>${usertype} </td>
  </tr>
  </table>
</body>
```

（3）代码中含有中文，要将“userinfoquery.jsp”页面编码设置为“pageEncoding="gb2312"”，否则添加的代码不能保存。

```
<%@ page language="java" import="java.util.*" pageEncoding="gb2312"%>
```

（4）保存文件，完成编码。

4. 创建 DeleteServlet 类

（1）在项目 project5 的 servlet 包中创建一个 Servlet 类，命名为：“QueryServlet”，如图 5 -42 所示。

（2）打开“QueryServlet. java”，在 doGet 方法中输入以下 Java 代码。

```
  public void doGet (HttpServletRequest request, HttpServletResponse
response) throws ServletException, IOException {
        doPost (request, response);
    }
```

（3）在 doPost 方法中输入以下 Java 代码，保存文件。

```
  public void doPost (HttpServletRequest request, HttpServletResponse
response) throws ServletException, IOException {
        String username = request.getParameter (" username");
        UserInfoDto userinfodto = new UserInfoDto ();
        userinfodto.setUsername (username);
        UserInfoDao userinfodao = new UserInfoDao ();
        userinfodto = userinfodao.query (userinfodto);
        HttpSession session = request.getSession ();
        session.setAttribute ("id", userinfodto.getId ());
        session.setAttribute ("username", userinfodto.getUsername ());
        session.setAttribute ("password", userinfodto.getPassword ());
        session.setAttribute ("usertype", userinfodto.getUsertype ());
        response.sendRedirect (" ../admin/userinfoquery.jsp");
    }
```

（4）保存文件。重新发布 project5 项目，查看运行效果。

【必要知识点】

✲ 知识点：HttpSession

Servlet 提供了 HttpSession 接口，该接口提供了一种跨多个页面请求或访问 Web 系统或网站时识别用户以及存储有关用户信息的方式。

Servlet 容器使用这个接口来创建一个 HTTP 客户端和 HTTP 服务器之间的 session 会话。会话持续一个指定的时间段，跨多个连接或页面请求。

在 Servlet 中，一般通过调用 HttpServletRequest 的公共方法 getSession（）来获取 HttpSession 对象，代码如下：

```
HttpSession session = request.getSession ();
```

HttpSession 类提供了 setAttribute（）和 getAttribute（）方法存储和检索对象。HttpSession 提供了一个会话 ID 关键字，一个参与会话行为的客户端在同一会话的请求中存储和返回它。servlet 引擎查找适当的会话对象，并使之对当前请求可用。

✲ 知识点：HttpSession 常用方法

如表 5 -3 所示是 HttpSession 对象中常用的几个重要方法。

表 5 - 3 HttpSession 常用方法

序号	方法 & 描述
1	public Object getAttribute (String name) 该方法返回在该 session 会话中具有指定名称的对象，如果没有指定名称的对象，则返回 null
2	public Enumeration getAttributeNames ( ) 该方法返回 String 对象的枚举，String 对象包含所有绑定到该 session 会话的对象的名称
3	public long getLastAccessedTime ( ) 该方法返回客户端最后一次发送与该 session 会话相关的请求的时间自格林尼治标准时间 1970 年 1 月 1 日午夜算起，以毫秒为单位
4	public void invalidate ( ) 该方法指示该 session 会话无效，并解除绑定到它上面的任何对象
5	public boolean isNew ( ) 如果客户端还不知道该 session 会话，或者如果客户选择不参入该 session 会话，则该方法返回 true
6	public void removeAttribute (String name) 该方法将从该 session 会话移除指定名称的对象
7	public void setAttribute (String name, Object value) 该方法使用指定的名称绑定一个对象到该 session 会话

✲ 知识点：EL 表达式

EL 表达式（即 Expression Language）提供了一种在 JSP 中简化表达式的方法，让 JSP 的代码更加简化。

语法结构：`${expression}`

EL 表达式存取变量数据的方法很简单，例如：${username}。它表示在某一范围中取出名称为 username 的变量。如果没有指定哪一个范围的 username，所以它会依序从 Page、Request、Session、Application 范围查找。若找到 username，就直接回传，不再继续找下去，如果在规定范围没有找到，就回传""。

【技能实战训练】

参照以上操作过程，编程实现如图 5 -42 所示的考试成绩查询功能。要求根据页面设计使用 MySQL 设计数据库和数据表，使用 MyEclipse 创建一个“Web Project”，在“index. jsp”页面实现查询页面，创建一个 Servlet 类完成通过姓名、考生号及身份证号进行查询的功能。

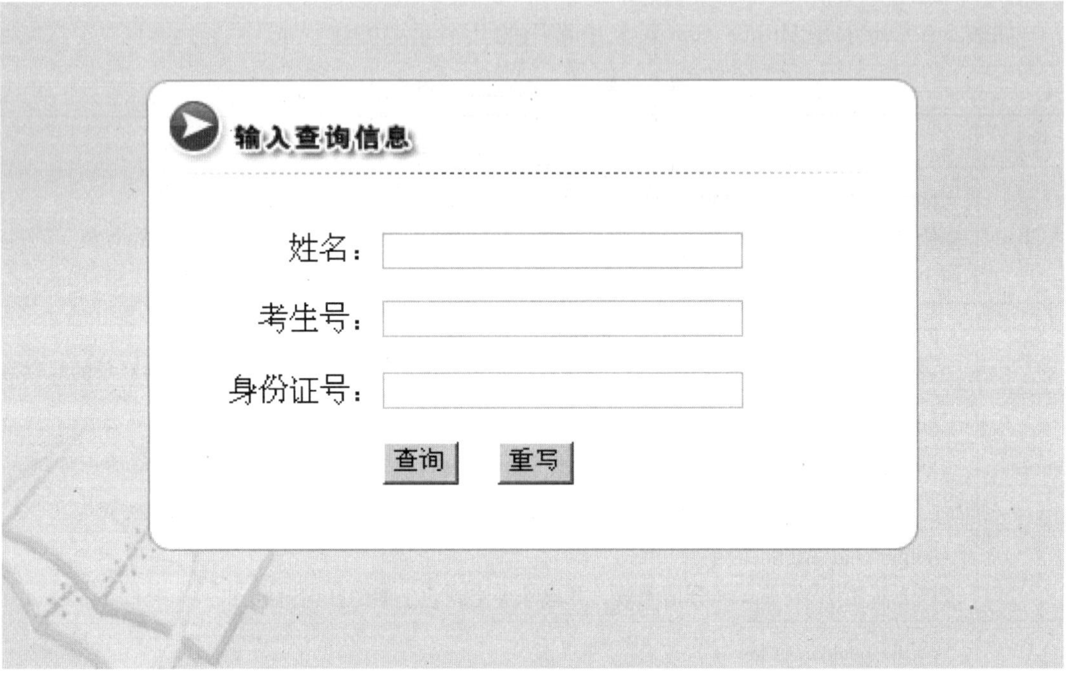

图 5－42　考试成绩查询功能训练任务

项目小结

本项目简要介绍了 Servlet 这个 JSP 程序设计中的常用技术。为了便于初学者后续进行 Java Web 系统开发实践，着重介绍了使用 Servlet 实现 Web 系统的用户登录、数据增删改查等功能的编程方法和技巧。

项目重点：熟练掌握 JSP 程序设计中 Servlet 类的编写方法和技巧。熟悉使用 MyEclipse 创建 Servlet 类，以及使用 Servlet 类实现 Java Web 系统用户登录、密码修改、用户查询、数据删除和修改等功能的编程方法和技巧。

考核评价

在本项目教学和实施过程中，教师和学生可以根据表 5－4 对各项任务进行考核评价。考核主要针对学生在技术内容、技能情况、技能实战训练的掌握程度和完成效果进行评价。

表5－4　考核评价表

<table>
<tr><th rowspan="3">评价内容</th><th colspan="10">评价标准</th></tr>
<tr><th colspan="2">技术内容</th><th colspan="2">技能情况</th><th colspan="2">技能训练</th><th colspan="2">完成效果</th><th colspan="2">总体评价</th></tr>
<tr><th>个人评价</th><th>教师评价</th><th>个人评价</th><th>教师评价</th><th>个人评价</th><th>教师评价</th><th>个人评价</th><th>教师评价</th><th>个人评价</th><th>教师评价</th></tr>
<tr><td>任务5－1</td><td></td><td></td><td></td><td></td><td></td><td></td><td></td><td></td><td></td><td></td></tr>
<tr><td>任务5－2</td><td></td><td></td><td></td><td></td><td></td><td></td><td></td><td></td><td></td><td></td></tr>
<tr><td>任务5－3</td><td></td><td></td><td></td><td></td><td></td><td></td><td></td><td></td><td></td><td></td></tr>
<tr><td>任务5－4</td><td></td><td></td><td></td><td></td><td></td><td></td><td></td><td></td><td></td><td></td></tr>
<tr><td>任务5－5</td><td></td><td></td><td></td><td></td><td></td><td></td><td></td><td></td><td></td><td></td></tr>
<tr><td>任务5－6</td><td></td><td></td><td></td><td></td><td></td><td></td><td></td><td></td><td></td><td></td></tr>
<tr><td>存在问题与解决办法（应对策略）</td><td colspan="10"></td></tr>
<tr><td>学习心得与体会分享</td><td colspan="10"></td></tr>
</table>

实训与讨论

一、实训题

完成一个客户信息管理系统的设计与开发，要求：创建一个独立的Web Project，采用JSP＋JavaBean＋Servlet完成系统的用户登录、客户信息增删改查等功能的设计与实现。

二、讨论题

1．Servlet的生命周期有哪几个阶段？

2．什么是JSP＋JavaBean＋Servlet开发模式？

项目 6
JSP 常用标签编程

学习目标

○ 认识 JSP 指令、脚本、常用标签及其应用
○ 了解 JSP 页面标签编程技术
○ 熟悉 JSP 动作标签和内置对象编程技巧与方法
○ 掌握 JSTL 标签库使用和编程技巧

技能目标

○ 懂 JSP 常用指令、脚本和标签的使用方法和技巧
○ 会 JSP 动作标签和内置对象编程
○ 能用 JSTL 核心标签编程实现对数据表中读取的数据进行列表显示

任务 6－1　JSP 指令和脚本应用

一、任务目标

懂 JSP 指令的使用，会编写 JSP 脚本代码。

二、任务描述

本任务将讲解 JSP 指令和脚本的使用。
任务效果如图 6－1 所示。

图 6－1　指令标签任务效果

三、任务分析

JSP 指令用来设置整个 JSP 页面相关的属性，如 JSP 页面的编码方式和脚本语言。JSP 指令用于设置全局值，是向包容器发送的，并且不向客户端产生输出。JSP 指令是为 JSP 引擎而设计的。它们并不直接产生任何可见输出，而只是告诉引擎如何处理其余 JSP 页面。这些指令始终被包含在“ < %@... % >” 标记中 。JSP 指令包括 page、include、taglib。

四、任务实施

操作步骤如下：

（1）创建一个“Web Project” 项目，命名为“project6”，如图 6－2 所示。

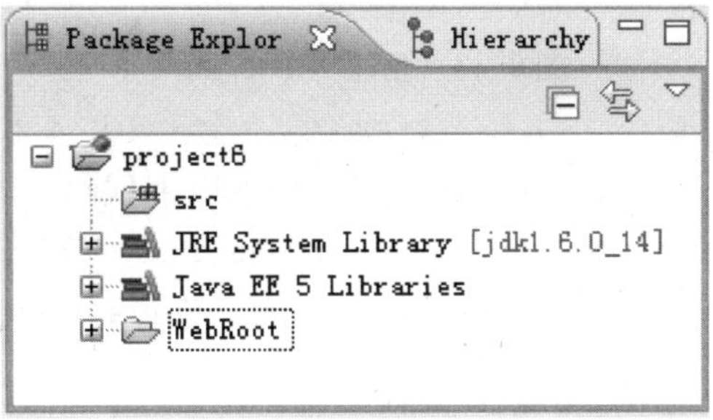

图 6－2　创建项目“project6”

（2）打开“index.jsp” 页面文件。在 <%@ page language ="java" import ="java.util. * , jauav.text. * " pageEncoding ="gb2312"%> 后添加如下代码：

```
<% @ page language ="java" import ="java.util. * , java.text.*"
pageEncoding ="gb2312"% >
<% @ include file ="date.jsp"% >
<% !
Date date2 =new Date ();
```

```
String title ="这里显示的是运行页面 index.jsp 的日期时间:";
%>
```

(3) 在 <body>… </body> 标签间输入以下代码，保存文件。

```
<body>
    <% = title %>
    <%
    out.println (DateFormat.getDateInstance () . format (date2));
    out.println (DateFormat.getTimeInstance () . format (date2));
%>
</body>
```

(4) 在“WebRoot”文件夹下创建一个 JSP (Basic templates) 页面文件，命名为“date. jsp”，如图 6－3 所示。

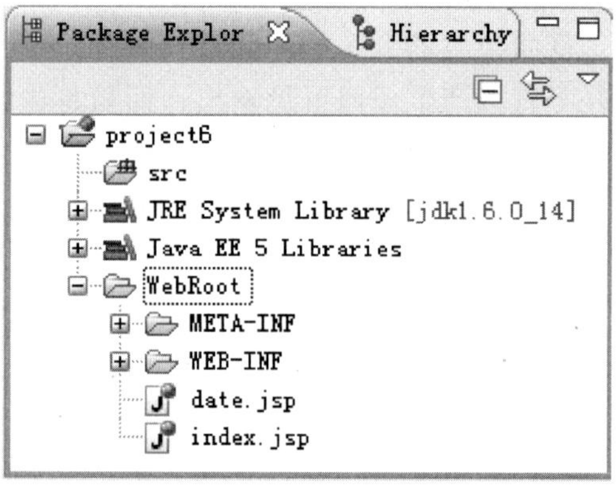

图 6－3 创建“date. jsp”

(5) 打开“date. jsp”页面文件，在页面中输入以下代码，保存文件。

```
<% @ page contentType="text/html; charset=gb2312"
language="java" import="java.util.* , java.text.* "%>
<%
Date date1=new Date ();
%>
<p>这里显示的是包含页面 date.jsp 的日期时间:
<% = DateFormat.getDateTimeInstance () . format (date1) %>
</p>
```

(6) 启动 Tomcat，将项目 project6 发布到 Tomcat。启动浏览器，在地址栏输入“http://localhost:8080/project6/index.jsp”，查看运行效果。

【必要知识点】

✲ 知识点：page 指令

功能：设定整个 JSP 网页的属性和相关功能。用于对 jsp 文件中的全局属性进行设置。

语法：< %@ page attribute1 =" value1" attribute2 =" value2" % >

page 指令元素的属性如表 6 – 1 所示。

表 6 – 1 page 指令元素的属性

属性	描 述
language	指定 JSP Container 要用什么语言来编译 JSP 网页。缺省值为“Java”
import	定义此 JSP 页面可以使用哪些 Java API。定义以逗号分隔的类或包的列表，类似 Java 语言的 import 语句
pageEncoding	表示 JSP 页面的编码方式。如 pageEncoding =" gb2312"
contentType	定义 JSP 的字符编码方式和 JSP 页面的应答的 MIME 类型。它的形式可以为 MIMETYPE 或“MIMETYPE；charset = CHARSET”。MIMETYPE 的缺省值为 text/html；CHARSET 的缺省值为 ISO – 8859 – 1
isErrorPage	设置该页面是否作为其他页面的错误处理，即如果此页面被用作处理异常错误的页面，则为 true。在这种情况下，页面可被指定为另一页面 page 指令元素中 errorPage 属性的取值。缺省值为“false”
errorPage	本页面异常时的处理页面，表示如果发生异常错误，网页会被重新指向一个 URL 页面，如 errorPage =" error. jsp"。错误页面必须在其 page 指令元素中指定 isErrorPage =" true"
buffer	定义对客户的输出流的缓冲模型。如果值为“none”，则没有缓冲，而是所有的输出都被 PrintWriter 直接写到 ServletResponse 中。如果定义了缓冲区的尺寸（如“24Kb”），则将输出写到不小于该值的缓冲区中
info	描述 JSP 页面的相关信息，如 info =" JSP 登录案例"，表示此 JSP 页面为一个登录案例。Info 属性值可以通过 Servlet. getServletInfo（）获得
autoFlush	决定输出流的缓冲区是否要自动清除。如果值为“true”，则当缓冲区满时，自动把输出缓冲输出给客户。如果值为“false”，则当缓冲区满时，会有一个运行异常。缺省值为“true”
isThreadSafe	如果值为“true”，则 JSP 引擎会同时向该页面发送多个客户请求。如果值为“false”，则 JSP 引擎会对发送给该页面的客户请求进行排队和处理，并且按照请求被收到的顺序，在某个时刻只处理一个请求（库操作）。缺省值为“true”

续上表

属性	描　述
extends	定义 JSP 页面产生的 Servlet 是继承自哪个父类。必须为实现 HttpJspPage 接口的类。如 Extends = "com. lib. myjsp"
session	布尔值，本页是否使用 session 对象，缺省值为“true”
isELIgnored	表示是否在此 JSP 网页中执行或忽略 EL 表达式，取值为“true｜false”。如果为“true”时，JSP Container 将忽略 EL 表达式

✲ 知识点：include 指令

功能：在 JSP 编译时插入包含一个文件。包含的过程是静态的，包含的可以是 JSP、HTML、文本文件或是 Java 程序。在 jsp 页面中使用该指令可引用外部文件。

语法：<% @ include file = "relativeURLspec" %>

例如：<% @ include file = "date. jsp"%>

注意：include 指令元素和行为元素主要有两个方面的不同点。

①include 指令是静态包含，执行时间是在编译阶段执行，引入的内容为静态文本，在编译成 servlet 时就和包含者融合到一起。所以 file 不能是一个变量，也不能在 file 后接任何参数。

②include 行为是动态包含，执行时间是在请求阶段，引入的内容在执行页面时被请求时动态生成再包含到页面中。

✲ 知识点：taglib 指令

功能：使用标签库定义新的自定义标签，在 JSP 页面中启用定制行为。用于声明用户自定义的新标签。

语法：< % @ taglib uri = "tabLibraryURI" prefix"tagPrefix"%>

taglib 指令元素的属性

uri = "tagLibraryURI" 标签库描述器的 URI，主要是说是 tagLibrary 的存放位置。

prefix = "tagPrefix" 用于标识在页面后面部分使用定制标签的唯一前缀。

✲ 知识点：JSP 声明

JSP 声明用来定义页面级变量，以保存信息或定义 JSP 页面的其余部分可能需要的支持方法。如果发现代码太多，通常最好把它们写成一个独立的 Java 类别。声明一般都在“< %！... % >”标记中。一定要以分号“;”结束变量声明，因为任何内容都必须是有效的 Java 语句。例如：<% ! Date date2 = new Date ();%>。

✲ 知识点：JSP 表达式

JSP 表达式是在 JSP 页面脚本语言中被定义的表达式，该表达式在页面运行后会被转换成一个字符串，并且被直接包括在输出页面之内。JSP 表达式包含在“< % = …% >”标记中，不需要加分号。例如：<% = title %>。

✲ 知识点：JSP 脚本程序

JSP 脚本程序（Scriptlets）是指嵌在“< %... % >”标记中的 Java 代码。这种 Java

代码在 Web 服务器响应请求时运行。

例如：

```
<%
    out.println (DateFormat.getDateInstance () .format (date2));
    out.println (DateFormat.getTimeInstance () .format (date2));
%>
```

【技能实战训练】

参照以上任务的操作过程，使用 include 指令完成图 6－4 所示内容的加载。

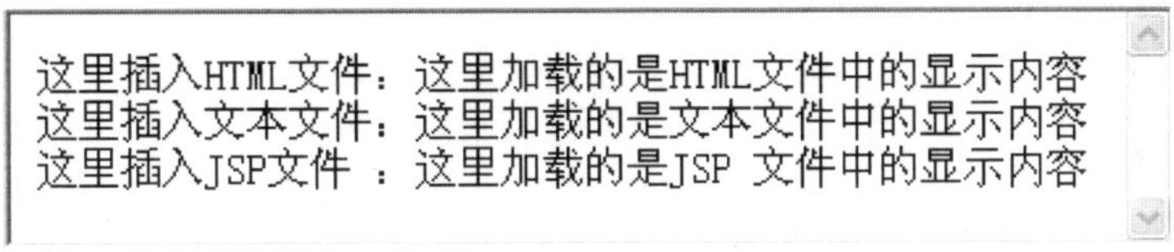

图 6－4　指令元素训练任务

任务 6－2　JSP 动作标签使用

一、任务目标

懂常用 JSP 动作标签的使用，会使用 JSP 动作标签编写一个简易的四则运算器。

二、任务描述

本任务将讲解 JSP 动作标签的使用。

任务效果如图 6－5 所示。

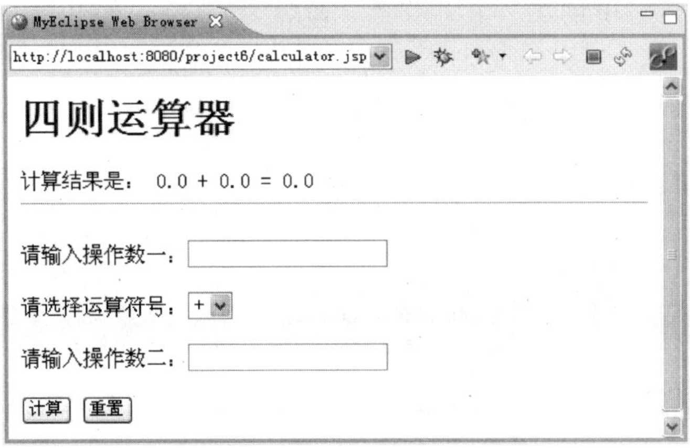

图 6－5　动作标签任务效果

三、任务分析

JSP 动作标签用于在 JSP 页面中提供业务逻辑功能，避免在 JSP 页面中直接编写大量的 Java 代码，造成 JSP 页面难以维护。

常用 JSP 动作标签如下：

- <jsp：useBean>
- <jsp：getProperty>
- <jsp：setProperty>
- <jsp：include>
- <jsp：forword>
- <jsp：param>

四、任务实施

操作步骤如下：

（1）在工程 project6 的“src”文件夹中创建 com 包和 task6_2 包。效果如图 6-6 所示。

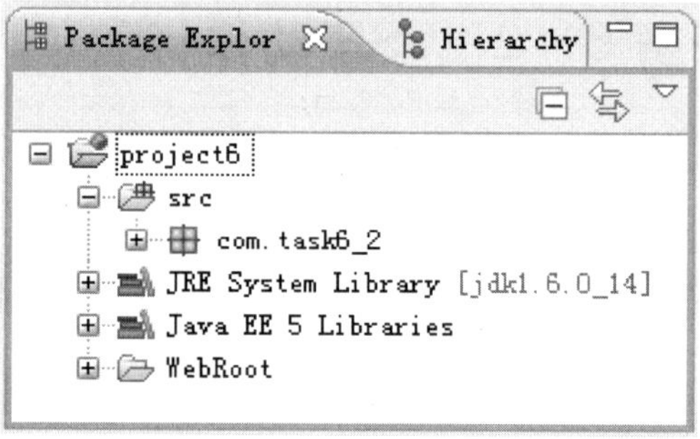

图 6-6　创建 com 包和 task6_2 包

（2）在 task6_2 包中创建一个 Java 类，命名为“CalculatorBean.java”，如图 6-7 所示。

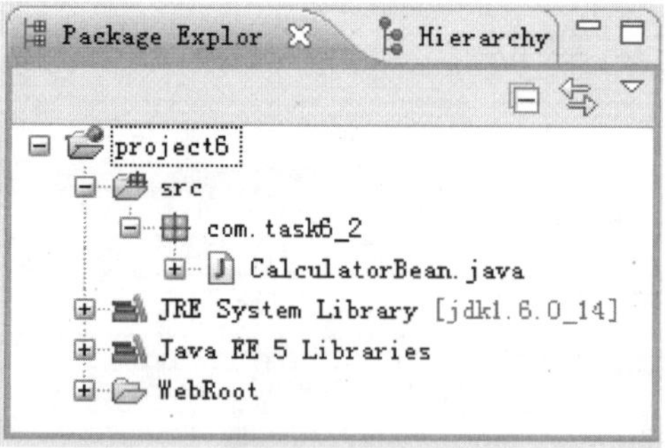

图 6-7　创建 CalculatorBean 类

（3）打开“CalculatorBean. java”文件，输入以下代码并保存文件。

```
package com.task6_2;
import java.math.BigDecimal;
public class CalculatorBean {
    private double firstNum; //用户输入的第一个操作数
    private double secondNum; //用户输入的第二个操作数
    private char operator = '+'; //用户选择的操作运算符
    private double result; //运算结果
    public double getFirstNum () {
        return firstNum;
    }
    public void setFirstNum (double firstNum) {
        this.firstNum = firstNum;
    }
    public double getSecondNum () {
        return secondNum;
    }
    public void setSecondNum (double secondNum) {
        this.secondNum = secondNum;
    }
    public char getOperator () {
        return operator;
    }
    public void setOperator (char operator) {
        this.operator = operator;
    }
    public double getResult () {
        return result;
    }
    public void setResult (double result) {
        this.result = result;
    }
    /* *
    * 加减乘除四则运算
    * /
    public void calculate () {
        switch (this.operator) {
            case '+': {
```

```
                this. result = this. firstNum + this. secondNum;
                break;
            }
            case '-': {
                this. result = this. firstNum - this. secondNum;
                break;
            }
            case '* ': {
                this. result = this. firstNum *  this. secondNum;
                break;
            }
            case '/': {
                if (this. secondNum = = 0) {
                    throw new RuntimeException (" 被除数不能为 0!!!");
                }
                this. result = this. firstNum / this. secondNum;
                // 四舍五入
                this. result = new BigDecimal (this. result) . setScale (2,
                        BigDecimal. ROUND_HALF_UP) . doubleValue ();
                  break;
            }
            default:
                throw new RuntimeException (" 运算符非法!");
        }
    }
}
```

(4) 在“WebRoot”文件夹下创建一个新的 JSP (Basic templates) 页面文件，命名为“calculator. jsp”，如图 6 - 8 所示。

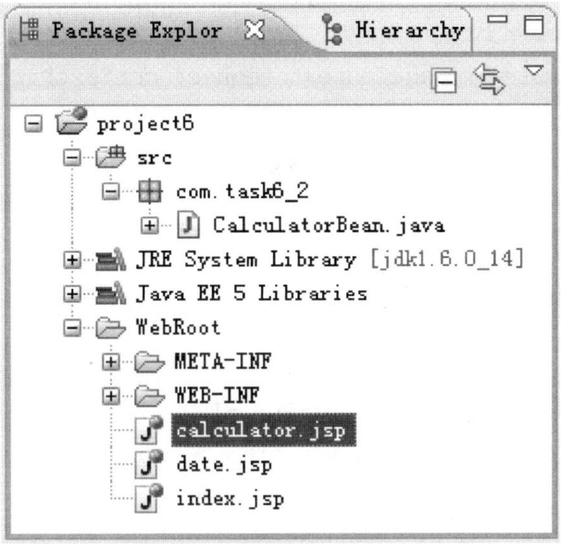

图6-8 创建"calculator.jsp"

(5) 打开"calculator.jsp"文件，输入以下代码并保存文件。

```
<%@ page language="java" import="java.util.*" pageEncoding
="gb2312"%>
<%--使用com.task6_2.CalculatorBean——%>
<jsp:useBean id="calcBean" class="com.task6_2.CalculatorBean" />
<%--接收用户输入的参数--% >
<jsp:setProperty name="calcBean" property="*" />
<%
calcBean.calculate (); //使用CalculatorBean进行计算
%>
<!DOCTYPE HTML>
<html>
  <head>
    <title>使用jsp+JavaBean开发的四则运算器</title>
  </head>
  <body>
  <h1>四则运算器</h1>
 计算结果是:
    <jsp:getProperty name="calcBean" property="firstNum"/>
    <jsp:getProperty name="calcBean" property="operator"/>
    <jsp:getProperty name="calcBean" property="secondNum"/>
     =
```

```
        <jsp: getProperty name = "alcBean" property = " result"/ >
        <br/ > <hr > <br/ >
        < form action = "${pageContext. request. contextPath} /calculator. jsp"
method = "post" >
          请输入操作数一: < input type = "text" name = "firstNum" > <br/ > <
br/ >
          请选择运算符号: < select name = " operator" >
                          < option value = " + "  > + < /option >
                          < option value = " - "  > - < /option >
                          < option value = "* "  > * < /option >
                          < option value = " /"  > / < /option >
                          < /select > <br/ > <br/ >
          请输入操作数二: < input type = "text" name = "secondNum"  > <br/ >
 <br/ >
        < input type = "submit" value = "计算"  >
        < input type = "reset" value = "重置"  >
        < /form >
    < /body >
    < /html >
```

(6) 启动 Tomcat，将项目 project6 发布到 Tomcat。启动浏览器，在地址栏输入“http://localhost:8080/project6/calculator.jsp”，查看运行效果，如图 6－9 所示。

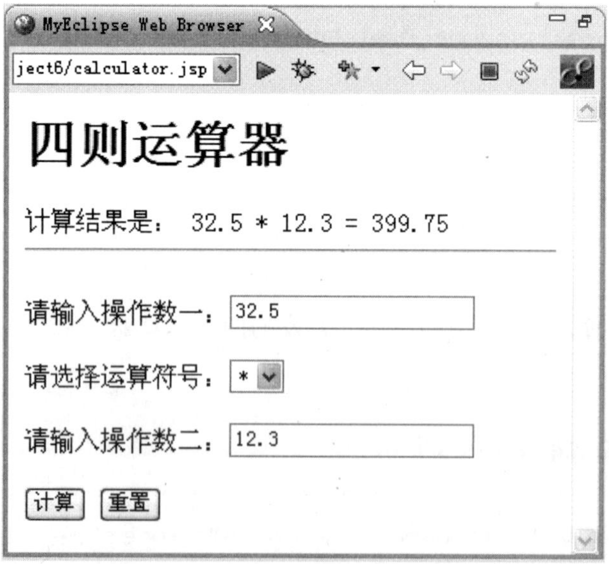

图 6－9　运行效果

【必要知识点】

✲ 知识点：JSP 常用动作标签

与 JSP 指令元素不同的是，JSP 动作元素在请求处理阶段起作用。JSP 动作元素是用 XML 语法写成的。利用 JSP 动作可以动态地插入文件、重用 JavaBean 组件、把用户重定向到另外的页面、为 Java 插件生成 HTML 代码。动作元素只有一种语法，它符合 XML 标准：`<jsp: action_name attribute = "value"/ >`。

JSP 常用的动作标签如表 6－2 所示。

表 6－2　JSP 常用动作标签

语法	描　　述
jsp：include	在页面被请求的时候引入一个文件
jsp：useBean	寻找或者实例化一个 JavaBean
jsp：setProperty	设置 JavaBean 的属性
jsp：getProperty	输出某个 JavaBean 的属性
jsp：forward	把请求转到一个新的页面
jsp：plugin	根据浏览器类型为 Java 插件生成 OBJECT 或 EMBED 标记
jsp：element	定义动态 XML 元素
jsp：attribute	设置动态定义的 XML 元素属性
jsp：body	设置动态定义的 XML 元素内容
jsp：text	在 JSP 页面和文档中使用写入文本的模板

✲ 知识点：<jsp：include >标签

<jsp：include >标签用于把另外一个资源的输出内容插入进当前 JSP 页面的输出内容之中，这种在 JSP 页面执行时的引入方式称之为动态引入。

语法：`<jsp: include page = "relativeURL | <% = expression% >"flush = "true | false"/ >`

page 属性用于指定被引入资源的相对路径，它也可以通过执行一个表达式来获得。

flush 属性指定在插入其他资源的输出内容时，是否先将当前 JSP 页面的已输出内容刷新到客户端。

<jsp：include >标签与 include 指令的区别：<jsp：include >标签是动态引入，<jsp：include >标签涉及的页面内容在执行时进行合并。而 include 指令是静态引入，涉及的页面内容是在源文件级别进行合并。

✲ 知识点：<jsp：forward >标签

<jsp：forward >标签用于把请求转发给另外一个资源。

语法：`<jsp: forward page="relativeURL | <%=expression%>" />`

page 属性用于指定请求转发到的资源的相对路径，它也可以通过执行一个表达式来获得。

✲ 知识点：<jsp: param>标签

当使用<jsp: include>和<jsp: forward>标签引入或将请求转发给其他资源时，可以使用<jsp: param>标签向这个资源传递参数。

语法 1：

```
<jsp: include page="relativeURL | <%=expression%>" >
<jsp: param name="parameterName" value=" parameterValue | <%=
expression%>" />
</jsp: include>
```

语法 2：

```
<jsp: forward page="relativeURL | <%=expression%>" >
<jsp: param name="parameterName" value="parameterValue | <%=
expression%>" />
</jsp: include>
```

<jsp: param>标签的 name 属性用于指定参数名，value 属性用于指定参数值。在<jsp: include>和<jsp: forward>标签中可以使用多个<jsp: param>标签来传递多个参数。

✲ 知识点：<jsp: useBean>标签

jsp: useBean 动作用来装载一个将在 JSP 页面中使用的 JavaBean。这个功能非常有用，因为它使得我们既可以发挥 Java 组件重用的优势，同时也避免了损失 JSP 区别于 Servlet 的方便性。jsp: useBean 动作最简单的语法为：

```
<jsp: useBean id="name" class="package.class" />
```

在类载入后，可以通过 jsp: setProperty 和 jsp: getProperty 动作来修改和检索 bean 的属性。如表 6-3 所示是 useBean 动作相关的属性列表。

表 6-3 <jsp: useBean>标签的属性

属性	描 述
class	指定 Bean 的完整包名
type	指定将引用该对象变量的类型
beanName	通过 java.beans.Beans 的 instantiate () 方法指定 Bean 的名字

✲ 知识点：<jsp: setProperty>标签

jsp: setProperty 用来设置已经实例化的 Bean 对象的属性，有两种用法。第一种方法，可以在 jsp: useBean 元素的外面（后面）使用 jsp: setProperty，如下所示：

```
<jsp: useBean id="myName"... />
```

```
…
<jsp: setProperty name="myName" property="someProperty" .../>
```

此时，不管jsp：useBean是找到了一个现有的Bean，还是新创建了一个Bean实例，jsp：setProperty都会执行。第二种用法是把jsp：setProperty放入jsp：useBean元素的内部，如下所示：

```
<jsp: useBean id="myName" ...  >
…
   <jsp: setProperty name="myName" property="someProperty" .../>
</jsp: useBean>
```

此时，jsp：setProperty只有在新建Bean实例时才会执行，如果是使用现有实例则不执行jsp：setProperty。

属性列表如表6-4所示。

表6-4 < jsp：setProperty >标签的属性

属性	描　述
name	name属性是必需的。它表示要设置属性的是哪个Bean
property	property属性是必需的。它表示要设置哪个属性。有一个特殊用法：如果property的值是"*"，表示所有名字和Bean属性名字匹配的请求参数都将被传递给相应的属性set方法
value	value属性是可选的。该属性用来指定Bean属性的值。字符串数据会在目标类中通过标准的valueOf方法自动转换成数字、boolean、Boolean、byte、Byte、char、Character。例如，boolean和Boolean类型的属性值（比如"true"）通过Boolean. valueOf转换，int和Integer类型的属性值（比如"42"）通过Integer. valueOf转换。value和param不能同时使用，但可以使用其中任意一个
param	param属性是可选的。它指定用哪个请求参数作为Bean属性的值。如果当前请求没有参数，则什么事情也不做，系统不会把null传递给Bean属性的set方法。因此，可以让Bean自己提供默认属性值，只有当请求参数明确指定了新值时才修改默认属性值

✲ 知识点：< jsp：getProperty >标签

jsp：getProperty动作提取指定Bean属性的值，转换成字符串，然后输出。语法格式如下：

```
<jsp: useBean id="myName" ... />
…
<jsp: getProperty name="myName" property="someProperty" .../>
```

如表6-5所示是与getProperty相关联的属性。

表 6－5　< jsp：getProperty >标签的属性

属性	描　　述
name	要检索的 Bean 属性名称。Bean 必须已定义
property	表示要提取 Bean 属性的值

【技能实战训练】

参照以上任务的操作过程，使用 JSP 编程实现如图 6－10 所示的求余运算器。

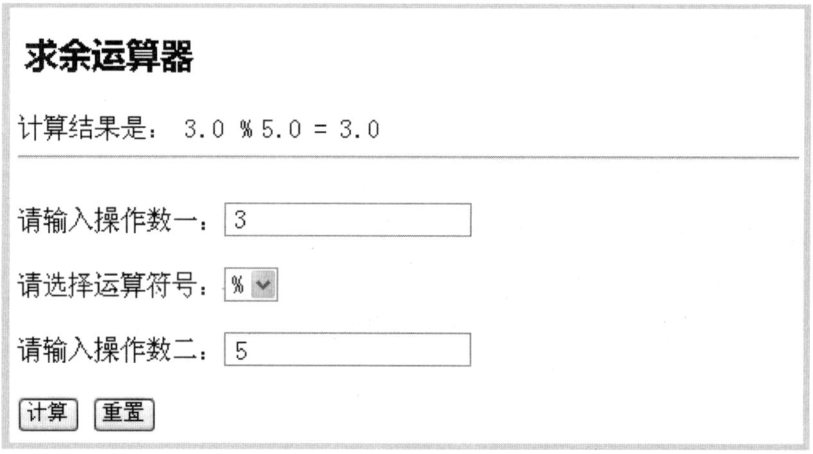

图 6－10　动作标签训练任务

任务 6－3　JSP 内置对象使用

一、任务目标

懂 JSP 内置对象使用，会使用 JSP 内置对象实现登录操作。

二、任务描述

本任务将讲解 JSP 内置对象的使用。

任务效果如图 6－11 所示。

图 6－11　JSP 内置对象任务效果

三、任务分析

JSP 内置对象（又叫隐含对象）是 JSP 容器为每个页面提供的 Java 对象，开发者可以直接使用它们而不用显式声明，即不需要预先声明就可以在脚本代码和表达式中随意使用。JSP 隐式对象也被称为预定义变量。

JSP 常用的九大隐式对象如表 6－6 所示。

表 6－6　JSP 常用的隐式对象

对象	描　　述
request	HttpServletRequest 类的实例
response	HttpServletResponse 类的实例
out	PrintWriter 类的实例，用于把结果输出至网页上
session	HttpSession 类的实例
application	ServletContext 类的实例，与应用上下文有关
config	ServletConfig 类的实例
pageContext	PageContext 类的实例，提供对 JSP 页面所有对象以及命名空间的访问
page	类似于 Java 类中的 this 关键字
Exception	Exception 类的对象，代表发生错误的 JSP 页面中对应的异常对象

四、任务实施

操作步骤如下：

（1）在项目 project6 的“WebRoot”文件夹中创建一个“login. jsp”页面文件，如图 6－12 所示。

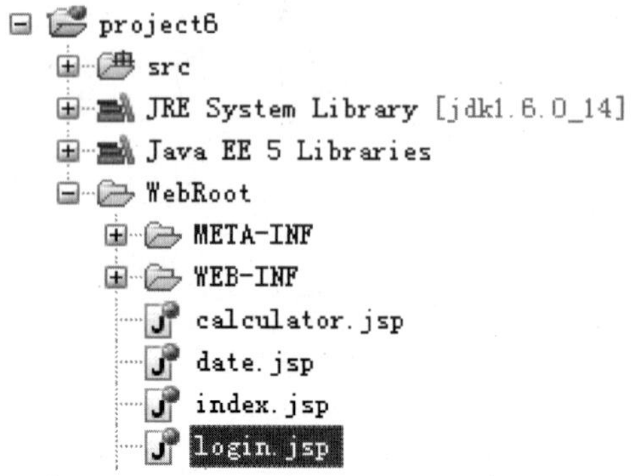

图 6－12　新建“login. jsp”

（2）打开“login. jsp”文件，在 <body>…</body> 间输入以下代码并保存。

```
<body>
  用户登录<hr/><br>
  <form action="loginvalidation.jsp" method=" post" >
  账号：<input type="text" name="username" id="username" /><br/><br/>
  密码：<input type="text" name="password" id="password" /><br/><br/>
  <input type="submit" value=" 提交" />
  <input type="reset" value=" 重置" />
  </form>
</body>
```

（3）在“WebRoot”文件夹下创建一个新的 JSP（Basic templates）页面文件，命名为“loginvalidation. jsp”，如图 6－13 所示。

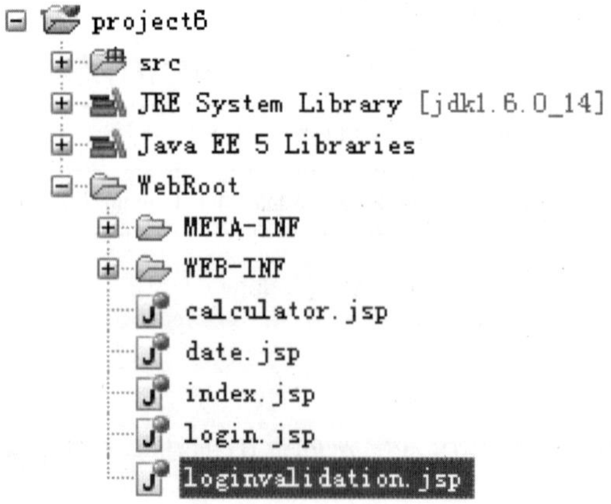

图 6－13　新建“loginvalidation. jsp”

(4) 打开“loginvalidation. jsp”文件，输入以下代码并保存。

```
<%@ page contentType="text/html; charset=gb2312" %>
<%@ page import="java.sql.*" %>
<%
String username=request.getParameter("username");
String password=request.getParameter("password");
if (username.equals("tom") &&password.equals("123")) {
  session.setAttribute("username", username);
  session.setAttribute("password", password);
  response.sendRedirect("loginok.jsp");
} else {
  response.sendRedirect("login.jsp");
}
%>
<html>
<head><title>登录验证</title></head>
<body><a href="login.jsp" >返回登录页面</a></body>
</html>
```

(5) 在“WebRoot”文件夹下再创建一个新的 JSP (Basic templates) 页面文件，命名为“loginok. jsp”，如图 6－14 所示。

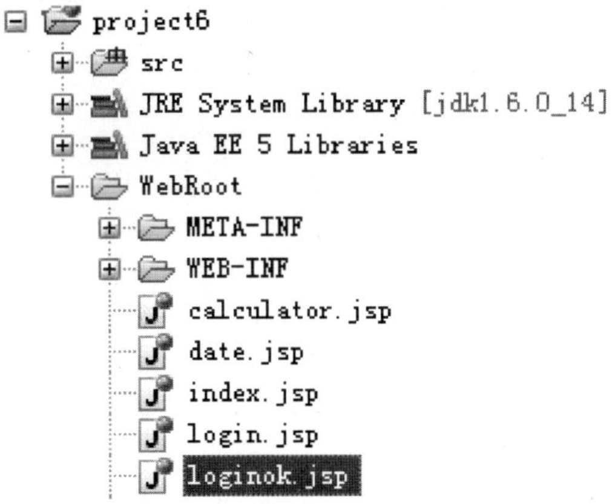

图 6－14 新建“loginok. jsp”

(6) 打开“loginok. jsp”文件，输入以下代码并保存。

```
<%@ page contentType="text/html; charset=gb2312" %>
<%
String username= (String) session.getAttribute("username");
if (username==null) {response.sendRedirect("loginok.jsp");}
```

```
%>
<html>
<head><title>管理页面</title></head>
<body>
<center>
<h1>用户管理</h1>
欢迎您，<%=username%>!
<hr><br>
<a href="#">用户信息录入</a>
<a href="#">用户信息修改</a>
<a href="#">用户信息删除</a>
<a href="#">用户信息查询</a>
</center>
</body>
</html>
```

(7) 启动 Tomcat，将项目 project6 发布到 Tomcat。启动浏览器，在地址栏输入 “http://localhost:8080/project6/calculator.jsp”，测试运行效果，如图 6－15 及图 6－16 所示。

图 6－15　录入登录信息

图 6－16　登录成功效果

【必要知识点】

✲ 知识点：request

request 对象是 javax. servlet. http. HttpServletRequest 类的实例。每当客户端请求一个 JSP 页面时，JSP 引擎就会制造一个新的 request 对象来代表这个请求。request 对象提供了一系列方法来获取 HTTP 头信息、cookies、HTTP 方法等等。

✲ 知识点：response

response 对象是 javax. servlet. http. HttpServletResponse 类的实例。当服务器创建 request 对象时会同时创建用于响应这个客户端的 response 对象。response 对象也定义了处理 HTTP 头模块的接口。通过这个对象，开发者们可以添加新的 cookies、时间戳、HTTP 状态码等等。

✲ 知识点：pageContext

pageContext 对象是 javax. servlet. jsp. PageContext 类的实例，用来代表整个 JSP 页面。这个对象主要用来访问页面信息，同时过滤掉大部分实现细节。这个对象存储了 request 对象和 response 对象的引用。application 对象、config 对象、session 对象、out 对象可以通过访问这个对象的属性来导出。pageContext 对象也包含了传给 JSP 页面的指令信息，包括缓存信息、ErrorPage URL、页面 scope 等。PageContext 类定义了一些字段，包括 PAGE_SCOPE、REQUEST_SCOPE、SESSION_SCOPE、APPLICATION_SCOPE。它也提供了 40 余种方法，有一半继承自 javax. servlet. jsp. JspContext 类。其中一个重要的方法就是 removeArribute（），它可接受一个或两个参数。比如，pageContext. removeArribute（"attrName"）移除四个 scope 中相关属性，但是下面这种方法只移除特定 scope 中的相关属性：

pageContext. removeAttribute（"attrName"，PAGE_SCOPE）；

✲ 知识点：session

session 对象是 javax. servlet. http. HttpSession 类的实例。和 Java Servlets 中的 session 对象有一样的行为。session 对象用来跟踪在各个客户端请求间的会话。

✲ 知识点：application

application 对象直接包装了 servlet 的 ServletContext 类的对象，是 javax. servlet. ServletContext 类的实例。这个对象在 JSP 页面的整个生命周期中都代表着这个 JSP 页面。这个对象在 JSP 页面初始化时被创建，随着 jspDestroy（）方法的调用而被移除。通过向 application 中添加属性，则所有组成您 web 应用的 JSP 文件都能访问到这些属性。

✲ 知识点：out

out 对象是 javax. servlet. jsp. JspWriter 类的实例，用来在 response 对象中写入内容。最初的 JspWriter 类对象根据页面是否有缓存来进行不同的实例化操作。可以在 page 指令中使用 buffered = false 属性来轻松关闭缓存。JspWriter 类包含了大部分 java. io. PrintWriter 类中的方法。不过，JspWriter 新增了一些专为处理缓存而设计的方法。还有就是，JspWriter 类会抛出 IOExceptions 异常，而 PrintWriter 不会。表 6－7 列出了我们将会用来输出 boolean、char、int、double、Srtring、object 等类型数据的重要方法：

表 6－7　out 对象的常用方法

方法	描　述
out. print（dataType dt）	输出 Type 类型的值
out. println（dataType dt）	输出 Type 类型的值然后换行
out. flush（）	刷新输出流

【技能实战训练】

参照以上任务的操作过程，使用 JSP 内置对象编程实现如图 6－17 所示的登录功能。

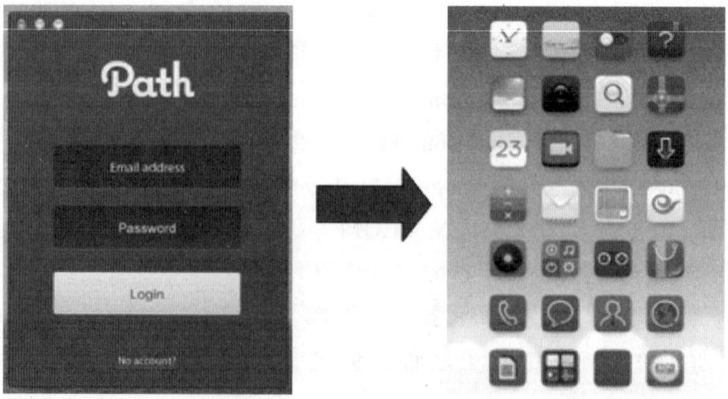

图 6－17　内置对象训练任务

任务6-4　JSTL标签库使用

一、任务目标

懂JSTL标签库使用，会使用JSTL标签实现用户信息查询结果的列表显示。

二、任务描述

本任务将讲解如何使用JSTL核心标签创建一个用户信息列表。

任务效果如表6-8所示。

表6-8　用户信息列表

序号	账号	密码	类型
1	Tom	123	管理员
2	Cat	456	教师
3	May	789	学生

三、任务分析

JSP标准标签库（JSTL）是一个JSP标签集合，它封装了JSP应用的通用核心功能。JSTL支持通用的、结构化的任务，比如迭代、条件判断、XML文档操作、国际化标签、SQL标签。除了这些，它还提供了一个框架来使用集成JSTL的自定义标签。

根据JSTL标签所提供的功能，可以将其分为5个类别。

- 核心标签
- 格式化标签
- SQL标签
- XML标签
- JSTL函数

下面将讲解和演示JSTL核心标签的使用。

四、任务实施

操作步骤如下：

（1）在工程project6的“src”文件夹的com包里创建一个“task6_4”包，在“task6_4”包中创建一个Java类，命名为“UserInfoDto. java”。效果如图6-18所示。

图 6－18　创建 task6_4 包和 “UserInfoDto. java”

（2）打开“UserInfoDto. java”文件，输入以下代码并保存文件。

```
package com.task6_4;
public class UserInfoDto {
    private String username;
    private String password;
    private String usertype;
    public String getUsername () {
        return username;
    }
    public void setUsername (String username) {
        this.username = username;
    }
    public String getPassword () {
        return password;
    }
    public void setPassword (String password) {
        this.password = password;
    }
    public String getUsertype () {
        return usertype;
    }
    public void setUsertype (String usertype) {
        this.usertype = usertype;
    }
}
```

（3）在“WebRoot”文件夹下创建一个新的 JSP（Basic templates）页面文件，命名为“userinfolist. jsp”，如图 6－19 所示。

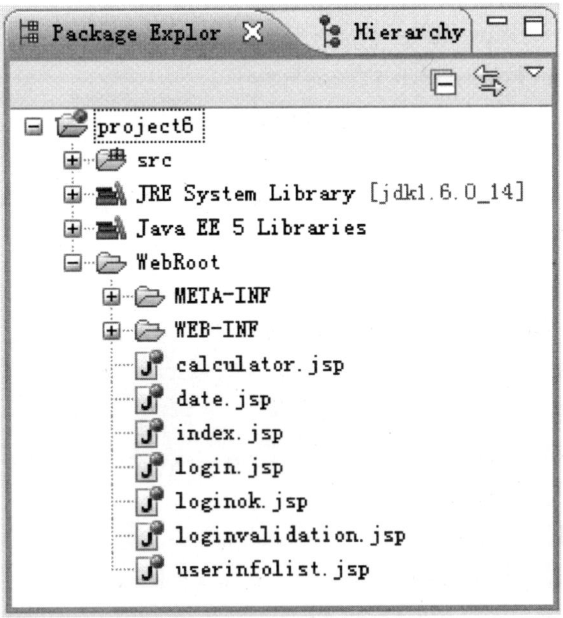

图6-19 创建“userinfolist. jsp”

(4) 打开“userinfolist. jsp”文件，输入以下代码并保存文件。

```
<%@ page language="java" import="java.util.*" pageEncoding="gb2312"%>
<%@ page import="com.task6_4.UserInfoDto"%>
<%-- 导入 JSTL 核心标签库 --%>
<%@ taglib prefix="c" uri=" http://java.sun.com/jsp/jstl/core"%>
<html>
<head></head>
<body>
<%
List<UserInfoDto>list =new ArrayList<UserInfoDto>();
UserInfoDto userinfodto1=new UserInfoDto();
userinfodto1.setUsername("Tom");
userinfodto1.setPassword("123");
userinfodto1.setUsertype("管理员");
list.add(userinfodto1);
UserInfoDto userinfodto2 =new UserInfoDto();
userinfodto2.setUsername("Cat");
userinfodto2.setPassword("456");
userinfodto2.setUsertype("教师");
list.add(userinfodto2);
```

```
UserInfoDto userinfodto3 =new UserInfoDto ();
userinfodto3.setUsername ("May");
userinfodto3.setPassword ("789");
userinfodto3.setUsertype ("学生");
list.add (userinfodto3);
request.setAttribute ("list", list);
%>
    <table border="1px" width="90% " bordercolor=" blue">
    <caption>用户信息列表</caption>
    <tr bgcolor=" #d3c6a6" align="center">
      <th>序号</th>
      <th>账号</th>
      <th>密码</th>
      <th>类型</th>
    </tr>
    <c: forEach var="dto" items=" ${list}" varStatus="status"
step="1" begin="0">
    <c: choose>
    <c: when test="${status.index% 2 = =0}">
    <tr bgcolor="#a3cf62" align="center" >
      <td>${status.index+1} </td>
      <td>${dto.username} </td>
      <td>${dto.password} </td>
      <td>${dto.usertype} </td>
    </tr>
    </c: when>
    <c: otherwise>
    <tr bgcolor="#9b95c9" align=" center" >
      <td>${status.index+1} </td>
      <td>${dto.username} </td>
      <td>${dto.password} </td>
      <td>${dto.usertype} </td>
    </tr>
    </c: otherwise>
    </c: choose>
    </c: forEach>
    </table>
</body>
```

```
</html>
```

(5) 启动 Tomcat，将项目 project6 发布到 Tomcat。启动浏览器，在地址栏输入 "http://localhost:8080/project6/ userinfolist. jsp"，查看运行效果，如图 6-20 所示。

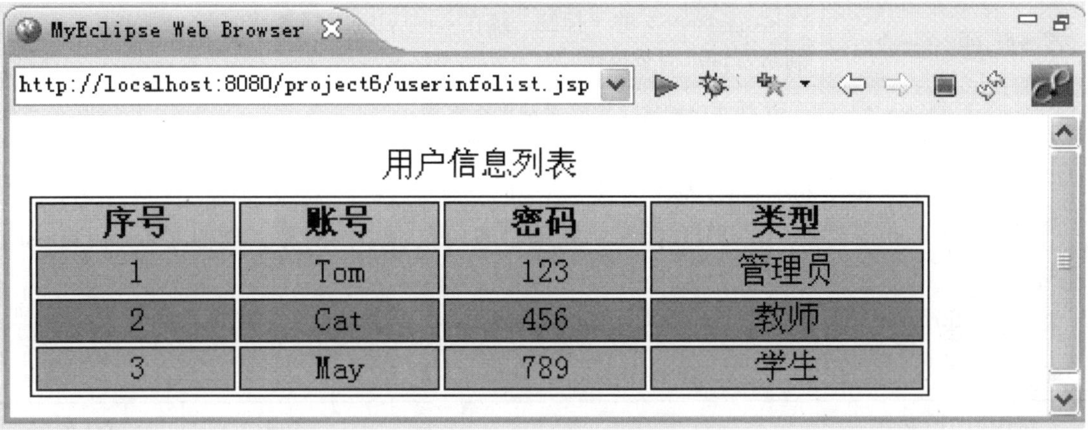

图 6-20　运行效果

【必要知识点】

✲ 知识点：JSTL 标签库安装

安装步骤如下：

(1) 从 Apache 的标准标签库中下载的二进包（jakarta - taglibs - standard - current. zip)。下载地址：http://archive. apache. org/dist/jakarta/taglibs/standard/binaries/。

(2) 下载 "jakarta - taglibs - standard - 1. 1. 1. zip" 包并解压，将 "jakarta - taglibs - standard - 1. 1. 1/lib/" 下的两个 jar 文件："standard. jar" 和 "jstl. jar" 文件拷贝到/WEB - INF/lib/下。

注：在使用 JSTL 标签库时，必须在每个 JSP 文件中的头部包含 <taglib>标签。

✲ 知识点：JSTL 核心标签

核心标签是最常用的 JSTL 标签。引用核心标签库的语法如下：

```
<%@ taglib prefix="c" uri="http://java.sun.com/jsp/jstl/core" %>
```

常用核心标签如表 6-9 所示。

表 6-9　JSTL 核心标签

标签	描　述
<c: out>	用于在 JSP 中显示数据，就像 <% = ... >
<c: if>	与在一般程序中用的 if 一样
<c: choose>	本身只当做 <c: when> 和 <c: otherwise> 的父标签

续上表

标签	描述
<c：when>	<c：choose>的子标签，用来判断条件是否成立
<c：otherwise>	<c：choose>的子标签，接在<c：when>标签后，当<c：when>标签判断为 false 时被执行
<c：forEach>	基础迭代标签，接受多种集合类型

✲ 知识点：<c：forEach>标签

<c：forEach>是常用的 JSTL 标签，它用于遍历集合中的对象，类似于 for 和 foreach 循环。

<c：forEach>具有如表 6－10 所示的属性：

表 6－10　<c：forEach>属性

属性	描述	是否必要	默认值
items	要被循环的信息	否	无
begin	开始的元素（0＝第一个元素，1＝第二个元素）	否	0
end	最后一个元素（0＝第一个元素，1＝第二个元素）	否	Last element
step	每一次迭代的步长	否	1
var	代表当前条目的变量名称	否	无
varStatus	代表循环状态的变量名称	否	无

以下是<c：foreach>的常用用法：

(1) 循环遍历，输出所有的元素。

```
<c: foreach items = " ${list}" var = "li" >
${li}
</c: foreach >
```

注：items 用于接收集合对象，var 定义对象接收从集合里遍历出的每一个元素。同时其会自动转型。

(2) 循环遍历，输出一个范围类的元素。

```
<c: foreach items = " ${lis}" var = "li " begin = "2" end = "12" >
${li}
</c: foreach >
```

注：begin 定义遍历的开始位置，end 定义遍历的结束位置。begin 和 end 后的引号必须写。

(3) 循环遍历，输出除某个元素以外的元素或输出指定元素。

```
<c: foreach items = " ${list}" var = "li" varStatus = "status" >
```

```
<c: if text = " ${status. count = =1} >
${"第一个元素不要"}
</c: if >
${li}
</ c: foreach >
```

注：varStatus 表示当前集合的状态，count 为循环一个计算器。

（4）循环遍历，输出第一个或最后一个元素。

```
<c: foreach items = "${list}" var = "li" varStatus = "status" >
<c: if test = "${status. first}" >第一个元素 </c: if >
<c: if test = "${status. last}" >最后一个元素 </c: if >
</c: foreach >
```

注：first 表示如果是一个元素，则返回 ture，反之则返回 false

last 表示如果是最后一个元素，则返回 ture，反之则返回 false。

（5）循环遍历，按指定步长输出。

```
<c: foreach items = "list" var = "li" step = "2" >
${li}
</c: foreach >
```

注：step 为循环的步长。

✲ 知识点：<c：if>标签

<c：if>标签判断表达式的值，如果表达式的值为真则执行其主体内容。

<c：if>标签具有如表 6－11 所示的属性。

表 6－11　<c：if>标签属性

属性	描　述	是否必要	默认值
test	条件	是	无
var	用于存储条件结果的变量	否	无
scope	var 属性的作用域	否	page

<c：if>标签必须要有 test 属性，当 test 中的表达式结果为 true 时，则会执行本体内容；如果为 false，则不会执行。例如：<C: if test = ${requestScope. username = = 'admin'} >，如果 requestScope. username 等于 admin 时，结果为 true；若它的内容不等于 admin 时，则为 false。

例如：

```
<c: if test = "${requestScope. username == 'admin' }" >
```

ADMIN 您好！//body 部分

</c：if>如果名称等于 admin，则会显示"ADMIN 您好！" 的动作，如果相反，则不会执行<c：if>的 body 部分，所以不会显示"ADMIN 您好！"。另外<c：if>的本体内容

除了能放纯文字，还可以放任何 JSP 程序代码（Scriptlet）、JSP 标签或者 HTML 码。

除了 test 属性之外，<c: if>还有另外两个属性 var 和 scope。当执行<c: if>的时候，可以将这次判断后的结果存放到属性 var 里；scope 则是设定 var 的属性范围。哪些情况才会用到 var 和 scope 这两个属性呢？例如：当表达式过长时，我们会希望拆开处理，或是之后还须使用此结果时，也可以用它先将结果暂时保留，以便日后使用。

例如：

```
<%
    String amind = "Admin";
    request.setAttribute (" amind", amind);
%>
<c: if test = "${requestScope.amind = = 'Admin'}" var = "condition" 
scope = "request" >
    您好！Admin 管理员
</c: if >
```

✲ 知识点：<c: choose>，<c: when>，<c: otherwise> 标签

<c: choose>标签与 Java 语言中的 switch 语句类似，用于分支选择。switch 语句中有 case，而<c: choose>标签中对应有<c: when>，switch 语句中有 default，而<c: choose>标签中有<c: otherwise>。

<c: choose>标签和<c: otherwise>标签没有属性。

<c: when>标签有一个属性，如表 6－12 所示。

表 6－12　<c: when>标签属性

属性	描述	是否必要	默认值
test	条件	是	无

用法如下：

```
<%@ taglib uri = "http://java.sun.com/jsp/jstl/core" prefix = "c" %>
<html>
<head>
<title>c: choose 标签实例</title>
</head>
<body>
<c: set var = "salary" scope = "session" value = "${2000* 2}"/>
<p>Your salary is: <c: out value = "${salary}"/></p>
<c: choose>
    <c: when test = "${salary <= 0}">
     薪金太低，不能活了。
    </c: when>
```

```
    <c: when test = "${salary > 1000}" >
     薪金还行。
    </c: when >
    <c: otherwise >
     不予置评。
    </c: otherwise >
</c: choose >
</body >
</html >
```

✲ 知识点：<c：out> 标签

<c：out>标签用来显示一个表达式的结果，与<% = %>作用类似。

<c：out>标签属性如表6－13所示。

表6－13 <c：out>标签属性

属性值	描　述	是否必要	默认值
value	要输出的内容	是	无
default	输出的默认值	否	主体中的内容
escapeXml	是否忽略 XML 特殊字符	否	true

用法如下：

```
<% @ taglib uri = "http: //java. sun. com/jsp/jstl/core" prefix = "c" % >
<html >
<head >
<title >c: out 标签实例 </title >
</head >
<body >
<c: out value = "${' <tag > , &'}" / >
</body >
</html >
```

【技能实战训练】

参照以上任务的操作过程，使用JSTL核心标签编程实现以下表格显示，见图6－21。

货币	本周收盘	上周收盘	涨跌	幅度
EURGBP	0.8693	0.8894	-201	-2.31%
EURJPY	112.08	113.51	-143	-1.28%
USDJPY	80.37	81.36	-99	-1.23%
AUDJPY	79.03	79.93	-90	-1.14%
USDCAD	1.0192	1.0258	-66	-0.65%
EURUSD	1.3946	1.3953	-7	-0.05%
AUDUSD	0.9834	0.9825	9	0.09%
USDCHF	0.9821	0.9768	53	0.54%
GBPJPY	128.89	127.58	131	1.02%
GBPUSD	1.6038	1.5683	355	2.21%
NZDUSD	0.766	0.7464	196	2.56%

图 6-21　JSTL 核心标签训练任务

项目小结

本项目简要介绍了 JSP 常用标签技术。为了便于初学者后续进行 Java Web 系统开发实践，着重介绍了 JSP 常用指令、脚本应用、动作标签、内置对象、以及 JSTL 核心标签的编程方法和使用技巧。

项目重点：熟练掌握 JSP 程序设计中动作标签、JSTL 核心标签的编写方法和使用技巧。熟悉使用 MyEclipse 编写 JSP 标签，以及使用 JSP 标签实现 Java Web 系统用户登录、列表显示等功能的编程方法和技巧。

考核评价

在本项目教学和实施过程中，教师和学生可以根据以下考核评价表对各项任务进行考核评价，见表 6-14。考核主要针对学生在技术内容、技能情况、技能实战训练的掌握程度和完成效果进行评价。

表6-14　考核评价表

评价内容	评价标准									
	技术内容		技能情况		技能训练		完成效果		总体评价	
	个人评价	教师评价	个人评价	教师评价	个人评价	教师评价	个人评价	教师评价	个人评价	教师评价
任务6-1										
任务6-2										
任务6-3										
任务6-4										
存在问题与解决办法（应对策略）										
学习心得与体会分享										

实训与讨论

一、实训题

完成一个客户注册功能页面的设计与开发，要求：创建一个独立的“Web Project”，使用JSP动作标签和JSTL核心标签来设计与实现客户信息的注册。

二、讨论题

1. JSP指令包括哪些？
2. JSP动作标签有哪些？

项目7
项目实战

学习目标

○ 认识项目需求分析及其应用
○ 了解 Java Web 项目的开发流程
○ 熟悉 MyEclipse 进行 Java Web 项目开发的技巧与方法
○ 掌握 JSP + JavaBean + Servlet 实现 Java Web 系统的设计与开发的技术与技巧

技能目标

○ 懂 Web 项目开发的需求分析技术和方法
○ 能根据 Web 项目需求创建数据库与数据表
○ 能熟练使用 JSP + JavaBean + Servlet 技术独立完成 Web 系统项目的开发

任务7-1 项目需求分析

一、任务目标

懂 Web 系统中的项目需求分析技术和方法，会分析 Web 系统项目的客户需求。

二、任务描述

项目需求分析是软件企业进行项目设计与开发的前提，它直接影响到项目实施的效果。掌握客户的需求和对客户需求的正确理解和分析，将关系到项目设计和执行的结果，非常重要。本任务将以一个设备管理系统项目为例介绍和讲解 Web 项目的需求分析技术和方法。

三、任务分析

不管是 IT 行业、机械行业、还是医疗行业等其他行业都需要用到设备，尤其是一些大型公司设备数量很多。对于这些设备的维护和管理需要一定人力、物力和财力。通过信息技术手段，采用设备管理系统可以实现设备的信息化管理，为企业节省不少人力、物力、财力。本任务通过一个设备管理系统的项目需求分析，讲解如何快速设计一个 Web 项目软件，并利用前面项目学习和技能训练成果，通过项目实战，进一步提升 Java Web 项目编程实战能力和编程经验。

四、任务实施

1. 项目简要介绍

设备管理系统（Equipment Management System）是将信息化技术与设备管理相结合的软件系统。它通过信息化技术来实现对设备信息进行登记归档、查询、维护、统计和管理，以提高设备管理效率。设备管理系统是设备管理模式与计算机技术结合的产物，设备管理的对象是各种各样的设备及其信息。

在现代化大型研究所信息化管理体系建设中，设备管理系统被看作是重中之重。因为设备是实际工作和生产的主体。随着科学技术的不断发展，生产设备日益机械化、自动化、大型化、高速化和复杂化，设备在现代工业生产中的作用和影响也随之增大，在整个生产过程中对设备的依赖程度也越来越高。因此对设备的信息化管理十分重要。

2. 项目功能需求和用例分析

（1）项目功能需求

项目功能需求如图 7－1 所示。

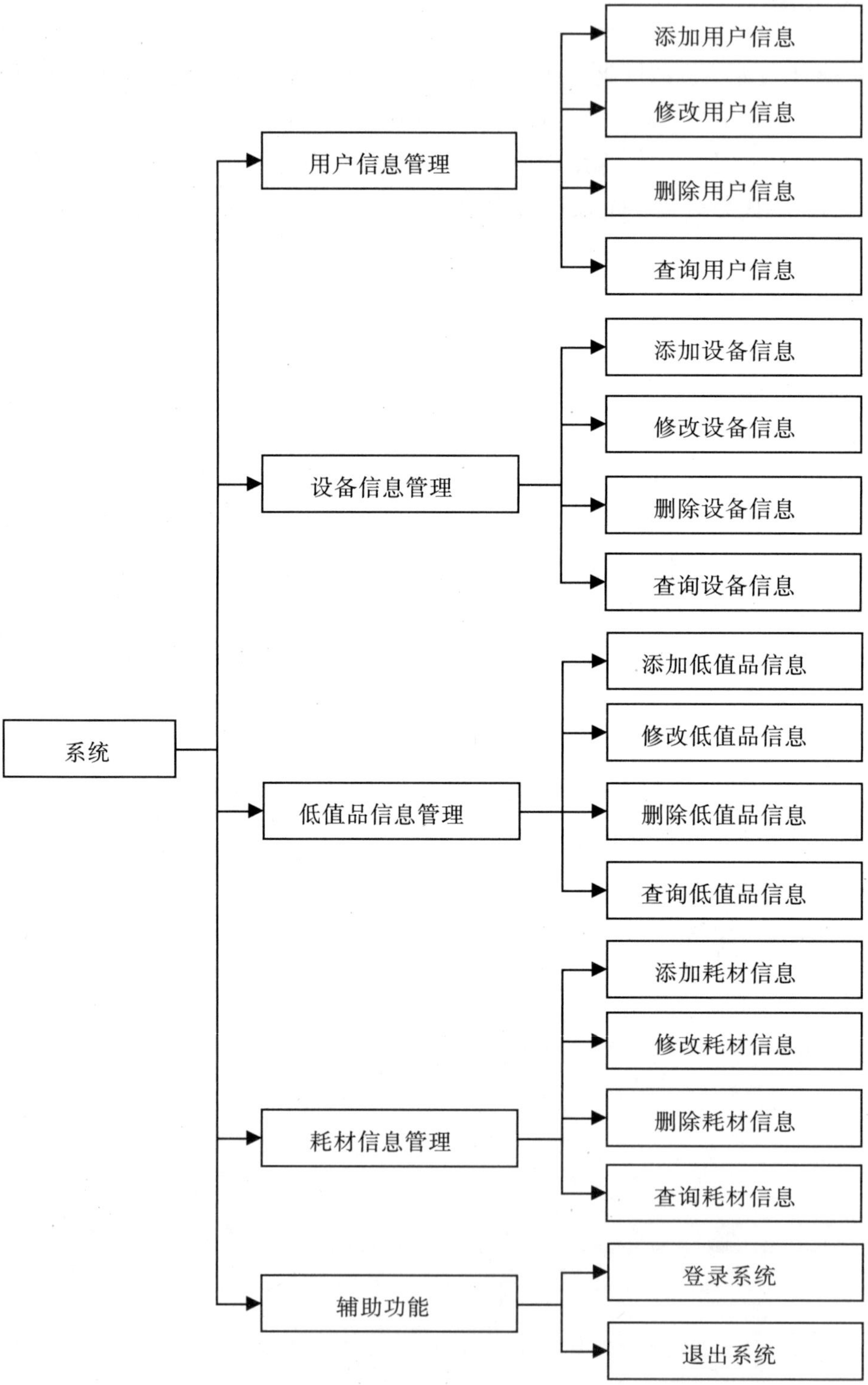
系统
用户信息管理
添加用户信息
修改用户信息
删除用户信息
查询用户信息
设备信息管理
添加设备信息
修改设备信息
删除设备信息
查询设备信息
低值品信息管理
添加低值品信息
修改低值品信息
删除低值品信息
查询低值品信息
耗材信息管理
添加耗材信息
修改耗材信息
删除耗材信息
查询耗材信息
辅助功能
登录系统
退出系统

图 7－1　项目功能需求

（2）用例分析

① 整体用例图（见图7－2）。

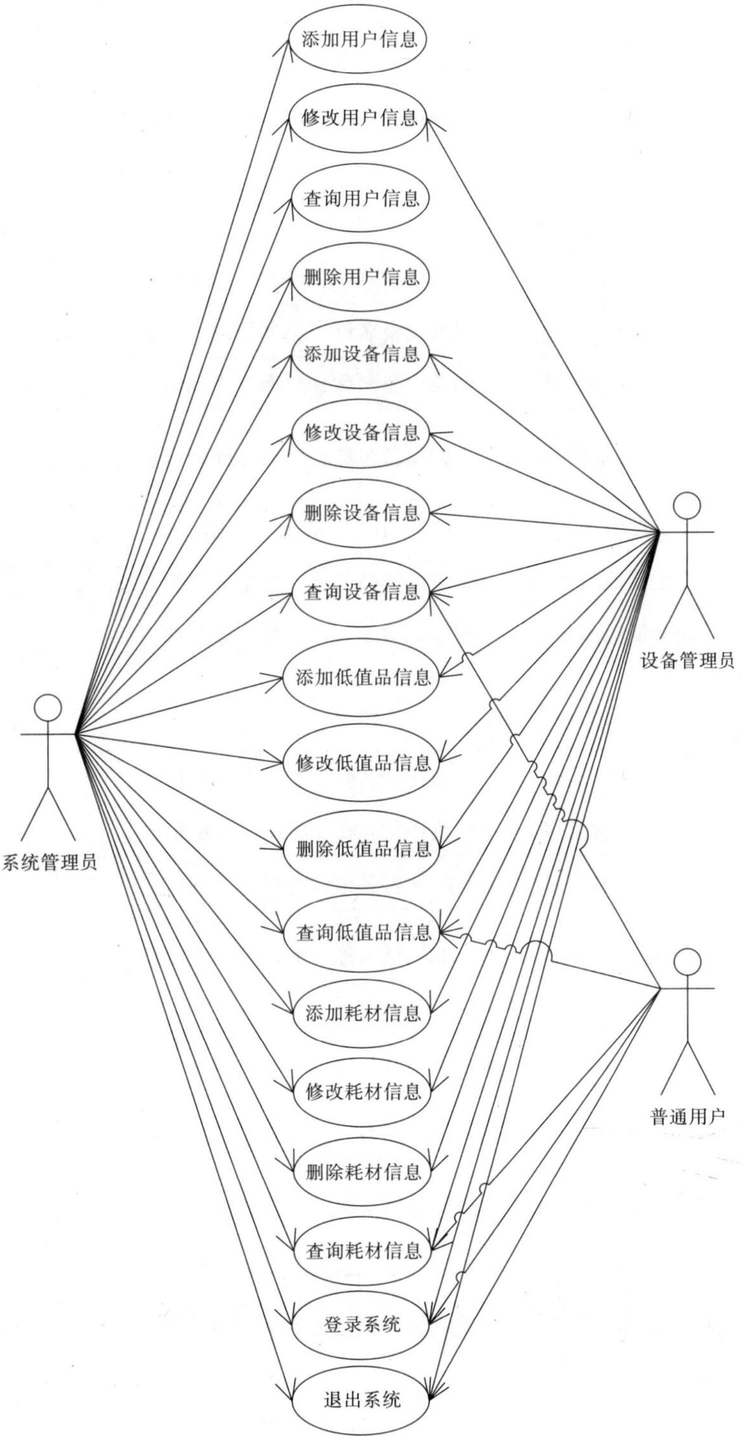

图7－2　整体用例图

② 用例列表（见表 7－1）。

表 7－1　用例列表

用例编号	用例名称	描　　述	参与者
UC001	添加用户信息	添加用户登录账号、密码等信息	系统管理员
UC002	修改用户信息	修改用户登录密码、权限等信息	系统管理员
UC003	删除用户信息	删除用户	系统管理员
UC004	查询用户信息	查询指定用户的详细信息	系统管理员
UC005	添加设备信息	添加设备名称、类型等详细信息	设备管理员
UC006	修改设备信息	修改设备名称、类型等详细信息	设备管理员
UC007	删除设备信息	删除设备名称、类型等详细信息	设备管理员
UC008	查询设备信息	查询设备名称、类型等详细信息	设备管理员 普通用户
UC009	添加低值品信息	添加低值品名称、类型等详细信息	设备管理员
UC010	修改低值品信息	修改低值品名称、类型等详细信息	设备管理员
UC011	删除低值品信息	删除低值品名称、类型等详细信息	设备管理员
UC012	查询低值品信息	查询低值品名称、类型等详细信息	设备管理员 普通用户
UC013	添加耗材信息	添加耗材名称、类型等详细信息	设备管理员
UC014	修改耗材信息	修改耗材名称、类型等详细信息	设备管理员
UC015	删除耗材信息	删除耗材名称、类型等详细信息	设备管理员
UC016	查询耗材信息	查询耗材名称、类型等详细信息	设备管理员 普通用户
UC017	登录系统	用户登录系统	系统管理员 设备管理员 普通用户
UC018	退出系统	用户退出系统	系统管理员 设备管理员 普通用户

3. 主要数据结构设计

（1）数据表描述（见表 7－2）。

表7-2 数据表清单

序号	表 名	描 述
1	USER_INFO	用户信息表
2	EQU_INFO	设备信息表
3	CSA_INFO	耗材信息表
4	LVC_INFO	低值品信息表

(2) 数据表设计

①用户信息表 USER_ INFO (见表7-3)。

表7-3 数据表 USER_ INFO

字段	名称	数据类型	P	U	F	I	C	备注
id	自编号	INTEGER	√	√		√		
username	用户账号	VARCHAR						
password	用户密码	VARCHAR						
usertype	用户类别	VARCHAR						

②用户信息表 EQU_ INFO (见表7-4)。

表7-4 EQU_ INFO 数据表

字段	名称	数据类型	P	U	F	I	C	备注
id	自编号	INTEGER	√	√		√		
equ_name	设备名称	VARCHAR						
equ_no	设备编号	VARCHAR						
equ_type	设备型号	VARCHAR						
equ_price	设备价格	INTEGER						
equ_state	设备状态	VARCHAR						

③用户信息表 CSA_ INFO (见表7-5)。

表7-5 CSA_ INFO 数据表

字段	名称	数据类型	P	U	F	I	C	备注
id	自编号	INTEGER	√	√		√		
csa_name	耗材名称	VARCHAR						

续上表

字段	名称	数据类型	P	U	F	I	C	备注
csa_no	耗材编号	VARCHAR						
csa_type	耗材型号	VARCHAR						
csa_price	耗材价格	INTEGER						

④用户信息表 LVC_ INFO（见表 7 -6）。

表 7 - 6　LVC_ INFO 数据表

字段	名称	数据类型	P	U	F	I	C	备注
id	自编号	INTEGER	√	√		√		
lvc_name	低值品名称	VARCHAR						
lvc_no	低值品编号	VARCHAR						
lvc_type	低值品型号	VARCHAR						
lvc_price	低值品价格	INTEGER						

4. 界面原型设计

（1）登录页面（见图 7 -3）。

图 7 -3　登录页面设计

（2）管理主页（见图7－4）。

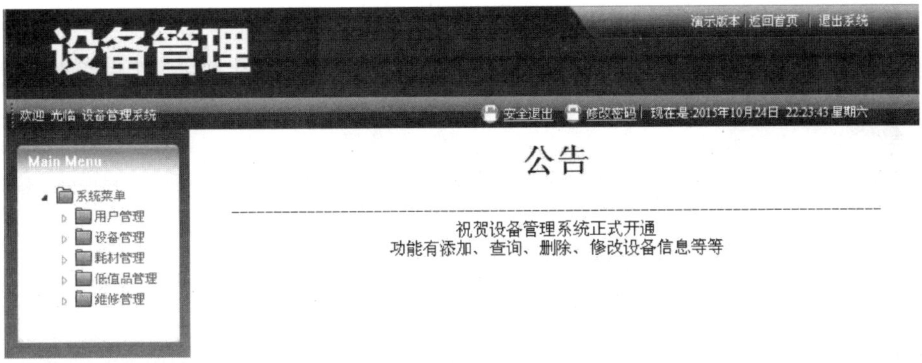

图7－4　管理主页设计

（3）用户管理

① 用户列表（见图7－5）。

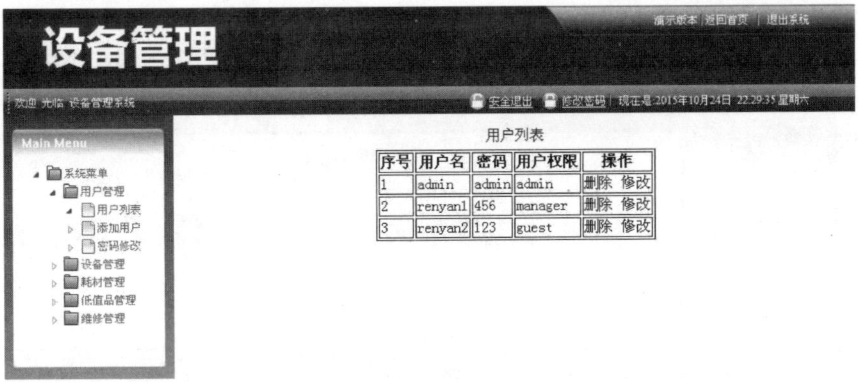

图7－5　用户列表页面设计

② 添加用户（见图7－6）。

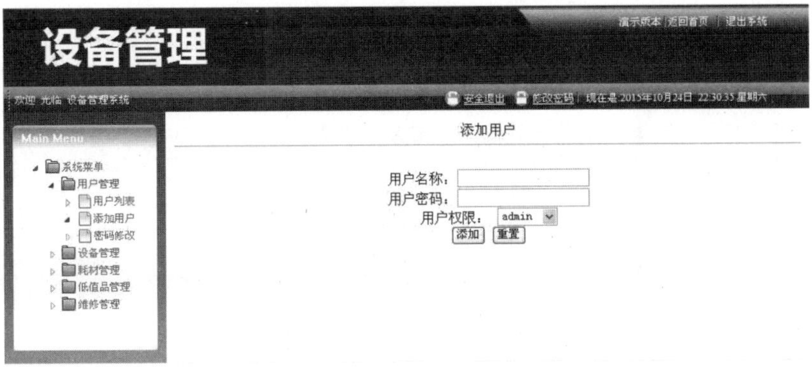

图7－6　添加用户页面设计

③ 密码修改（见图7－7）。

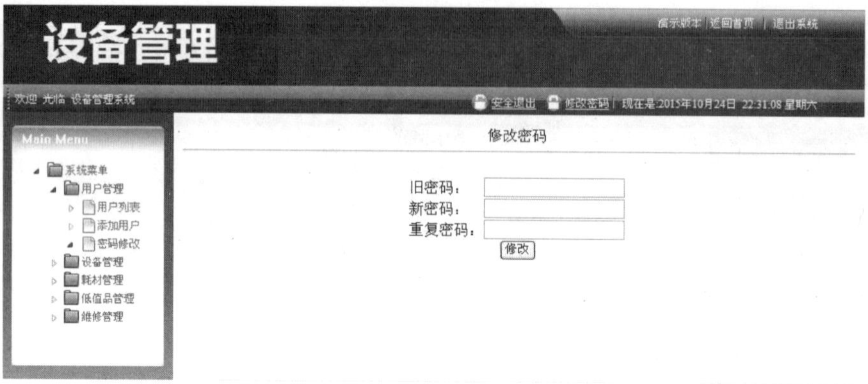

图7－7　修改用户密码页面设计

(4) 设备管理

① 设备列表（见图7－8）。

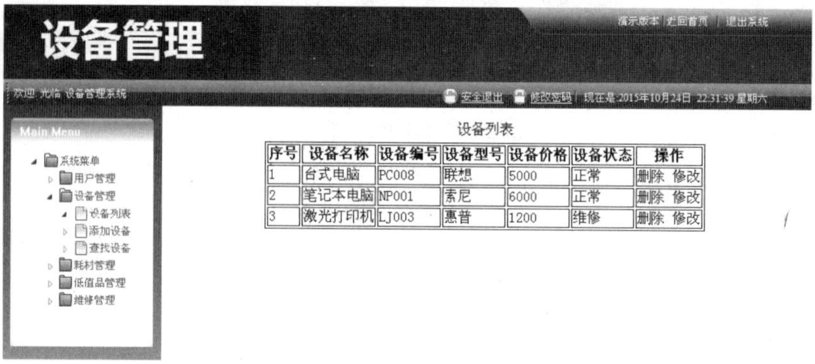

图7－8　设备列表页面设计

② 添加设备（见图7－9）。

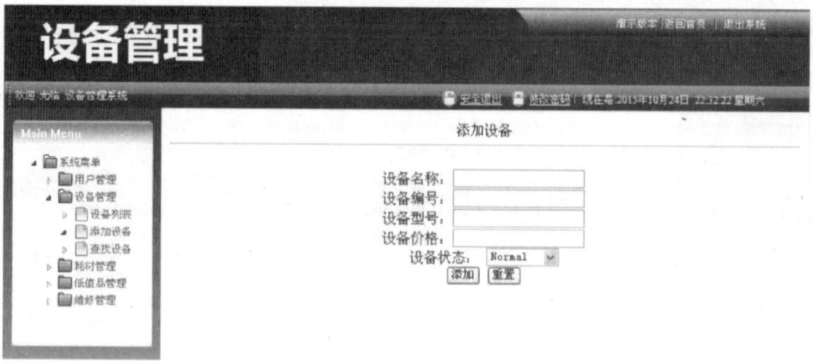

图7－9　添加设备页面设计

③ 查找设备（见图7－10）。

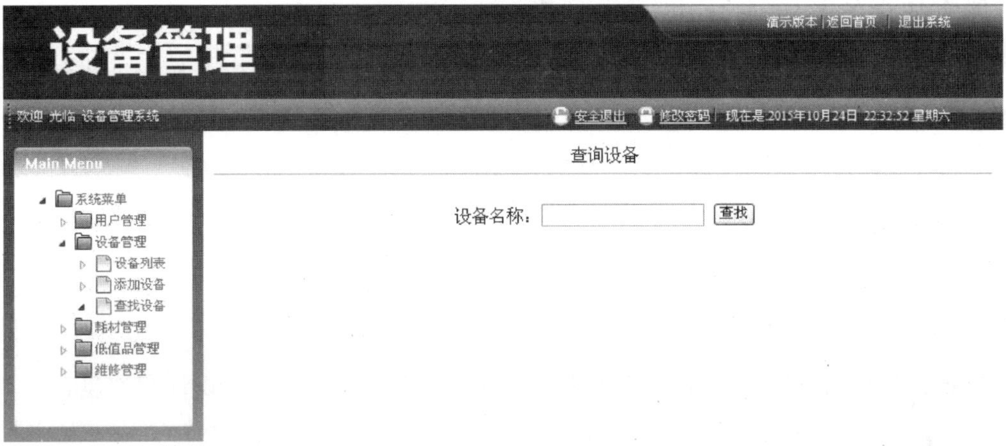

图7－10　查找设备页面设计

【必要知识点】

✲ 知识点：用例图

用例图是指由参与者（Actor）、用例（User Case）以及它们之间的关系构成的用于描述系统功能的静态视图。用例图（User Case）是被称为参与者的外部用户所能观察到的系统功能的模型图，呈现了一些参与者和一些用例，以及它们之间的关系，主要用于对系统、子系统或类的功能行为进行建模。

用例图由参与者（Actor）、用例（Use Case）、箭头组成，用画图的方法来完成。

参与者：参与者不是特指人，是指系统以外的，在使用系统或与系统交互中所扮演的角色。因此参与者可以是人，可以是事物，也可以是时间或其他系统等。

用例：用例是对包括变量在内的一组动作序列的描述，系统执行这些动作，并产生传递特定参与者的价值的可观察结果。

箭头：箭头用来表示参与者和系统通过相互发送信号或消息进行交互的关联关系。箭头尾部用来表示启动交互的一方，箭头头部用来表示被启动的一方，其中用例总是要由参与者来启动。

✲ 知识点：UML

UML（Unified Modeling Language）又称统一建模语言或标准建模语言，是始于1997年一个OMG标准，它是一个支持模型化和软件系统开发的图形化语言，为软件开发的所有阶段提供模型化和可视化支持，包括由需求分析到规格，到构造和配置。面向对象的分析与设计（OOA&D，OOAD）方法的发展在80年代末至90年代中出现了一个高潮，UML是这个高潮的产物。它不仅统一了Booch、Rumbaugh和Jacobson的表示方法，而且对其作了进一步的发展，并最终统一为大众所接受的标准建模语言。

UML规范用来描述建模的概念有，类（对象的）、对象、关联、职责、行为、接口、用例、包、顺序、协作，以及状态。

【技能实战训练】

根据以上项目需求分析过程，进一步完善界面原型设计，制定并撰写一份《设备管理系统软件设计文档》。

任务 7－2　创建数据库和数据表

一、任务目标

能根据项目需求分析，独立完成 Web 系统的数据库及数据表的设计和创建。

二、任务描述

本任务将讲解如何使用“MySQL GUI Tools”创建项目的数据库和数据表。

任务效果如图 7－11 所示。

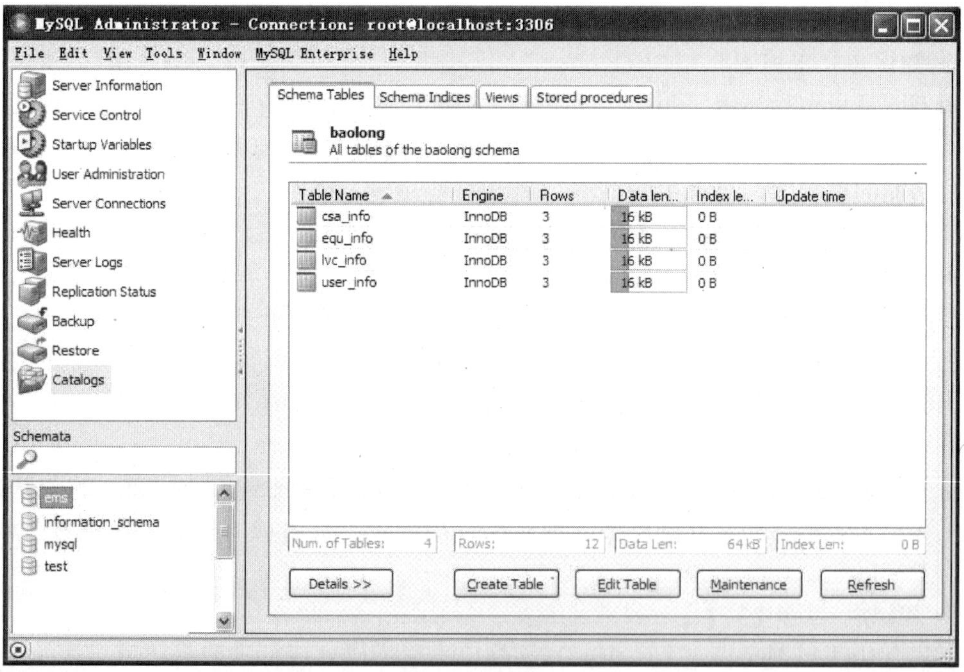

图 7－11　任务效果

三、任务分析

根据项目需求分析，以及数据结构设计中数据表描述和设计要求，创建一个设备管理系统的数据库以及相应的数据表。

四、任务实施

操作步骤如下：

（1）启动 MySQL GUI Tools 5.0 中的“MySQLAdministrator. exe”登录界面，输入 Server Host、Port、Username、Password 等信息，点击“OK”按钮，如图 7－12 所示。

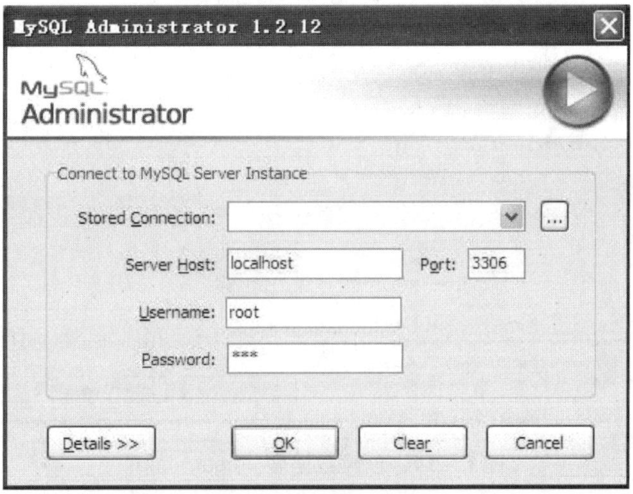

图 7－12　“MySQLAdministrator. exe”登录界面

（2）登录成功后，选择功能选项“Catalogs”。在数据库显示区域点击鼠标右键，选择“Create New Schema”创建一个新的数据库，命名为“ems”，如图 7－13 所示。

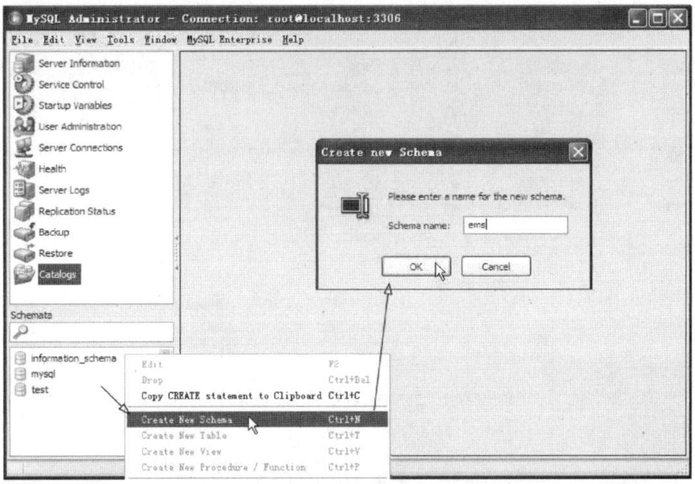

图 7－13　创建数据库“ems”

（3）选择数据库“ems”，在右边工作区点击“Create Table”按钮，创建数据表“user_ info”，如图 7－14 所示。然后点击“Apply Changes”按钮保存设置，点击

"Close" 按钮退出数据表"user_ info"编辑。

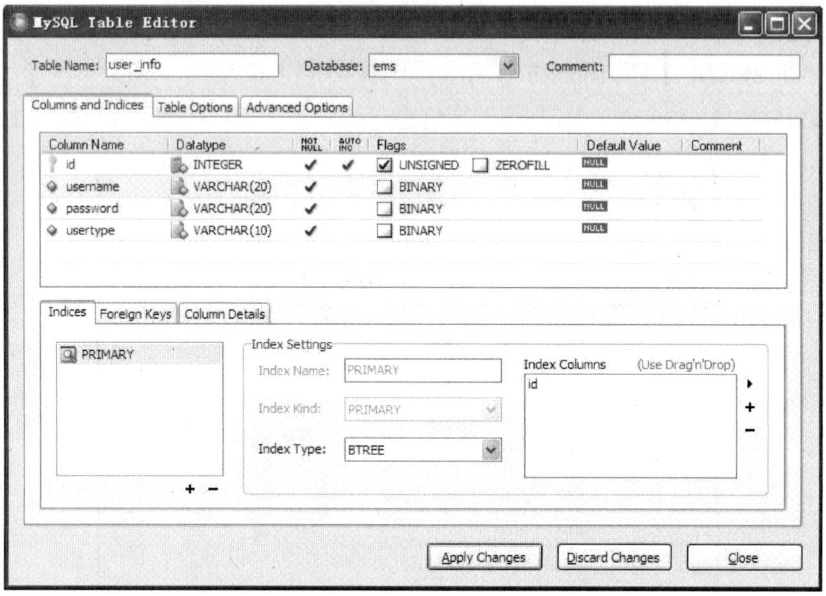

图 7-14　创建数据表"user_ info"

（4）与步骤（3）类似，创建数据表"equ_ info"，如图 7-15 所示。

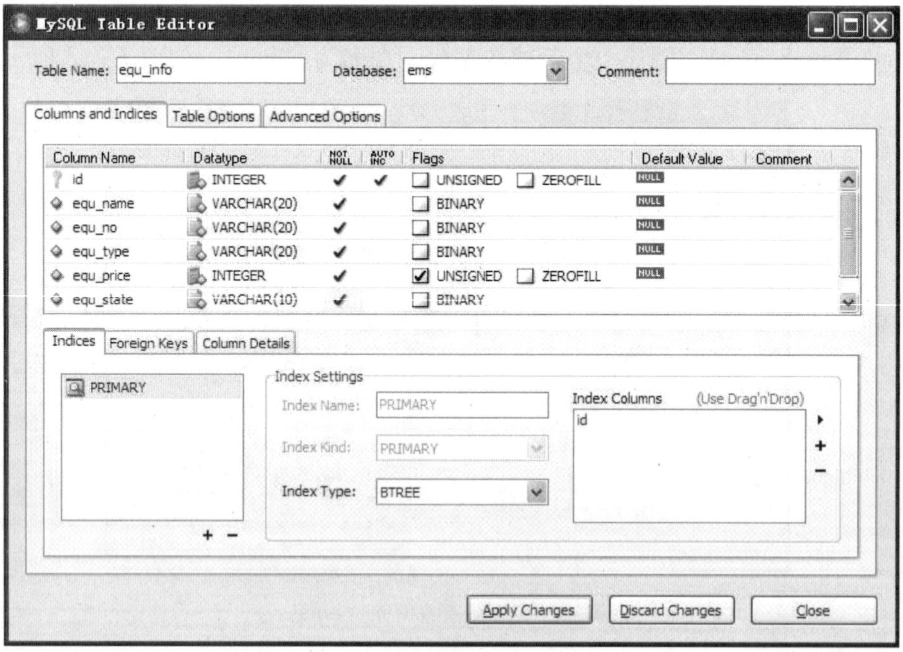

图 7-15　创建数据表"equ_ info"

【必要知识点】

❉ 知识点：数据字典

数据字典是指对数据的数据项、数据结构、数据流、数据存储、处理逻辑、外部实体等进行定义和描述，其目的是对数据流程图中的各个元素做出详细的说明。

数据字典（Data dictionary）是一种用户可以访问的记录数据库和应用程序源数据的目录。主动数据字典是指在对数据库或应用程序结构进行修改时，其内容可以由 DBMS 自动更新的数据字典。被动数据字典是指修改时必须手工更新其内容的数据字典。

❉ 知识点：E－R 模型

E－R 模型（即实体－联系模型，又被成为 E－R 图）提供了表示描述现实世界中实体类型、属性和联系的方法，它在数据库设计中被广泛用作数据建模的工具。

E－R 模型由实体、属性和联系组成。其中实体是一个数据的使用者，其代表软件系统中客观存在的生活中的实物，如用户、物体、部门等。实体中的特征或特性称为属性，如用户有姓名、工号、联系电话等。某个实体和其他的实体之间的关系称为联系。例如用户在企业的某个部门任职，则“用户”和“任职部门”这 2 个实体之间就形成了某种关联（即联系）。

其表示方法如下（如图 7－16 所示）：

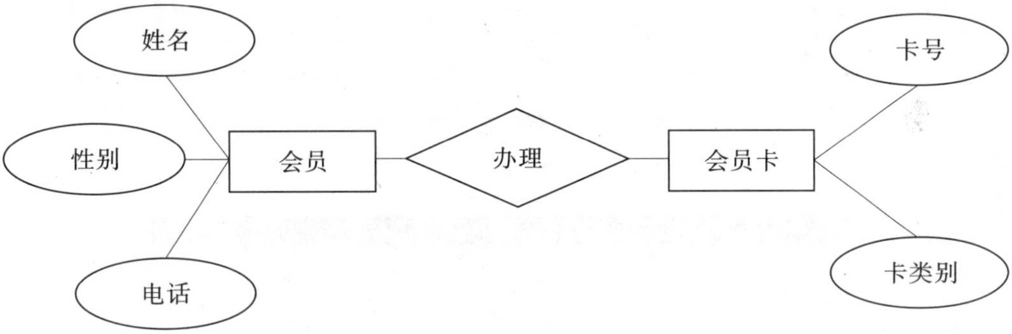

图 7－16　数据表 csa_info

（1）实体用矩形框表示，矩形框内写上实体名。

（2）实体的属性用椭圆框表示，框内写上属性名，并用无向边与其实体相连。

（3）实体间的联系用菱形框表示，联系以适当的含义命名，名字写在菱形框中，用无向连线将参加联系的实体矩形框分别与菱形框相连，并在连线上标明联系的类型，即 1—1、1—N 或 M—N。

❉ 知识点：软件设计文档

软件设计文档是软件开发使用和维护过程中的必备资料。它能提高软件开发的效率，保证软件的质量，而且在软件的使用过程中有指导、帮助、解惑的作用，尤其在维护工作中，文档是不可或缺的资料。

【技能实战训练】

参照以上任务的操作过程，根据设备管理系统数据表描述和设计，在数据库“ems”中创建余下的 2 个数据表“csa_info”和“lvc_info”，效果如图 7－17 和图 7－18 所示。

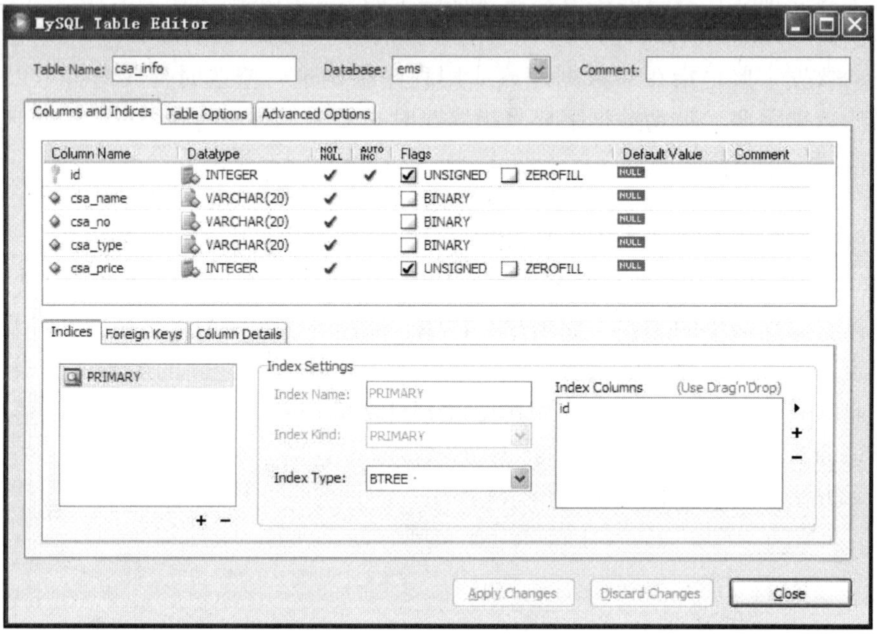

图 7－17　数据表“csa_info”

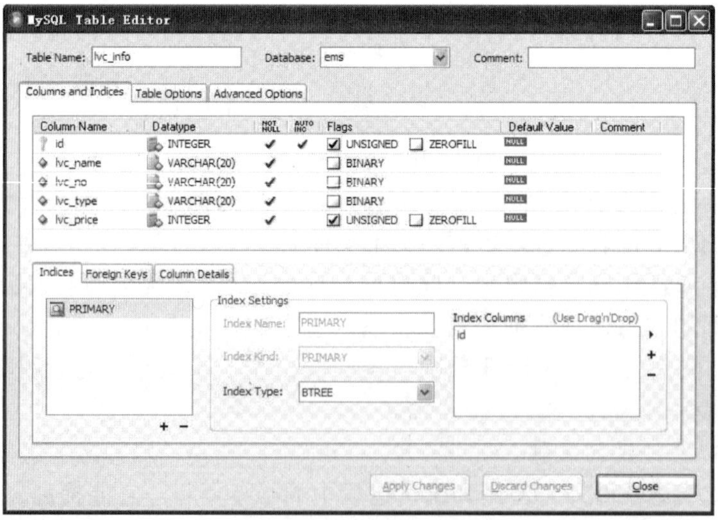

图 7－18　数据表“lvc_info”

任务7－3　JSP页面编程

一、任务目标

能独立完成Web系统的JSP页面设计与编码。

二、任务描述

本任务将讲解设备管理系统的JSP页面实现编程。

1. 登录页面实现

任务效果如图7－19所示。

图7－19　登录页面运行效果

三、任务分析

设备管理系统设计页面需要转换为JSP页面，以方便在Tomcat服务器上的发布与运行。

四、任务实施

操作步骤如下：

（1）启动MyEclipse，选择“File”→“New”→“Web Project”，创建一个Web Project，命名为“project7”，如图7－20所示。

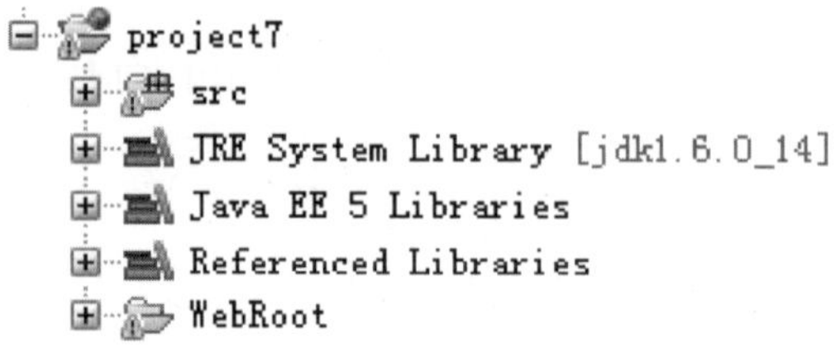

图 7－20　创建项目“project7”

(2) 在项目 project7 的“WebRoot”文件夹中创建一个 JSP 页面，命名为“login. jsp”。打开“login. jsp”，在 <head>… </head>标签中输入以下代码。

```
<style>
   a {TEXT-DECORATION: none}
   a: link {
   color: #000000;
   text-decoration: none;
   }
   a: visited {
   text-decoration: none;
   color: #FF0000;
   }
   a: hover {
   text-decoration: none;
   color: #0000FF;
   }
   a: active {
   text-decoration: none;
   }
</style>
```

(3) 在 <body>… </ body >标签中输入以下代码，并保存文件。

```
<table width="1024" border="0" cellspacing="0" cellpadding="0">
  <tr>
    <td> <img src="images/aa1. jpg" width="1024" height="287"/>
</td>
  </tr>
  <tr>
     <td> <table width="100%" border="0" cellspacing="0"
cellpadding="0">
```

```
    <tr>
      <td><img src="images/aa2.jpg" width="504" height="109" style
="width: 504px;"/></td>
      <td width="167" valign="middle" bgcolor="#62c7f3" height="109">
<form action="servlet/LoginServlet" method=" post">
        <input type="text" name="username" /><br>
        <br>
        <input type="password" name="password" /><br>
        <input type="submit" value="登陆" />
        <input type="reset" value="重置" />
        <br>
      </form></td>
      <td  background="images/aa3.jpg" width="353"  >${tishi}  </td>
    </tr>
  </table>
  </td>
    </tr>
    <tr>
      <td><img src="images/aa4.jpg" width="1024" height="214" />
</td>
    </tr>
  </table>
```

(4) 启动 Tomcat，将项目发布到 Tomcat，查看页面运行效果。

2. 系统管理员主页实现

任务效果如图 7 - 21 所示。

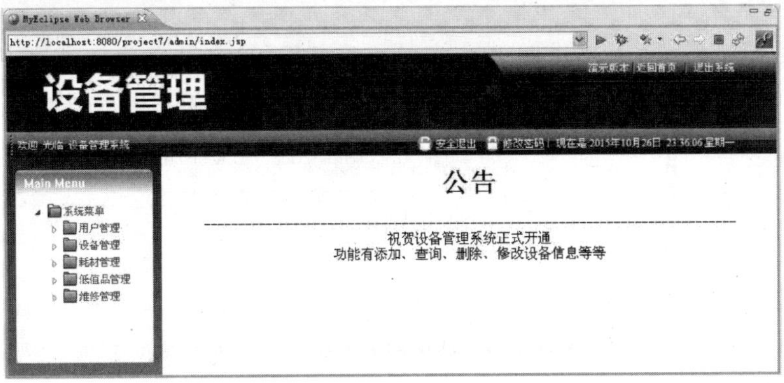

图 7 - 21　系统管理员主页运行效果

操作步骤如下：

（1）在项目 project7 的 “WebRoot” 文件夹中创建一个新文件夹，命名为 “admin”。在 “admin” 中创建系统管理员的管理主页 “index. jsp” 页面，在 “index. jsp” 页面中输入以下代码。

```
<FRAMESET id = index
    border = 0 frameSpacing = 0 rows = 120, *  frameBorder = no >
    <FRAME id = topFrame
    name = topFrame src = " . /admin/top. jsp" noResize scrolling = no >
    <FRAMESET
    border = 0 frameSpacing = 0 frameBorder = no cols = 20% , * >
    <FRAME id = leftFrame
    name = leftFrame src = " . /admin/left. htm" noResize scrolling = no >
    <FRAME
    id = mainFrame name = mainFrame src = " . /admin/default. jsp" noResize
    scrolling = no >
    </FRAMESET >
</FRAMESET >
<noframes >
</noframes >
```

（2）保存文件，将项目重新发布到 Tomcat，查看页面运行效果。

3. 设备列表页面实现

任务效果如图 7 – 22 所示。

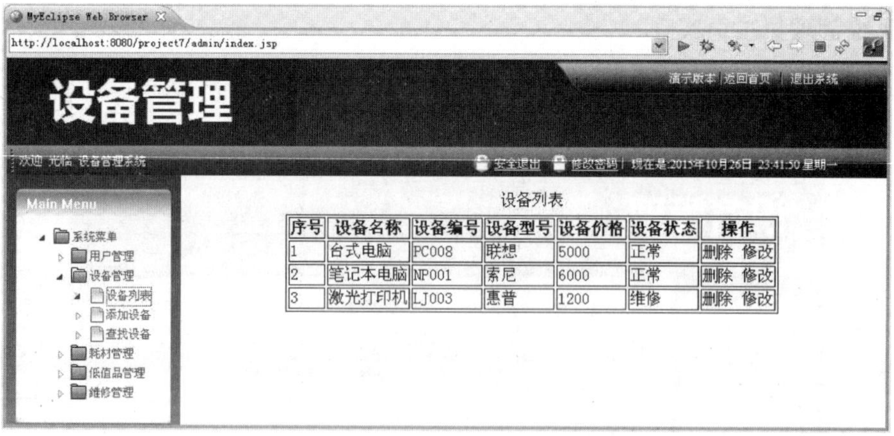

图 7 – 22　设备列表页面运行效果

操作步骤如下：

（1）在 admin 中创建 “equ_allselect. jsp” 页面，在 “equ_allselect. jsp” 页面 <body>

…</body >标签中输入以下代码。

```
<body>
  <table border="1" cellpadding="1" bordercolo      r=" #000000" >
  <caption>设备列表</caption>
  <tr>
    <th>序号</th>
    <th>设备名称</th>
    <th>设备编号</th>
    <th>设备型号</th>
    <th>设备价格</th>
    <th>设备状态</th>
    <th>操作</th>
  </tr>
  <c: forEach var="dto" items="${list}" varStatus="status"
  step="1" begin="0">
  <tr>
    <td>${status.index+1} </td>
    <td>${dto.equ_name} </td>
    <td>${dto.equ_no} </td>
    <td>${dto.equ_type} </td>
    <td>${dto.equ_price} </td>
    <td>${dto.equ_state} </td>
    <td> <a href="servlet/DeleteServlet? id=${dto.id}">删除
</a>
       <a href="servlet/QueryServlet? name=${dto.equ_name}">修
改</a>
    </td>
  </tr>
  </c: forEach>
  </table>
</body>
```

(2) 保存文件，将项目重新发布到 Tomcat，查看页面运行效果。

4. 添加设备页面实现

任务效果如图 7－23 所示，

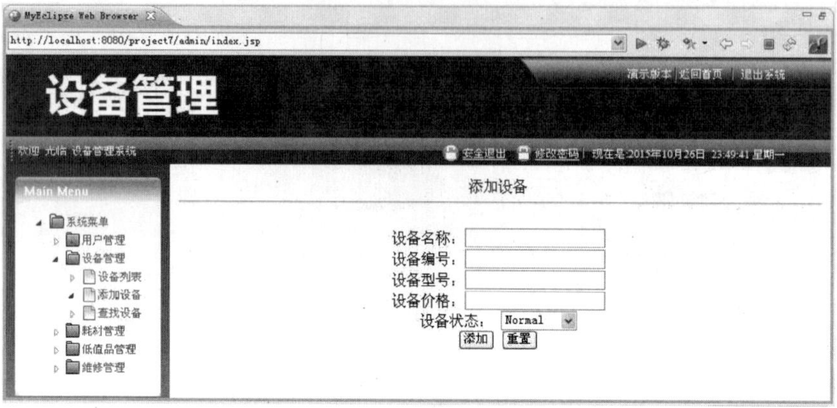

图 7－23　添加设备页面运行效果

操作步骤如下：

（1）在“admin”中创建“equ_insert.jsp”页面，在“equ_insert.jsp”页面 <body> … </body> 标签中输入以下代码。

```
<body>
        添加设备<hr><br>
    <form action="servlet/InsertServlet" method="post">
    设备名称：<input type="text" name="equ_name"/><br>
    设备编号：<input type="text" name="equ_no"/><br>
    设备型号：<input type="text" name="equ_type"/><br>
    设备价格：<input type="text" name="equ_price"/><br>
    设备状态：<label>
                        <select name="equ_state" size="1" id="1">
                                  <option>Normal</option>
                                  <option>maintain</option>
                        </select>
              </label><br>
    <input type=" submit" value=" 添加" />
    <input type=" reset" value=" 重置" />
    </form>
</body>
```

（2）保存文件，将项目重新发布到 Tomcat，查看页面运行效果。

5. 查找设备页面实现

任务效果如图 7－24 所示。

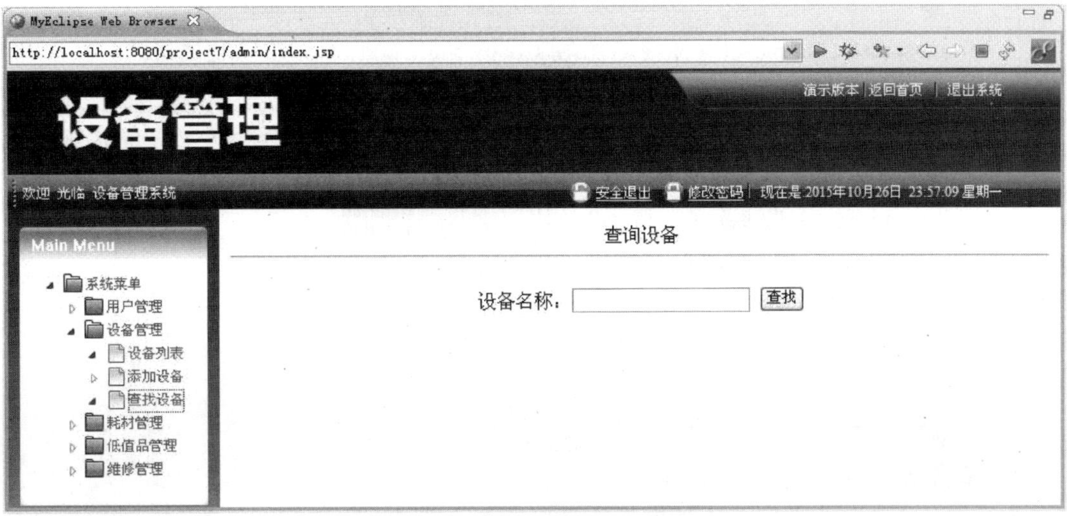

图7－24 查找设备页面运行效果

操作步骤如下：

(1) 在“admin”中创建“equ_select.jsp”页面，在“equ_select.jsp”页面 <body>… </body> 标签中输入以下代码。

```
<body>
    查询设备<hr>
   <form action="servlet/QueryFriendServlet" method="post">
   设备名称：<input type="text" name="name"/>
   <input type="submit" value="查找"/>
   </form>
</body>
```

(2) 保存文件，将项目重新发布到Tomcat，查看页面运行效果。

【必要知识点】

✲ 知识点：<FRAMESET>标签

frameset元素可定义一个框架集。它被用来组织多个窗口（框架）。每个框架存有独立的文档。

小提示

<frameset> </frameset>标签不能与<body> </body>标签一起使用。

用法示例：

```
<html>
<frameset cols="25% , 50% , 25% " >
  <frame src="frame_a.htm" />
  <frame src="frame_b.htm" />
<frame src="frame_c.htm" />
</frameset>
</html>
```

✲ 知识点：<noframes> 标签

noframes 元素可为那些不支持框架的浏览器显示文本。noframes 元素位于 frameset 元素内部。如果需要为不支持框架的浏览器添加一个<noframes>标签，请将<noframes>标签放置在<body> </body> 标签中。

例如：

```
<frameset cols = "25% , 25% , *">
  <noframes>
  <body>Your browser does not handle frames!  </body>
</noframes>
  <frame src  ="venus.htm"/>
<frame src  ="sun.htm"/>
  <frame src  ="mercur.htm"    />
</frameset>
```

✲ 知识点：<frame>标签

<frame>标签定义 frameset 中的一个特定的窗口（框架）。frameset 中的每个框架都可以设置不同的属性，比如 border、scrolling、noresize 等，见表 7－7。

表 7－7　<frame>属性

属性	值	描　述
frameborder	0，1	规定是否显示框架周围的边框
longdesc	*URL*	规定一个包含有关框架内容的长描述的页面
marginheight	*pixels*	定义框架的上方和下方的边距
marginwidth	*pixels*	定义框架的左侧和右侧的边距
name	*name*	规定框架的名称

续上表

属性	值	描述
noresize	noresize	规定无法调整框架的大小
scrolling	yes，no，auto	规定是否在框架中显示滚动条
src	*URL*	规定在框架中显示的文档的 URL

【技能实战训练】

参照以上任务的操作过程，完成用户管理、耗材管理以及低值品管理的页面编程。

任务 7－4　DTO 类和 DAO 类设计与实现

一、任务目标

能独立使用 Java 语言编程完成 Web 系统中 DTO 类和 DAO 类的设计与实现。

二、任务描述

本任务将讲解设备管理系统的数据库连接、设备信息表 DTO 和 DAO 的设计与编程实现。

三、任务分析

这一部分主要编写一个 DBConnection 类完成项目连接数据库的操作，以及为用户信息表、设备信息表、耗材信息表、低值品信息表等 4 个数据表编写对应的 DTO 和 DAO 类，并在 DAO 类中完成对数据表的增删改查等操作。

四、任务实施

1. 编写数据库连接类 DBConnection

操作步骤如下：

（1）在项目 project7 的 src 文件夹中依次创建 com、common、dto、dao、servlet 等包。如图 7－25 所示。

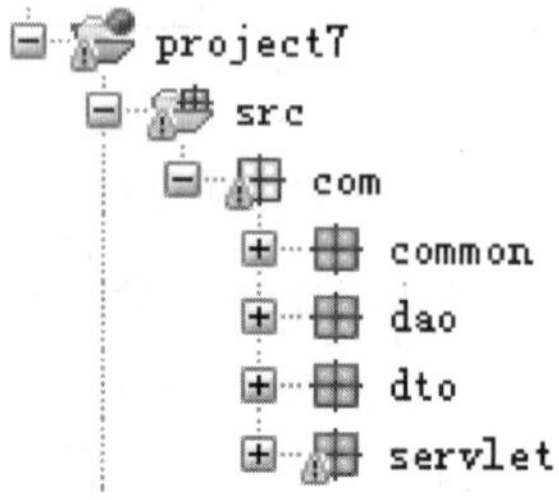

图 7 -25　在“src”文件夹中创建 Package

（2）在 common 包中创建一个 Class，命名为“DBConnection. java”，并输入以下 Java 代码。

```
package com.common;
import java.sql.Connection;
import java.sql.DriverManager;
import java.sql.PreparedStatement;
import java.sql.ResultSet;
import java.sql.SQLException;
public class DBConnection {
   /**
    * 获得连接
    * @ return
    */
public static Connection getConnection () {
        Connection conn = null;
        try {
            // 装载驱动
            Class.forName ("com.mysql.jdbc.Driver");
            //获得连接
            conn =
DriverManager.getConnection ("jdbc: mysql: //localhost: 3306/ems", "root",
"123");

        } catch (ClassNotFoundException e) {
            // 当装载驱动错误时产生异常信息
            System.out.println (" 装载驱动错误");
            e.printStackTrace ();
        } catch (SQLException e) {
            // 当创建数据库连接错误时产生异常信息
```

```
        System.out.println ("创建数据库连接错误");
        e.printStackTrace ();

        }
        return conn;
    }
    /**
     * 释放资源
     * @param conn
     * @param st
     * @param rs
     */
    public static void clear (Connection conn, PreparedStatement ps,
ResultSet rs) {
        if (rs != null) {
            try {
                rs.close ();
            } catch (SQLException e) {
                e.printStackTrace ();
            }
        }
      if (ps != null) {
          try {
            ps.close ();
          } catch (SQLException e) {
            e.printStackTrace ();
          }
        }
        if (conn != null) {
          try {
          conn.close ();
        } catch (SQLException e) {
          e.printStackTrace ();
        }
      }
    }
    /**
     * 测试连接
```

```
     * @ param args
     * /
    public static void main (String [] args) {
      // 测试数据库连接是否成功
      System.out.println (DBConnection.getConnection ());
    }
}
```

(3) 保存文件，运行 "DBConnection. java" 程序，如果显示如图 7 - 26 所示的结果，表示数据库连接成功。

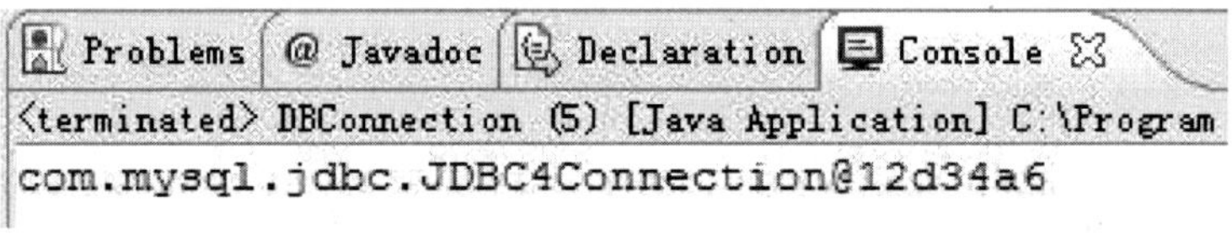

图 7 - 26　"DBConnection. java" 程序运行效果

2. 编写设备信息表 DTO 类

操作步骤如下：

(1) 在 dto 包中创建一个 Class，命名为 "EquInfoDto. java"。

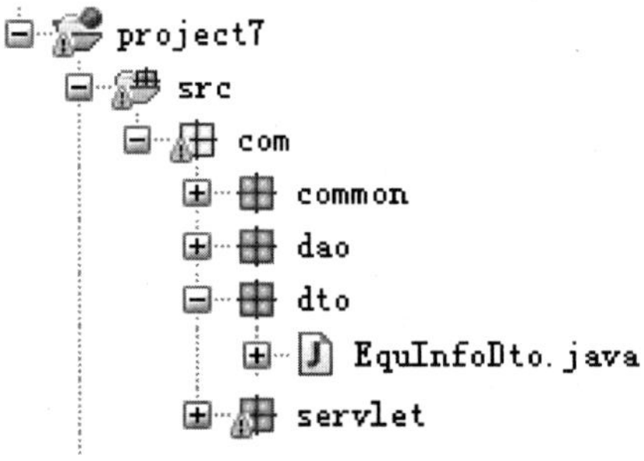

图 7 - 27　创建 "EquInfoDto. java"

(2) 打开 "EquInfoDto. java" 文件，输入以下 Java 代码并保存文件。

```
package com.dto;
public class EquInfoDto {
  private int id;
  private  String equ_name;
  private String equ_no;
  private String equ_type;
  private int equ_price;
  private String equ_state;
```

```
    public String getEqu_state () {
        return equ_state;
    }
    public void setEqu_state (String equState) {
        this. equ_state = equState;
    }
    public int getId () {
        return id;
    }
    public void setId (int id) {
        this. id = id;
    }
    public String getEqu_name () {
        return equ_name;
    }
    public void setEqu_name (String equName) {
        this. equ_name = equName;
    }
    public String getEqu_no () {
        return equ_no;
    }
    public void setEqu_no (String equNo) {
        this. equ_no = equNo;
    }
    public String getEqu_type () {
        return equ_type;
    }
    public void setEqu_type (String equType) {
        this. equ_type = equType;
    }
    public int getEqu_price () {
        return equ_price;
    }
    public void setEqu_price (int equPrice) {
        this. equ_price = equPrice;
    }
}
```

3. 编写设备信息表 DAO 类

操作步骤如下：

（1）在 dao 包中创建一个 Class，命名为“EquInfoDao. java”，如图 7－28 所示。

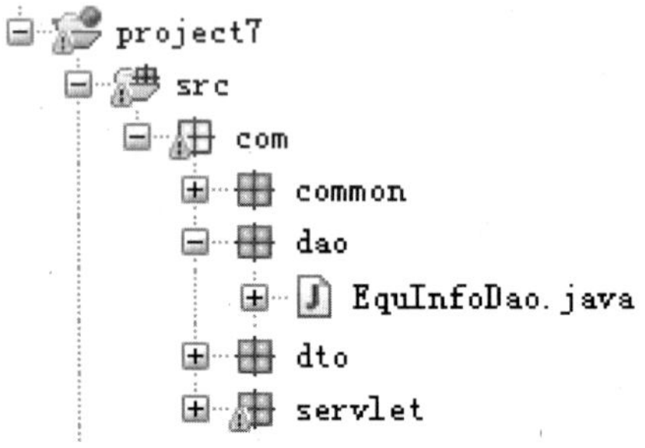

图 7－28 创建“EquInfoDao. java”

（2）打开“EquInfoDao. java”文件，输入以下 Java 代码并保存文件。

```
package com. dao;
import java. sql. Connection;
import java. sql. PreparedStatement;
import java. sql. ResultSet;
import java. sql. SQLException;
import java. util. ArrayList;
import java. util. List;
import com. common. DBConnection;
import com. dto. EquInfoDto;
public class EquInfoDao {
    Connection conn = null;
    PreparedStatementps = null;
    ResultSetrs = null;
    public void insert (EquInfoDto equinfodto) {
        try {
            conn = DBConnection. getConnection ();
            ps = conn. prepareStatement ("insert into equ_info (equ_
name, equ_no, equ_type, equ_price, equ_state) values (?,?,?,?,?)");
            ps. setString (1, equinfodto. getEqu_name ());
            ps. setString (2, equinfodto. getEqu_no ());
            ps. setString (3, equinfodto. getEqu_type ());
            ps. setInt (4, equinfodto. getEqu_price ());
            ps. setString (5, equinfodto. getEqu_state ());
```

```
            ps.executeUpdate ();
        } catch (SQLException e) {
            e.printStackTrace ();
        } finally {
            DBConnection.clear (conn, ps, rs);
        }
    }
    public void deleteByName (EquInfoDto equinfodto) {
        try {
            conn = DBConnection.getConnection ();
            ps = conn.prepareStatement (" delete from equ_info where
equ_name = ?");
            ps.setString (1, equinfodto.getEqu_name ());
            ps.executeUpdate ();
        } catch (SQLException e) {
            e.printStackTrace ();
        } finally {
            DBConnection.clear (conn, ps, rs);
        }
    }
    public void deleteById (EquInfoDto equinfodto) {
        try {
            conn = DBConnection.getConnection ();
            ps = conn.prepareStatement ("delete from equ_info where id
= ?");
            ps.setInt (1, equinfodto.getId ());
            ps.executeUpdate ();
        } catch (SQLException e) {
            e.printStackTrace ();
        } finally {
            DBConnection.clear (conn, ps, rs);
        }
    }
    public void updateById (EquInfoDto equinfodto) {
        try {
            conn = DBConnection.getConnection ();
            ps = conn.prepareStatement ("update equ_info set equ_name
= ?, equ_no = ?, equ_type = ?, equ_price = ?, equ_state = ? where id = ?");
```

```
            ps.setString(1, equinfodto.getEqu_name());
            ps.setString(2, equinfodto.getEqu_no());
            ps.setString(3, equinfodto.getEqu_type());
            ps.setInt(4, equinfodto.getEqu_price());
            ps.setString(5, equinfodto.getEqu_state());
            ps.setInt(6, equinfodto.getId());
            ps.executeUpdate();
        } catch (SQLException e) {
            e.printStackTrace();
        } finally {
            DBConnection.clear(conn, ps, rs);
        }
    }
    public void updateById2(EquInfoDto equinfodto) {
        try {
            conn = DBConnection.getConnection();
             ps = conn.prepareStatement("update equ_info set equ_
state = ? where id = ?");
            ps.setString(1, equinfodto.getEqu_state());
            ps.setInt(2, equinfodto.getId());
            ps.executeUpdate();
        } catch (SQLException e) {
            e.printStackTrace();
        } finally {
            DBConnection.clear(conn, ps, rs);
        }
    }
    public List<EquInfoDto> queryAll() {
            List<EquInfoDto> list = new ArrayList<EquInfoDto>();
            conn = DBConnection.getConnection();
            String sql = " select *  from equ_info";
        try {
            EquInfoDto friendInfoDto;
            ps = conn.prepareStatement(sql);
            rs = ps.executeQuery();
        while (rs.next()) {
            friendInfoDto =  new EquInfoDto();
            friendInfoDto.setId(rs.getInt("id"));
```

```
        friendInfoDto.setEqu_name (rs.getString ("equ_name"));
        friendInfoDto.setEqu_no (rs.getString ("equ_no"));
        friendInfoDto.setEqu_type (rs.getString ("equ_type"));
        friendInfoDto.setEqu_price (rs.getInt ("equ_price"));
        friendInfoDto.setEqu_state (rs.getString ("equ_state"));
        list.add (friendInfoDto);
        }
    } catch (SQLException e) {
        e.printStackTrace ();
    } finally {
        DBConnection.clear (conn, ps, rs);
    }
    return list;
    }
    public List<EquInfoDto> serqueryAll () {
        List<EquInfoDto> list = new ArrayList<EquInfoDto> ();
        conn = DBConnection.getConnection ();
         String sql = "select *  from equ_info where equ_state =
'maintain'";
      try {
          EquInfoDto friendInfoDto ;
          ps = conn.prepareStatement (sql);
          rs = ps.executeQuery ();
      while (rs.next ()) {
          friendInfoDto =  new EquInfoDto ();
          friendInfoDto.setId (rs.getInt (" id"));
          friendInfoDto.setEqu_name (rs.getString ("equ_name"));
          friendInfoDto.setEqu_no (rs.getString ("equ_no"));
          friendInfoDto.setEqu_type (rs.getString ("equ_type"));
          friendInfoDto.setEqu_price (rs.getInt ("equ_price"));
          friendInfoDto.setEqu_state (rs.getString ("equ_state"));
          list.add (friendInfoDto);
          }
      } catch (SQLException e) {
          e.printStackTrace ();
      } finally {
        DBConnection.clear (conn, ps, rs);
    }
```

```
            return list;
        }
        public EquInfoDto queryByName (EquInfoDto equinfodto) {
            try {
                conn = DBConnection.getConnection ();
                ps = conn.prepareStatement (" select *  from equ_info where
equ_name = ?");
                ps.setString (1, equinfodto.getEqu_name ());
                rs = ps.executeQuery ();
                while (rs.next ()) {
                    equinfodto.setId (rs.getInt (" id"));
                    equinfodto.setEqu_name (rs.getString (" equ_name"));
                    equinfodto.setEqu_no (rs.getString (" equ_no"));
                    equinfodto.setEqu_type (rs.getString (" equ_type"));
                    equinfodto.setEqu_price (rs.getInt (" equ_price"));
                    equinfodto.setEqu_state (rs.getString (" equ_state"));
                }
            } catch (SQLException e) {
                e.printStackTrace ();
            } finally {
                    DBConnection.clear (conn, ps, rs);
            }
            return equinfodto;
        }
        public EquInfoDto serqueryByName (EquInfoDto equinfodto) {
            try {
                    conn = DBConnection.getConnection ();
                    ps = conn.prepareStatement (" select *  from equ_inf
o where equ_name = ? and equ_state = 'maintain'");
                ps.setString (1, equinfodto.getEqu_name ());
                rs = ps.executeQuery ();
            while (rs.next ()) {
                    equinfodto.setId (rs.getInt (" id"));
                    equinfodto.setEqu_name (rs.getString (" equ_name"));
                    equinfodto.setEqu_no (rs.getString (" equ_no"));
                    equinfodto.setEqu_type (rs.getString (" equ_type"));
                    equinfodto.setEqu_price (rs.getInt (" equ_price"));
                    equinfodto.setEqu_state (rs.getString (" equ_state"));
```

```
            }
        } catch (SQLException e) {
            e.printStackTrace ();
        } finally {
                DBConnection.clear (conn, ps, rs);
        }
        return equinfodto;
    }
    public void queryById (EquInfoDto equinfodto) {
        try {
                conn = DBConnection.getConnection ();
                ps = conn.prepareStatement ("select *  from equ_info where
id = ?");
                ps.setInt (1, equinfodto.getId ());
                rs = ps.executeQuery ();
        while (rs.next ()) {
                equinfodto.setId (rs.getInt ("id"));
                equinfodto.setEqu_name (rs.getString ("equ_name"));
                equinfodto.setEqu_no (rs.getString ("equ_no"));
                equinfodto.setEqu_type (rs.getString ("equ_type"));
                equinfodto.setEqu_price (rs.getInt ("equ_price"));
                equinfodto.setEqu_state (rs.getString ("equ_state"));
          }
        } catch (SQLException e) {
                e.printStackTrace ();
        } finally {
                DBConnection.clear (conn, ps, rs);
        }
    }
}
```

【技能实战训练】

参照以上任务的操作过程，完成用户信息表、耗材信息表、以及低值品信息表 DTO 和 DAO 的设计与编程实现。

任务7-5 Servlet 编程实现系统功能

一、任务目标

能熟练完成 Web 系统中主要功能的 Servlet 类设计与编程实现。

二、任务描述

本任务将讲解设备管理系统的用户登录和设备列表管理功能实现的 Servlet 编程。

三、任务分析

Servlet 编程是实现用户与系统数据交互，以及系统与数据库间数据交互的重要一环。在设备管理系统项目中，通过编写 Servlet 类来实现客户请求与数据库响应的数据交互，从而实现系统功能。

四、任务实施

1. 用户登录 LoginServlet 类的编写

操作步骤如下：

（1）在 servlet 包中创建一个 Servlet，命名为“LoginServlet. java”，如图 7-29 所示。

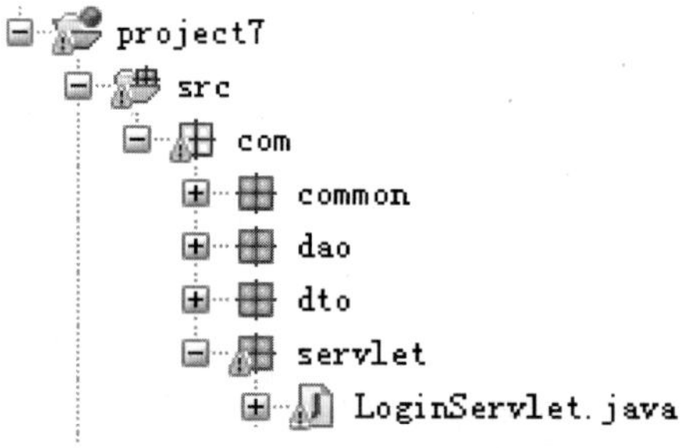

图 7-29 创建“LoginServlet. java”

（2）打开“LoginServlet. java”文件，在 doGet 方法中输入以下 Java 代码。

```
    public void doGet (HttpServletRequest request, HttpServletResponse
response) throws ServletException, IOException {
        doPost (request, response);
    }
```

（3）在 doPost 方法中输入以下 Java 代码。

```
    public void doPost (HttpServletRequest request, HttpServletResponse
response) throws ServletException, IOException {
```

```
        response.setContentType ("text/html");
        String username = request.getParameter ("username");
        String password = request.getParameter ("password");
        UserInfoDto userinfodto = new UserInfoDto ();
        userinfodto.setUsername (username);
        userinfodto.setPassword (password);
        UserInfoDao userinfodao = new UserInfoDao ();
        boolean isOK = userinfodao.validation (userinfodto);
        HttpSession session = request.getSession ();
        if (isOK) {
            UserInfoDao friendinfodao = new UserInfoDao ();
            userinfodto = friendinfodao.queryByName (userinfodto);
            session.setAttribute ("usertype", userinfodto.getUsertype ());
            session.setAttribute ("username", username);
            session.setAttribute ("tip", "");
            if (userinfodto.getRoot () .equals ("admin"))
            response.sendRedirect ("../admin/index.jsp");
            if (userinfodto.getUsertype () .equals ("manager"))
                response.sendRedirect ("../manager/index.jsp");
            if (userinfodto.getUsertype () .equals ("guest"))
                response.sendRedirect ("../guest/index.jsp");

        } else {
            session.setAttribute ("username", null);
            session.setAttribute ("usertype", "");
            session.setAttribute ("tip", "帐号或密码不正确。");
            response.sendRedirect ("../login.jsp");
        }
    }
```

2. 设备列表管理

操作步骤如下：

（1）在 servlet 包中创建一个 Servlet，命名为“EquListServlet.java”，如图 7－30 所示。

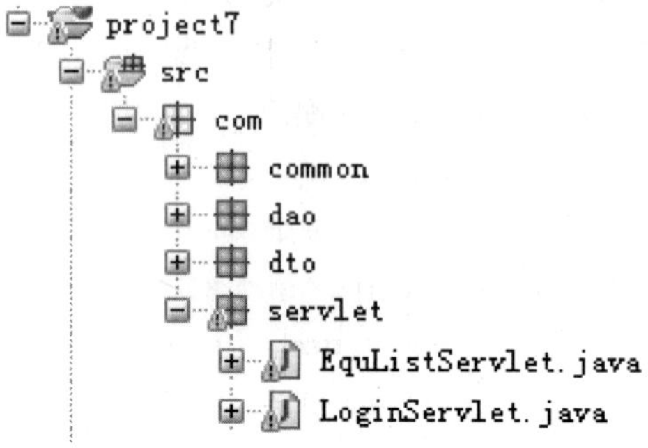

图 7 – 30　创建 “EquListServlet. java”

（2）打开 “EquListServlet. java” 文件，在 doGet 方法中输入以下 Java 代码。

```
public void doGet (HttpServletRequest request, HttpServletResponse
response) throws ServletException, IOException {
        doPost (request, response);
}
```

（3）在 doPost 方法中输入以下 Java 代码，保存文件。

```
public void doPost (HttpServletRequest request, HttpServletResponse
response) throws ServletException, IOException {
        response. setContentType ("text/html");
        EquInfoDao equinfodao = new EquInfoDao ();
        List <EquInfoDto> list = equinfodao. queryAll ();
        HttpSession session = request. getSession ();
        session. setAttribute ("list", list);
          HttpSession session1 = ((HttpServletRequest) request)
. getSession ();
        String usertype = (String) session1. getAttribute ("usertype");
        if (root. equals ("  admin"))
          response. sendRedirect (" .. /admin/equ_allselect. jsp");
        if (root. equals ("manager"))
          esponse. sendRedirect (" .. /manager/equ_allselect. jsp");
        if (root. equals ("guest"))
          response. sendRedirect (" .. /guest/equ_allselect. jsp");
}
```

【必要知识点】

✲ 知识点：Web 系统的三层架构

Web 系统的三层架构是指将整个系统的业务应用划分为界面层、业务逻辑层、数据访问层，并实现各层的“高内聚低耦合”。在软件体系架构设计中，分层式结构是最常见，也是最重要的一种结构。在Web系统开发中，常使用MVC（模型－视图－控制器）三层架构来作为设计和创建Web应用软件的模式。

✲ 知识点：MVC架构

MVC是模型（Model）、视图（View）、控制器（Controller）的缩写，其中M是指业务模型，V是指用户界面，C则是控制器。它是软件设计中采用业务逻辑、数据、界面显示分离的方式来组织和编写代码。它使应用程序的输入、处理和输出分开，并被分成三个核心部件：模型、视图、控制器，使它们各自处理自己的任务。其典型的应用就是JSP + Servlet + Javabean模式。

使用MVC的目的是将M和V的实现代码分离，从而使同一个程序可以使用不同的表现形式。C存在的目的则是确保M和V的同步，一旦M改变，V应该同步更新。

M是应用程序中用于处理应用程序数据逻辑的部分。通常模型对象负责在数据库中存取数据。

V是应用程序中处理数据显示的部分。通常视图是依据模型数据创建的。

C是应用程序中处理用户交互的部分。通常控制器负责从视图读取数据，控制用户输入，并向模型发送数据。

采用MVC分层有助于开发和管理复杂的应用程序，实现了可以在不依赖业务逻辑的情况下就进行视图设计。同时也让应用程序的测试更加容易。MVC分层同时也简化了分组开发，不同的开发人员可同时开发视图、控制器逻辑和业务逻辑。

【技能实战训练】

参照以上任务的操作过程，完成耗材管理、低值品管理、以及用户管理等功能实现的Servlet编程。

任务7－6　项目部署与发布

一、任务目标

懂Web系统的部署和发布，能独立完成Web系统的项目部署与发布。

二、任务描述

本任务将讲解如何将MyEclipse开发环境下的Java Web项目导出，并移植到指定的Web服务器进行部署和发布。

三、任务分析

当Java Web项目完成后，就需要将项目移植到客户所指定的场所进行部署和发布。虽然在MyEclipse开发环境下，Java Web项目可以边调试边发布。但是一旦要移植到客户那里，显然不宜在开发环境下进行部署和发布。因此，在项目完成后，作为项目的最终应用，需要了解如何将项目从开发环境中导出并移植到指定的场所。Java Web 项目的部署既需要对硬件进行部署，也需要对软件进行部署。

硬件部署原理图如图 7－31 所示。

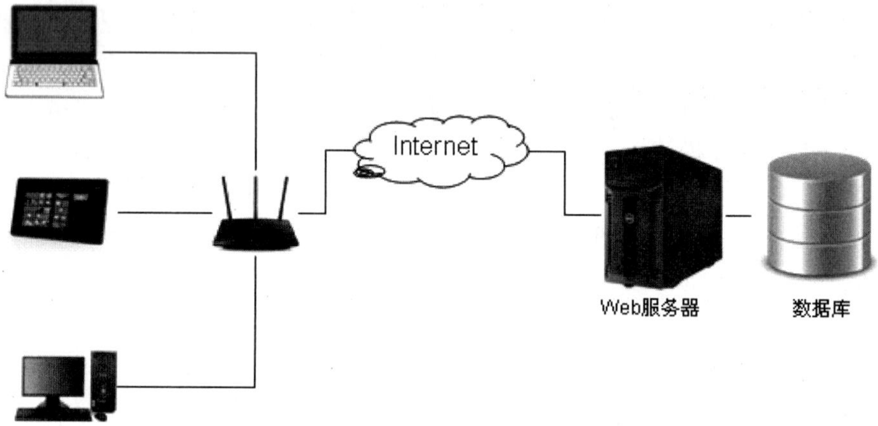

图 7－31　Java Web 项目硬件部署图

四、任务实施

操作步骤如下：

（1）选择需要导出的项目文件，点击鼠标右键，在弹出菜单中选择“Export”菜单项。如图 7－32 所示

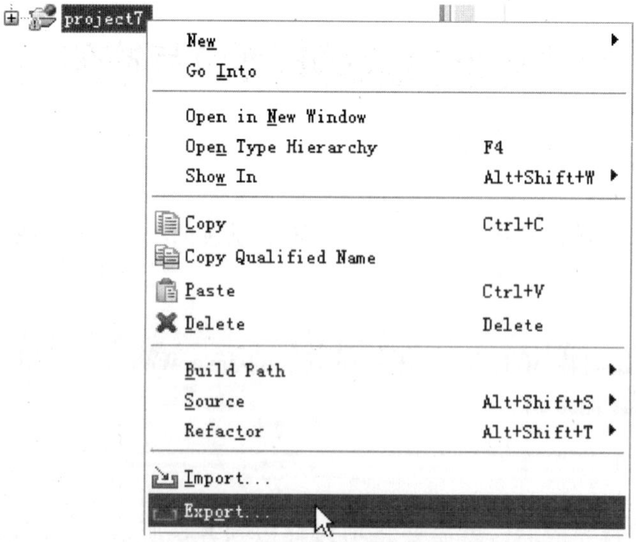

图 7－32　选择“Export”菜单项

（2）在弹出的“Export”对话框中选择 Java EE 里面的“WAR file”，点击“Next”按钮，如图7－33所示。

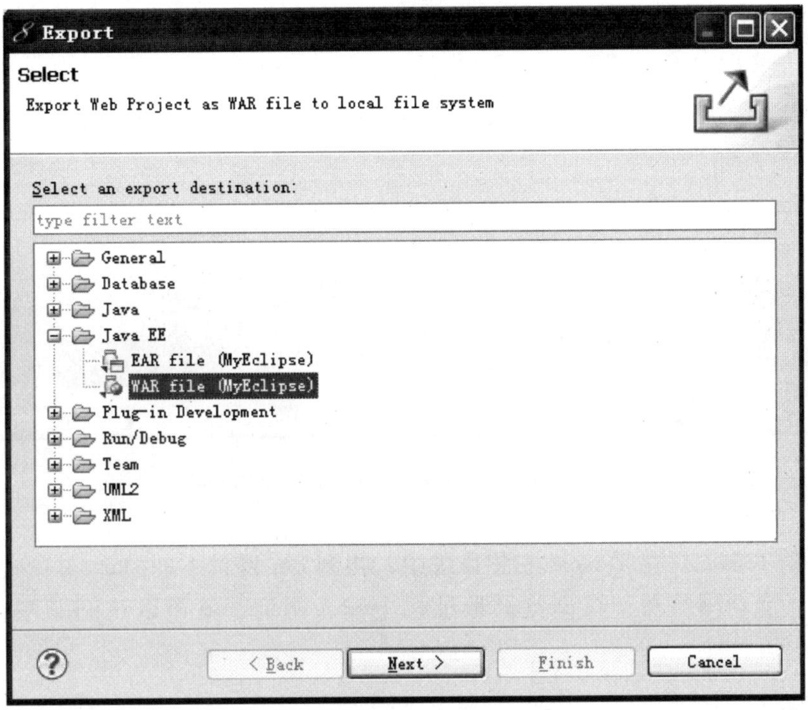

图7－33　选择“WAR file”

（3）将工程打包成“＊.war”文件，选择 WAR file 的保存目录，输入文件名，点击“Finish”按钮，如图7－34所示。

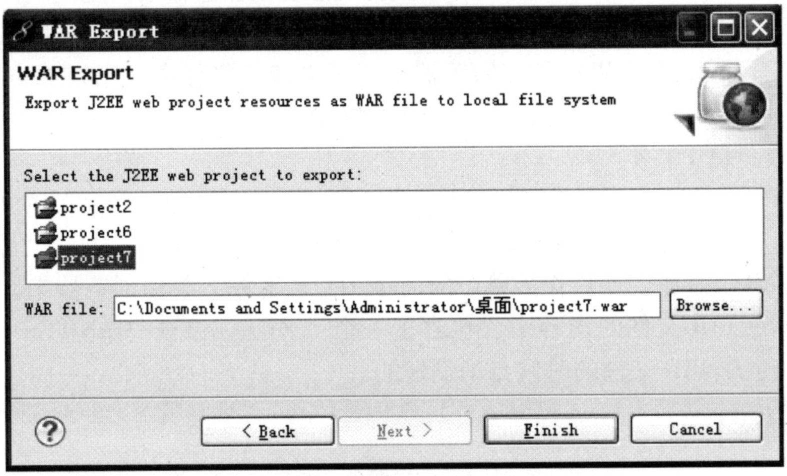

图7－34　将工程打包成“＊.war”文件

（4）将生成的工程文件“project7. war”复制到 Tomcat 安装目录下的“webapps”文件夹中，如图 7－35 所示。

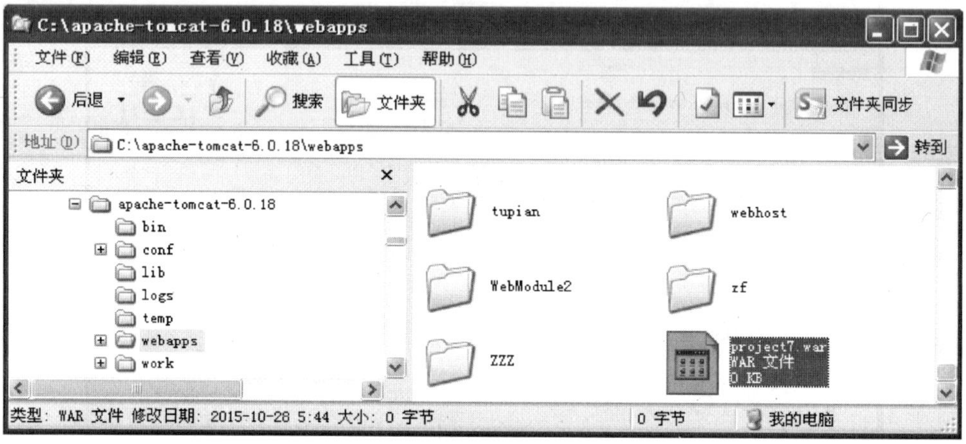

图 7－35　将“project7. war”复制到“webapps”文件夹

（5）启动 Tomcat。在 Tomcat 安装目录中，找到 bin 目录下的 startup. exe 文件，双击启动 Tomcat。启动浏览器，在浏览器地址栏中输入网址，就可以访问刚刚部署的工程项目。

【必要知识点】

✲ 知识点：WAR 文件

WAR 文件格式是基于 JAVA 的 WEB 组件程序包文件格式或是运行在 WEB 服务器上的应用程序的程序包文件格式，类似 JAR 文件，但比 JAR 文件包含更多的信息，并告诉服务器哪些 Java servlet 类需要运行。WAR 文件可能包括服务器端的应用程序类（数据库或购物车等），静态网页代码（HTML 文件，图片文件，声音文件），客户端程序类（小程序或应用程序类），它可以运行在服务器上用于支持某些程序，比如 Tomcat 网页服务管理中的 Apache。WAR 文件其实就是一个压缩文档格式。

✲ 知识点：JAR 文件

JAR（Java ARchive）是 Java 的一种文档格式。它是一种与平台无关的文件格式，可将多个文件合成一个文件。可以将多个 Java applet 及其所需组件（. class 文件、图像和声音）绑定到 JAR 文件中，而后作为单个的简单 HTTP 事务下载到浏览器中，从而大大提高下载速度。在 JAR 文件的内容中，包含了一个“META－INF/MANIFEST. MF”文件，这个文件是在生成 JAR 文件的时候自动创建的。

【技能实战训练】

参照以上项目部署和发布的操作过程，将完成的设备管理系统项目部署到配置有 Tomcat 的 Web 服务器中，然后运行并查看项目的发布效果。

项目小结

本项目利用前面所学和所讲授的 Web 开发技术，基于 Java Web 项目工作流程介绍并实践了一个设备管理系统的设计与开发实施过程。为了便于初学者顺利进行 Java Web 系统设计与开发实践，着重介绍了设备管理系统的数据表创建、JSP 页面编程、DTO 和 DAO 类设计、系统登录功能和设备管理的 Servlet 编程等关键编程技术和方法。

项目重点：熟练掌握 Java Web 系统的设计与开发方法和技巧。熟悉使用 MyEclipse 进行 Java Web 应用程序项目开发、部署和实施的方法和技巧。

考核评价

在本项目教学和实施过程中，教师和学生可以根据以下考核评价表对各项任务进行考核评价，见表 7－8。考核主要针对学生在技术内容、技能情况、技能实战训练的掌握程度和完成效果进行评价。

表 7－8　考核评价表

评价内容	评价标准									
	技术内容		技能情况		技能训练		完成效果		总体评价	
	个人评价	教师评价	个人评价	教师评价	个人评价	教师评价	个人评价	教师评价	个人评价	教师评价
任务 7－1										
任务 7－2										
任务 7－3										
任务 7－4										
任务 7－5										
任务 7－6										
存在问题与解决办法（应对策略）										
学习心得与体会分享										

实训与讨论

一、实训题

完成一个学生成绩信息管理系统的设计与开发，要求：创建一个独立的 Web Project，采用 JSP + JavaBean + Servlet 完成系统的设计与开发。

二、讨论题

1. 项目需求分析包含哪些内容？
2. 什么是 MVC 开发模式？